墙里门外

一个70后建筑师的手记Ⅱ

王大鹏／著

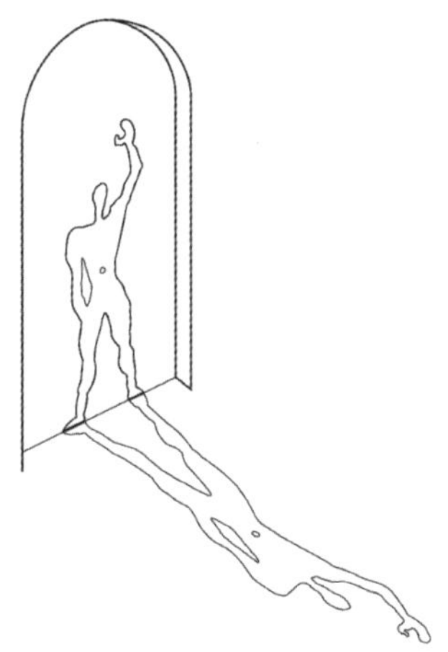

北方联合出版传媒（集团）股份有限公司
辽宁科学技术出版社

图书在版编目（CIP）数据

一个 70 后建筑师的手记 . II，墙里门外 / 王大鹏著 .
沈阳 : 辽宁科学技术出版社 , 2025. 7. -- ISBN 978-7-5591-4131-6

Ⅰ . TU-021；TU-092

中国国家版本馆 CIP 数据核字第 2025BU6710 号

出版发行：辽宁科学技术出版社
（地址：沈阳市和平区十一纬路 25 号　邮编：110003）
印 刷 者：辽宁鼎籍数码科技有限公司
经 销 者：各地新华书店
幅面尺寸：140mm×203mm
印　　张：10.75
字　　数：220 千字
出版时间：2025 年 7 月第 1 版
印刷时间：2025 年 7 月第 1 次印刷
出 品 人：陈　刚
责任编辑：杜丙旭　于峰飞
封面设计：王大鹏
书稿插画：李敬辉
版式设计：关木子
责任校对：李　红

书　　号：ISBN 978-7-5591-4131-6
定　　价：68.00 元

联系电话：024-23280070
邮购热线：024-23284502
E-mail：1076152536@qq.com
http：//www.lnkj.com.cn

代序：在建筑的融合交汇处

我与大鹏共事二十余年，我们亦师亦友。我始终能感受到大鹏身上独特的“多面性”张力——建筑师的理性严谨、读书人的思辨敏感、社会观察者的批判意识，在他身上自然共生。当《墙里门外》的书稿摆在我面前时，我看到的不仅是一位建筑师对职业本源的追问，更是一个读书人对时代与人性的深刻洞察。这部文集恰似一扇虚掩的门，门内是建筑师对空间与时间的凝视，门外则是他对生命本质的诗意追寻。

一、建筑师的“跨界叙事”：从空间营造到文化思辨

大鹏的文字始终保持着建筑师特有的空间思维。在书中，他以建筑设计为原点，将专业思考延伸至城市化进程、传统与现代冲突等社会命题。《面面相“去”》通过小面馆的消逝反思商业空间对城市性格的异化；“井底之蛙”系列文章则以寓言形式隐喻现代人在多元社会中的身份焦虑。这种“空间叙事”建立在他对建筑本质的深刻认知上，正如他在“与古为新”单元所言：“建筑是凝固的时代，承载着历史的基因，也投射着未来的影子。”

跨界思维在大鹏笔下呈现为对日常生活的细致观察与剖析。《本色眼镜》揭示了色弱症如何重构设计思维，《如意眼镜》是对消费主义幻想的解构；从杭州老小区的防盗窗变迁，到兰州牛肉面的市井烟火；从农民工子弟的童年游戏，到建筑师的“神仙大会”……这种思维跃迁使他的文字兼具专业深度与人文温度，在技术理性与人文感性间架设起独特桥梁。

二、读书人的“精神突围”：在地性反思与文化自觉

大鹏的阅读范围极为广泛，加之其建筑师的职业特点，读书和行走的思考在他笔下交织碰撞，这种跨界积淀形成其独特的文化自觉。在《是地域还是地标》中他犀利指出“地域性”的文化陷阱；《镜子与屏幕》通过“镜子与屏幕”的隐喻，追问技术时代展览本质。这种将技术伦理嵌入文化反思的视角，在当下极具启示意义。

书中对“在地性”的探讨尤为深刻。《水泥与牡丹》揭示了现代化进程中地域文化的脆弱性，“文和友”现象批判了消费主义对市井文化的符号收割。正如《风马牛与八竿子》通过成语考据所指出的：“所谓礼失求诸野，这个‘野’不仅是地理概念，更是精神原乡的象征。”这种思考彰显着知识分子的文化担当。

三、社会人的“现实关怀”：城市化进程中的精神守望

大鹏的文字始终萦绕着“介入现实”的强烈冲动。《葫芦大师》以超现实叙事折射行业生态荒诞性；《二十年目睹建筑设计行业之怪现状》以黑色幽默揭露行业积弊；《儿子与设计》通过父子关系的隐喻，叩问代际价值观的断裂。这些篇章使其超越单纯技术讨论，成为“社会建筑师”的典型代表。

对城市化进程中“人”的关注构成全书情感内核。《麻雀和它的村子》以儿童视角揭露乡村空心化的残酷，《瓜子记》则礼赞市井智慧的生命力。正如“墙里门外”单元所言：“当‘围城’成为热议话题，故乡却在悄然间远去，以至于沦陷。”这种对“归属感”消逝的焦虑，使其成为城市化进程中清醒的观察者，这种人文底色恰是当下建筑学最稀缺的养分。

四、文学与建筑性的共生：一场“看得见的修行”

本书的最大魅力在于文学语言与建筑思维的创造性融合。大鹏善用建筑意象构建叙事结构：《生命树》以空间迷宫隐喻成长困境，《七只蝴蝶》以蝶变揭示生命轮回的意义，《树叶王子》以树叶探讨人与自然的共生关系。这种“建筑寓言”手法，使抽象概念具象化为可感知的意象群。创意性思维与建筑师的实证精神形成了奇妙的共振。

这些文章是他在近七八年工作之余写成的，体例多变，思考深度不一，文集中的文章虽按主题分为四个单元，但有时会让读者感到迷惑。从写作时间跨度也能看出他的思想变化，希望他能一如既往地“修行”下去，厚积而薄发。

这部文集是大鹏建筑生涯的精神图谱，也是他作为当代知识分子的心灵镜像。从中既能看到建筑师对空间诗学的执着探索，也能读出读书人对文化根脉的深切眷恋，更能感受到对社会病症的敏锐洞察。正如书中所言：“我期望通过这些文字，激发更多人对建筑、生活与时代的深入思考。”这或许正是“跨界者”最珍贵的价值所在——在专业壁垒日益森严的今天，他用文字打破“墙里门外”的隔阂，让建筑回归人性的温度。期待他继续以建筑为锚点，在文学、哲学、技术的交汇处激荡涵泳，让“跨界”从权宜之计升华为思想利器，从而走出一条属于自己的道路。

中国工程院院士　程泰宁

2025.4.27

目录

代序：在建筑的融合交汇处　003

井底之蛙

儿子与设计　008
本色眼镜　013
如意眼镜　018
葫芦大师　024
仿佛若有光　031
常青藤　037
生命树　041
井底之蛙　046
七只蝴蝶　054
树叶王子　058

墙里门外

瓜子记　066
“水多色多”　080
墙里门外　087
一棵树倒下了　092
面面相“去”　099
——城市化浪潮中隐退的小面馆
麻雀和它的村子　105
风马牛与八竿子　112
西湖十景　116
——精准中的朦胧之美
在河之州　121
双城记　126
——“江城”与“再会，老北京”

与古为新

是地域还是地标　135
——当下建筑设计的标与本

随“风”而逝的建筑　145

途径与目的：桥梁及其文化　154

镜子与屏幕　161
——博物馆建筑形象之演变

南京博物院的用地变迁与文化建构　174

与古为新　187
——台湾博物馆建筑风格演变

邬达克与上海的轮廓线　196

中国建筑现代化进程中“饭店设计”的探索与启示　211

“4 千米长”的近现代建筑发展史　222

走向新时代的工业建筑设计　230

纵浪大化

本命年的设计生活　241

何以为瓷　250
——景德镇古窑印象综合体设计札记

雕塑与烟囱　260

水泥与牡丹　268
——记三门峡某水泥厂设计

从“盖房子”到“他人的嫁衣”　277

给青年建筑师的信　285

创造性地解决问题　294
——阿客工坊访谈录

时间、空间与人间　303
——有方建筑访谈录

二十年目睹建筑设计行业之怪现状　315

纵浪大化中　327
——我在筑境设计工作的二十年

后记：尺素寸心度时空　339

儿子与设计

赶在虎年的尾巴儿子出生了。尽管预产期大半年前就已确定，但新生命的到来仍让我感到措手不及，总觉得自己尚未做好充分的准备，尽管我已经过了而立之年三四年。没有准备好什么呢？是房子？是奶粉钱？还是将来的教育等物质保障？似乎都不是，也许是心情。自己儿时的事情尚且历历在目，转眼却为人父了。

在他出生前我也不知道他的性别，提前知道又能如何？事实不可改变，也无须改变。名字倒是想好了，因为这件事实在没有办法征求他的意见，这个名字也许将要伴随他的一生，这"冠名权"让我感到莫大的责任，我给他取名为"王尔卓"。"尔"意味着"你"或"如此"；"卓"则指"高耸直立"，这个名字源自成语"卓尔不群"。后来博学的朋友告诉我，他以为这个名字来自《汉书》"夫唯大雅，卓尔不群"，他高估了我。尽管大家都说名字就是名字，代号而已，可事实真的是这样的吗？我纳闷一个人的名字到底是主观的还是客观的？或者是唯物的还是唯心的？

对儿子的出生朋友纷纷发短信祝贺，好几个人说名字不错，很特别，读起来也很上口。和杭州一位老友小聚，他却善意地提醒名字笔画少了点，而且总笔画数是十七画，是奇数，不是很好，还有用杭州方言来读“尔卓”发音像“耳朵”，将来读书时别的小朋友会借此取笑他。老爸知道了孙子的名字，马上打电话过来表示不好，读起来太拗口，还不如村子里叫阿狗阿猫的亲切，这我能理解，在老家让他们用方言读这个名字确实有些强人所难，尤其是这两个字在他们的生活中几乎未曾出现，现在却成了孙子的名字。我告诉父亲，名字已经打印在出生证和户口本上了，基本不能更改，如果实在不习惯，我可以给他取个阿狗阿猫的小名。

屈指算来，我从事建筑设计工作十年了。建筑界至今对“建筑”是什么，或者什么算“建筑”尚无确切定义，关于什么是建筑设计和怎样设计就更可想而知了。我从事建筑设计工作，总得有自己的立场和见解，哪怕为了满足业主需求和撰写设计说明。在这个价值崩溃的年代，人人都像做广告一样信誓旦旦地承诺，可惜承诺者本人都不信自己的鬼话。儿子的到来让我突然在想，“儿子”算不算一个“设计作品”？他和我到底有着怎样的关系？我可以为他承诺什么？

应该说，我对儿子还是“设计”过的，既然是设计过的，那他理所当然应该算一个“设计作品”。首先我日常的饮食习惯和身体健康状况对他有着直接影响，如果我嗜好烟酒就有可能影响到他的健康；其次我择偶的标准更会影响到他的身高、长相乃至性格；另外在我多大年纪决定他的出生，也直接影响着他的生命体态。如果我不是丁克一族，那他的到来就是必然的，而且是带着“设计”的必然，但是在这必然中显然还有着极大的偶然性，显然我无法决定他的孕育和出生时间，更无法决定他的性别。作为生命体，他一出生就带着一定的遗传基因，按正常情况，他在一定的时间就应该会爬、会坐、会走、会说话，而且会具有喜怒哀乐的表情，这可谓虽为人作，实乃天成，一切都是这么自然而然。在他懂事成人之前，我的言行势必会为他打上深深的烙印，这算是设计的后半部分。至于他最终是否成为“艺术品”——也就是人们讲的“天才”，那大可不必勉强，自己“必然”要做的都做了，其他的就交给“偶然”吧。

一个好的设计（或者艺术品）应该产生于必然中的偶然，如果一个所谓的“艺术品”是必然产生的，那它充其量只能算作好的产品，同样仅仅是由偶然为之的东西按概率论也不算作“艺术品”。我一直认为真正好的建筑在除了满足它作为“房子”的基本功能外，应该有着一定的意味蕴含其中，这意味当然是建筑师赋予的，但绝不只是建筑师个人意志的体现，建筑师仅仅是生活的参与者，而绝非他人生活的创造者。好的建筑作品首先应该打动的是建筑师本人，而不仅仅是甲方或者使用者。我不止一次地问同行：在你生活的城市，你有没有因为一个建筑本身很好去过两次？答案基本都是否定的。是这个城市连一个好的建筑都没有吗？我想应该不是。那让我们流连忘返的地方到底在哪里呢？抑或还有没有这样的地方？我们到底是欲望太盛还是早已麻木？政府关注 GDP 的数字，个人则关心存款数额、房子面积与套数，但这真的是生活的全部吗？数字不折不扣地成了衡量幸福的指数，就这样我们“被幸福”了，甚至“被生活”了。

基于我对建筑设计的理解，我将设计过程提炼简化为三大步。一是发现问题，该问题包括场所环境、风土人情、业主诉求、使用功能、经济成本、材料构造等制约因素；二是创造性地解决问题，一般来说发现基本问题，按常规套路解决问题应该是做得到的，在此基础上能发现深层次问题，并对其予以创造性地解决那是求之不得的，最差的情况就是那种无事生非，以实现自己所谓的“艺术性”为首要目的的设计方案；三是解决问题时的价值取向，其实这价值取向在解决问题时的“创造性”中已有所体现。如同战争，可以攻城略地，也可以大肆杀戮，还可以不战而屈人之兵，应该说这些都是战争的手段而非目的，但是采取什么样的手段却与立场和价值取向有关。回到建筑设计，有人是为了展示或者炫耀个人才能，也有人是为了传承和发扬“传统文化”，还有人是为了创新与开拓，当然也有人会对当下的时代进行反思与批判。

柯布西耶曾经写道：“我们必须始终说出我们所看到的，但首要且更难的是，我们必须始终明白我们所看到的。”要始终明白自己看到的很不易，明白了能说出来也很难，看看现在语无伦次的“专家”就知道了，在当下的社会“皇帝的新衣”早已不是童话，几乎天天都在上演。设计不仅是一种技能，更重要的是捕捉事物本质的感觉和洞察力，因此设计师应时刻保持对社会的敏感度。也许我的这些理解和见解还很肤浅，但是我相信这些，所以我将来会教给儿子，因为我不会骗他，这与他将来是否会从事设计工作无关，因为这是基本的生活态度。如果我们面对政府官员或者业主时装孙子、口是心非，出了门却抛出一句脏话，那我们真的就成了孙子，似乎很难再胜任父亲这个角色了。

2011.2.07

补记：儿子小名“冬冬”，来自侯孝贤导演的电影《冬冬的假期》。他小时候喜欢看“葫芦娃”动画片，也很喜欢听我即兴编得亦真亦幻的故事。这些故事中他经常作为主角出现，“葫芦娃”则是他的好朋友，他因此也获得了神通广大的本领。“井底之蛙”这组“童话”多数来自给冬冬小朋友即兴讲的故事，后来整理成文字的时候，才发现这些“童话”一部分竟然与建筑（设计）的色彩、形式、空间、光影等密切相关，还有一部分与生命的延续与轮回有关。多年后我问起他这些故事，他多数都没了印象，这些“童话”伴随他和弟弟成长，也让我童心长存。

2024.12.25

本色眼镜

冬冬的爸爸梁栋是位著名建筑师，他从业近二十年，设计了许多经典建筑，这些建筑以其简约雅致著称，空间层次丰富、光影交织，细腻的层次展现出独特的魅力，尽管它们在用材上无一例外地偏好黑白灰色调。随着经济的发展，无论国家还是人民对复兴传统民族文化的意愿越来越强，建筑设计界刮起了“新中式”风潮，人们才发现梁栋竟然是个先行者，这些年来他在设计中一直践行着“新中式”的精神。

冬冬小朋友是个“葫芦娃”迷，卡片、绘本、动画片……凡是和葫芦娃相关的东西他都喜欢。由于对葫芦娃的喜爱，冬冬对色彩变得异常敏感，无论穿着、饮食还是饮品，他总是选择自己喜欢的色彩，从热情的红色到深邃的紫色，他的世界里充满了美妙的色彩。

“爸爸，你来教我画画嘛！”冬冬把爸爸拉到了自己的小方桌前。梁栋平时工作特别忙，经常加班。冬冬的日常生活都是妈妈和外婆在照料。虽然是建筑师，但是梁栋却不怎么喜欢画画。

“爸爸，我不喜欢你用铅笔画的画，我有这么多漂亮的彩笔，请你用它们给我画彩色画吧！”

“让爸爸去工作吧，妈妈教你画葫芦娃。”妈妈示意梁栋去书房。

“冬冬，爸爸告诉你一个秘密好不好？”

“当然好了，我最喜欢腻腻！”冬冬一直把“秘密”读成“腻腻”。

“爸爸患有先天性色弱，就是说我很难区分某些颜色。在爸爸的眼睛里，这个世界几乎只有黑白两色。”

“啊！你看到的东西是黑白的吗？那葫芦娃不都成了一个颜色？这是怎么回事呢？”冬冬一脸不解和惊讶地看着爸爸的眼睛。

“你隔着这个胶片，看看眼前的东西是什么颜色？”梁栋拿了一张医院常用的X线胶片，挡在冬冬的眼前。

“都成了黑白的了！”冬冬惊讶地叫道。“可是你眼前没有挡着这样的胶片啊？”

“是的，爸爸眼前没有挡着这样的胶片，可是爸爸先天患病，就好像爸爸眼睛里面挡着这样的胶片，你明白了吗？”

冬冬似懂非懂地点了点头，他心里难过极了——爸爸眼里的世界竟然是黑白的，那是多么难看啊！

半夜，冬冬睡不着觉，他又偷偷地顺着衣柜角落的秘密通道去找葫芦娃，他把爸爸的“毛病”告诉了葫芦娃，请他们帮忙解决。

“这个很好办，我们送你一个‘本色眼镜’，拿回去让你爸爸戴上就好了，这样他会看到这个世界本来的颜色。”

“真是太好了，谢谢大家，我的葫芦娃朋友们！”冬冬高兴地大叫。

天亮了，冬冬真的发现在枕头边有一副大人的眼镜，他大叫着让爸爸过来。

“世界竟然是这么的色彩斑斓与绚丽！”戴上“本色眼镜”的梁栋感到无比惊讶。

此后，梁栋不但用彩笔教冬冬画葫芦娃，而且他的设计风格也发生了突变——颜色一下子丰富了起来，色彩绚丽而热烈，不再像之前黑白灰那样的淡雅，可是他的事业并没有因此而得到发展，恰恰相反，还遇到了意想不到的麻烦。

“梁大师，我们选择您设计这个会所，是因为我们欣赏您之前作品中的新中式风格。但您现在的方案色彩过于夸张，与我们期待的效果相去甚远。我们不能让您把这个项目当作试验场。请回到您之前的风格，那才是我们所喜爱的。”甲方总经理严肃地指出。

“吴总您误会了，我怎么会拿您的项目来试验呢？我之前做的那些方案之所以是那个样子，不瞒您说那是因为我患有先天性的色弱……”

“先天性的色弱？！”

“是的，因为我之前基本很难区分颜色，可是我又特别喜欢做设计，于是我的设计选材基本是单色的，我对明暗度的变化与光影细微的差异非常敏感，这些是我能够把握和掌控的，所以我的设计就成了那样的风格，而我现在因为戴着‘本色眼镜’，眼前不再是单调的黑白世界，现在设计的方案才真实地表达着我的感受！”

“您真实的感受？可是我们要的是之前方案那样的感觉！您要考虑考虑我们的感受啊！”吴总有点急了。

“但是……既然我现在已经看到了真实的色彩，我就应当表达出真实的感受。曾经沧海难为水，我现在的心态已经无法回到过去，我再也做不出以前那种风格的设计了。”

一个项目就这么黄了，甲方摇头叹气地走了。

缤纷集团要在江城建造一个超大游乐城，他们对方案进行国际邀请招标。梁栋对这个项目特别重视，他花了大量的时间和精力来推敲方案，好像这个项目就是他生命的新起点。

开标的前一天，梁栋带着冬冬到了江城，参观游玩了缤纷集团之前建造的游乐城，冬冬玩得非常开心。

所有设计公司的代表和设计主创都到齐了，缤纷集团的负责人告诉大家：“一会儿大家讲解各自的方案时，清晰全面地讲述出方案特点即可，不要过分表达颜色特点，甚至建筑形式就好。我们大老板现在视力很差，几乎看不见对面的人，更不用说看清楚大家的方案了，但是他能听得出和感受到大家方案的特点，他的敏感度远非常人能比。”

最终拍板的人竟然看不见方案？！休息大厅里一片哗然。

“爸爸，这个老板真可怜，竟然看不见东西！”冬冬也明白了怎么回事。

“爸爸，我想出了一个好主意，你可以让这个老板戴上你的‘本色眼镜’，那样他不但能看到东西，还能看清楚这个彩色的世界！”冬冬想起了葫芦娃告诉过他这个“本色眼镜”的特异功能。

评标大厅沿墙悬挂满了设计方案的展板，大厅中央则摆着一长条展示模型，这些方案或争奇斗艳，或异想天开，一个个都是五彩缤纷的。缤纷集团董事长戴上了梁栋的“本色眼镜”，全场鸦雀无声，只有董事长一个人的惊叹与唏嘘：“我从小视力很差，接近失明，可我内心一直向往着光明与色彩，所以我打拼成功后建造了许多个游乐城，因为我知道游乐城是五彩缤纷的，是欢歌笑语的，现在我终于看清楚了这个真实的世界，它和我想象的是那样的相似又大不相同。今天参与设计竞标的方案在我看来都是无与伦比的，如果可能，我将在有生之年把这些方案全部变为现实！”

尽管大厅内掌声如雷，欢呼声此起彼伏，梁栋却感到一丝孤独与落寞。他沉思着，是否应该继续佩戴“本色眼镜”，以及这个世界是否真的存在所谓的“本色”。

2016.5.15

如意眼镜

“再给你们最后一次机会，事不过三！方案创意先不去说了，造型比例极不协调，效果图的颜色也过于俗气，缺乏应有的美感。”开发区宋书记看着大厅的展板失望地摇头，他对随从说那个主楼要是再能高个十多米就好了，裙房色彩不应该用土黄色，用加州金麻石材的调子就很和谐，几个下属频频点头，连声称赞宋书记眼光独到，到底是科班出身。

宋书记主管开发区的城市建设工作，他拥有建筑学专业博士学位，对建筑历史、风格流派及材料构造了如指掌。开发区所有重要建筑方案必须经他审核同意才能实施，他的严格标准常常让汇报方案的建筑师难以应对。

开发区的总部中心方案是梁栋带领设计团队竞标拿下的。他根据专家评审意见对方案进行了优化，初次向宋书记汇报，结果出师不利，需要继续调整。院领导为此很着急，不仅仅因为总部中心是个大项目，而且这个项目的成败还关系到设计院在开发区领导心目中的地位和影响。此外，开发区也是设计院大展蓝图的理想之地。为了充分准备还汇报工作，梁栋带领团队对方案进行了精心优化，胡院长还亲自出马，请隐退的唐总对方案进行指导把关，要知道年近八旬的唐总可是第一批国家设计大师，也是华夏设计院的第一块招牌，不到万不得已是不会出山的。

“博士毕业又如何？谈比例协调和色彩和谐，谁不会空谈理论？但看看他那臃肿的身材，哪里有什么比例和谐可言……”从会议室出来，一向温文尔雅的胡院长实在忍不住破口大骂，再次修改方案事小，关键是这次怎么向唐总交代？再次修改方案后如果还不能通过又该怎么办？

“胡院长您消消气，我带团队再想想方案调整的策略，实在不行就多出几个方案让他挑吧。”梁栋虽然也是一肚子的火气，可是发火解决不了问题，在方案所这些年工作下来，他已经变得宠辱不惊，只是这次他也感受到了莫名的压力，如果项目失败，团队数月的努力将付诸东流，我们在开发区的前景也将变得黯淡无光。

又一个星期过去了，设计团队个个愁眉苦脸，大家边吃盒饭边调侃：我这吃相比例怎么样？你那番茄炒蛋颜色好谐调哦……梁栋原计划周末要带冬冬去迪斯尼玩的，现在也只能取消计划，继续加班。他晚上回家越来越晚，起初冬冬还眼泪汪汪地充满了期望，后来看他就像看陌生人似的。梁栋刷牙时看着镜子里面无血色的自己，苦笑着摇了摇头，距离约定的汇报时间只剩下三四天了……

“爸爸，如果你汇报顺利通过，是不是就能带我去迪斯尼玩了啊？”冬冬扒着书房的门问。

“当然可以，如果方案汇报通过了，爸爸可以放几天假，也就能带你多玩几天了！”

“那太好了！我想这次你的方案一定能通过，是吧？”

"一定能的，儿子！"冬冬跑过来和他拉钩确认，不许再反悔。

明天就要汇报了，造型比例是无法修改了，但是对色彩却不能马虎。梁栋亲自到图文店，对着打印机反复打印小样对比颜色，看着十几张颜色深浅、浓淡不一的样稿他头晕眼花，什么样的色彩才算和谐呢？就这样吧，听天由命了！

已是后半夜，月朗星稀，路灯昏黄。梁栋拖着疲惫的身躯打开了家门——冬冬竟然还没有睡觉，在客厅静静地坐着等他回来。

"这么晚了，你怎么还没有睡觉？"

"爸爸，我要送给你一个神秘的礼物，它能保证你明天汇报顺利通过！"冬冬一脸兴奋地说。

"什么礼物这么厉害？！该不会又是那些'葫芦兄弟'送你什么宝贝了吧？"梁栋好奇地问，他知道四岁的小朋友经常会幻想自己是童话中的人物。

"你猜对了！它们绝对是宝贝，明天你汇报的时候可以让那些人先戴上神秘眼镜，再看你的设计方案就会感受到特别的效果，就像我们去看 4D 电影时要戴眼镜一样。"冬冬面前摆着一个大纸盒，里面装着十几副设计独特的眼镜。儿子出生后真的屡屡发生奇迹，谁让他那么痴迷"葫芦娃"呢，梁栋也就习以为常了。

第二天一早，梁栋和团队带着汇报文本、多媒体介绍还有那些神秘的眼镜去给宋书记汇报。在正式汇报方案前，梁栋解释说今天播放的多媒体制作有些特别，就像 4D 电影那样，所以需要领导们先戴上特制的眼镜，这样才能看到预期的效果，听取汇报的人既好奇又不解地戴上了眼镜。

汇报异常顺利，以往宋书记的专业批评和下属的挑剔都不见了，取而代之的是一致的掌声和对调整方案的批准。宋书记连眼镜都来不及摘，就走过来紧紧握着梁栋的双手激动地说：“这次方案做得真棒！比例恰当，色彩和谐，可见你们下了真功夫，相信大家的齐心协力一定能打造出精品工程！”他下属也是极尽溢美之词，这让梁栋和设计团队一时受宠若惊。胜利归来，胡院长对梁栋和设计团队也是再三祝贺，并且当众宣布给大家放假三天。

迪斯尼之行开始了，冬冬兴奋地大喊大叫，一个个项目玩过去，怎么都玩不够，梁栋感觉自己是老了，对这些娱乐设施一点儿都提不起精神。

“爸爸，你戴上这个眼镜看看吧，可好玩了！”冬冬给他戴上了一副汇报方案时用的“神秘眼镜”。老天！这个世界怎么一下子变得这么神奇，这些原来卡通俗气的城堡竟然栩栩如生，颜色是那么的和谐，还有比例也极其协调，这分明就是真实的童话世界啊！梁栋高兴得像个小孩一样手舞足蹈，他就这样和冬冬在迪斯尼玩了整整三天。

在回来的路上，他好奇地问冬冬：这“神秘眼镜”到底是怎么回事。冬冬告诉他：“这些眼镜是葫芦娃特意为他制造的，戴上眼镜的人就会看到他心里想看的东西，譬如我穿的衣服是红颜色的，你觉得太红了，眼镜能知道你的想法，并且可以调整你的眼睛对色彩的感受，当你再看我的衣服就变得不那么红了，甚至能变成你想要的任何颜色。你看路上那个胖子，觉得他肚子能小一点其实挺帅的，你戴着眼镜再看这个人时，他的肚子就已经变小了，成了一个你心目中的帅哥。葫芦娃把这眼镜的功能叫作‘随心所欲，心想事成’！”

“原来如此啊！我说上次汇报怎么会出奇的顺利，还有戴上眼镜后迪斯尼怎么如此的漂亮和梦幻，真是太神奇了。”梁栋不可思议地摇着头。

华夏设计院最近业绩骄人，任何汇报都是一次全票通过，当然这要得益于那些“神秘眼镜”。不过这也引起了同行的疑惑、猜忌和攻击，尤其是之前陆续设计建造完成的项目，并没有取得完美的预期和惊人的效果，加上宋书记被反腐拿下，他主持的那些工程纷纷成了众矢之的，人们议论纷纷，这些负面之词让梁栋有点儿坐立不安。胡院长找梁栋谈话，只是话题却是“神秘眼镜”。

“你这些眼镜是怎么来的呢？能不能批量生产啊？”胡院长笑眯眯地问梁栋。

“不能批量生产，说起来不可思议，这些眼镜是‘葫芦娃’送给我小孩的……”

“什么，什么？葫芦娃？！开玩笑吧，这样的好东西应该申请专利，大量生产，造福人类，不能自己看世界完美了，却让别人活在残缺里。实不相瞒，我早已联合高科技公司对这些‘神秘眼镜’进行了研究分析，已经取得阶段性成功，批量生产指日可待。今天找你来是担心将来会引起专利纠纷，既然是个童话故事那就没事了。”

“胡院长，我不解的是，您大量生产这些眼镜的目的是什么啊？”梁栋困惑地问。

“卖给有需求的客户啊，譬如说设计同行，影视、服装、园艺……对美感有特殊要求的行业，当然普通人有需求那就更好了。”

“那这不是在造假吗？这个世界岂不是不分好坏都变得完美了？这简直就是自欺欺人啊！”梁栋更为困惑。

“自欺欺人？就算自欺欺人总比强人所难要好吧！你用精彩

的设计方案的目的不也是想改变世界吗？至少是让局部世界变得更为美好，可是是否真正美好需要他人看见、感受到，并且认可才能实现。试想现在有这么一款神秘眼镜，人们戴上后眼前的世界变得和谐完美，一切皆如心愿，这岂不是更好吗？”胡院长有点儿不耐烦地看着梁栋。

胡院长，现应称为胡董事长，他创立的“如意视界”眼镜公司取得了巨大成功。起初，只有设计师购买；随后普通市民、专家、甲方代表和政府官员也纷纷加入购买行列；最终从幼儿园到大学，各年龄段的学生都开始佩戴“如意视界”。为了提高便利性，科技公司对眼镜进行了升级，可以一次性植入视网膜，使其成为终身伴侣，无须日常维护。

“如意眼镜”改变了很多行业，也改变了许多人的生活。整容行业倒闭了，不要说情人眼里出西施，男人戴上眼镜后，家里的伴侣瞬间就成了梦中情人，而且还不是白日梦，是看得见摸得着的梦。还有那些蔬菜水果和包装食品再也不需要使用色素和添加剂了，戴上眼镜大家看到的水果、蔬菜无一不色彩诱人，而且雾霾天也消失了，一年到头都是蓝天白云、山清水秀的感觉。

最后，这个世界只有梁栋一个人拒绝佩戴“如意眼镜”，他认为自己已经生活在了真实的童话世界里，再戴眼镜纯属多此一举。冬冬渐渐长大，梁栋多么希望时间能慢些走，让冬冬的童年再延长一些。

2016.6.04

葫芦大师

“爸爸，求求你再给我讲一个故事嘛！”冬冬摇着椅子扶手，梁栋一动不动地盯着电脑屏幕。

“爸爸现在很忙，宝贝。等忙完这阵子，一定给你讲故事。”爸爸试图温和地解释，但焦虑让他的声音不自觉地提高了。妈妈拉着眼泪汪汪的冬冬离开了书房。妈妈告诉他爸爸今年要评“建筑大师”，这对他未来的职业生涯极为重要。

“什么是建筑大师呢？”冬冬问。

“……就是建筑师里面本领很厉害的人。”妈妈在想怎么才能解释清楚。

“那建筑大师是不是像《功夫熊猫》里的熊猫大侠一样厉害？”

“差不多吧，宝贝。就像那只普通的熊猫，通过学习和努力，最终变成了一位了不起的大侠。”

“那爸爸要和怪兽比武吗？会不会被打得鼻青脸肿呢？”

“不会的，儿子，生活中没有怪兽，我带你去少年宫玩吧。”

梁栋最近的确压力很大，工作近二十年，项目虽然做了不少，其中也不乏博物馆、图书馆、医院等重点项目，即便要评省级建筑设计大师还是很有难度的，毕竟从业人员这么多，竞争异常激烈。他精心准备着评审材料，作品集排版还需要优化，录制的介绍视频也需要打磨，纠结的是博物馆要不要再找专业摄影师重新拍照——拍摄一组好的专业照片需要十几万元，准专业级的照片也要好几万！建筑本身的优劣外人难以评判，何况评委也不会到现场实地查看体验，如果连照片都没有高颜值那彻底就没戏了。“建筑大师”可不仅仅是一道耀眼的光环，也不只是个人的荣誉封号，这对所在的公司也是非常需要的，因为“建筑大师”能提高公司和个人的竞争力，并且有更多的机会拿到项目。

时间一天天地过去，终于要有个结果了——明天就是大师选评的日子！看着桌上厚厚的作品集和电脑里播放的最终视频，梁栋终于松了一口气。他一回头，发现冬冬正扒着书房的门框偷偷地看他。

“过来吧，儿子！爸爸给你看些好东西！”他向冬冬招了招手。

他把儿子抱在腿上，一页一页地给他翻看自己制作精美的作品集——这照片多棒啊，瞧这角度，瞧这光影！冬冬勉强看完了爸爸的建筑作品集，他心里觉得还是《葫芦娃》和《父与子》绘本好看。接着爸爸又给他看了电脑里面的解说视频，这个就更没有《功夫熊猫》和《疯狂动物城》好看了。

“儿子，你觉得爸爸的作品集和视频动画怎么样？是不是很棒啊！”

“爸爸，我发现了一个秘密——你作品集上的房子照片里面都没有人，而我的绘本里面都是人和动物。”

梁栋吃了一惊，是啊，作品集的照片中几乎没有一个人！

可是平常核心期刊和各种宣传媒体上的建筑照片不都是这个样子吗？材质构造、空间光影、纯粹空寂，几乎都是不食人间烟火的唯美照片！

“作品集是为了表现建筑的，要体现建筑的简约、干净和纯粹，所以拍照时就尽量不要有人了。”梁栋给儿子介绍着。

“这个解说动画里面反复说的‘天人合一’是什么意思呢？”

“……‘天人合一’的意思是人要和大自然友好和谐相处，不能随意破坏自然环境,最终就可以达到人与自然的和谐统一。你明白了吗？”梁栋思索着用词。

“我不明白，什么叫合为一体呢？”冬冬一脸的困惑。

“我给你举个例子吧，大自然就像你晚上睡觉盖的被子，你就是人，晚上你睡着了你们就合为一体了，这样你们是不是就能友好相处了？”

“好像是的，可是我晚上经常会蹬被子，有时候还会尿床……”

“……时间不早了，你该去睡觉啦。”梁栋的兴致也没了，明天还要给评审专家现场汇报和答辩。

晚上冬冬翻来翻去地想：“爸爸明天会不会遇到怪兽呢？会不会打不过怪兽就评不上大师了？”他迷迷糊糊地睡着了。今天晚上他可不能闲着，他顺着衣柜角落的秘密通道又要去找“葫芦娃”来帮忙了。

“冬冬小朋友，欢迎你来玩啊！是不是又遇到什么麻烦事了？”红娃第一个看到了冬冬，随后几个葫芦娃都围了过来。

“是我的爸爸遇到困难了，他明天要评建筑大师，我担心他会打不过那些怪兽……”

“那我们要怎么办才能帮助他呢？”

“我看了他的作品集，上面的照片都太冷清了，没有一点儿人气。评委们肯定喜欢热闹的场景，你们能不能用魔法让照片里多一些人呢？”

“这个倒是可以，只是时间比较晚了，我们即使使出魔法也只能把我们几个葫芦娃和你的照片加上去。”蓝娃沉吟着说道。

梁栋一大早就带着精心准备的资料，满怀信心地走进了评审会场。虽然评审还没开始，但他已经迫不及待想要展示自己的作品了。他隐约听到台上的评委在边摇头边嘀咕：“这年头什么人都有啊，为了搏出位什么手段都使出来了！”“可不是，硬是把作品集整成了儿童画册，竟然还是葫芦娃！好歹印上奥特曼也算与时俱进啊！”“可不是咋的，人家连儿子都搭进去了，真是上阵父子兵，下了血本啊……”

梁栋不知道怎么回事，他找了个角落坐下，翻开自己的作品集，想要再准备一下汇报和答辩。

“这是怎么回事？！”他看到博物馆照片中原本空荡的大厅里竟然有一群葫芦娃和冬冬在玩！随手一翻，几乎每个作品的照片中都是葫芦娃和冬冬在玩耍的场景……他顿时觉得头昏眼花，这些照片也渐渐变得模糊不清。莫非提前送审的作品集中也都是这个样子的？一定是的，刚才那些评委不是在说什么“葫芦娃”吗？……梁栋垂头丧气地走出了评审会场，他忘记是怎么回家的。

“爸爸，你评上建筑大师了吗？”冬冬一脸兴奋地冲了上来。

“是不是你干的？！一定是你和那些该死的葫芦娃干的好事！”爸爸发疯似的对着冬冬咆哮，因为他知道冬冬有见到葫芦娃的特殊“能力”，他也曾经见识过葫芦娃的本领。

“我怕你评不上大师，就不再给我讲故事了……我就请葫芦娃帮忙……”两行泪水从他苍白的小脸上汩汩而下。

“到底发生了什么事？怎么对孩子这么凶？”妈妈过来给冬冬擦眼泪。

爸爸进了书房，重重地关上了门，冬冬号啕的哭声被关在了门外。从这天起爸爸就没有再给冬冬讲故事了，他每天上班回家就把自己关到书房里。

梁栋在建筑界一下子出了名，但这种名声让他抬不起头。他有着葫芦娃照片的作品集和解说视频成了建筑界的笑料。建筑圈子的同行私下把梁栋称作“葫芦大师”，后来甚至有人当面就这样调侃称呼他。

冬冬想不明白自己到底做错了什么。一天晚上，他又顺着秘密通道来找葫芦娃，他把爸爸如何没有评上大师，后来又如何变成了“葫芦大师”等事都一一告诉了葫芦娃，他请他们再想办法帮助他——要不然爸爸再也不会给他讲故事了。几个好朋友商量了很久，终于想出了一个好主意。

梁栋设计的儿童医院一下子火了，四面八方的人挤进了医院，因为这个医院里看病挂号不用再排队。七个真的葫芦娃在空中的葫芦藤上飞来飞去帮大家挂号、取药，还会带着看病的小朋友在葫芦藤上做游戏，那些没有生病的小朋友也再三央求自己的爸爸妈妈，能带他们去儿童医院和葫芦娃玩一玩。

接着成为网红点的还有梁栋设计的博物馆和图书馆。葫芦娃在博物馆大厅搭起了一个游戏空间，葫芦藤是秋千，葫芦是摇篮和小船，他们在这里蹦蹦跳跳，要去看展览时葫芦娃就陪着小朋友讲解，什么石器、青铜器、玉器，什么书法、绘画，什么神话、传说、历史等，经过葫芦娃活灵活现的讲解，原来这些文物都是那么有趣和好玩。图书馆的葫芦娃游戏角就更神奇了，在这里小朋友会穿上一件葫芦状的衣服，这个衣服像个透明的彩色泡泡，他们可以高声讨论绘本里的故事，还可以请葫芦娃给他们讲解看不懂的故事书，只是大人们听不到他们的声音——他们不用再像以前那样到了图书馆就要变得蹑手蹑脚。梁栋设计的建筑不仅成了城市中最热闹、最有趣的场所，更成了孩子们心中的乐园，他们每天在这里流连忘返，直到夜幕降临才依依不舍地离开。

城市里要新建一个少年宫，设计院里一致推荐梁栋来做主创设计，他现在可是名副其实和家喻户晓的“葫芦大师”。曾经紧闭的书房门也打开了，除了冬冬会爬到爸爸腿上听故事，还经常有人来拜访梁栋，和他交流探讨如何使得一个建筑更有活力和趣味。其实大家和媒体最关心的是，这些如同天外来物的葫芦娃为什么会选择拜访他的建筑。

“这个嘛，我自己也不太清楚，或许冬冬小朋友能给大家一个答案。” 梁栋微笑着指向正在玩耍的冬冬，对采访他的记者说。

“真的是这样吗？！”记者惊讶地看着在一旁玩乐高的冬冬。

“当然是真的啦，葫芦娃是我最最要好的朋友！”冬冬一脸自豪地回答。

晚上，爸爸拿着新设计的少年宫方案请冬冬看看怎么样，冬冬仔细地看了看说："这个方案我很喜欢，颜色很漂亮，也有许多小朋友在里面玩，能不能让我的葫芦娃朋友来一起玩呢？"

"当然可以，爸爸特别欢迎他们一起来和小朋友玩，请你转告葫芦娃，我们大人也很喜欢和他们玩！"

冬冬开心极了，晚上他又做了一个梦。他梦见自己带着爸爸顺着秘密通道一起去找葫芦娃玩，可是……可是爸爸的肚子太大了，怎么都爬不过那个通道……

2016.9.03

仿佛若有光

“林尽水源，便得一山，山有小口，仿佛若有光……”

（一）

白天，即使阳光灿烂，写字楼内依然灯火通明。工位靠近窗户的人却要拉下窗帘，以遮挡刺眼的光线。夜幕降临，璀璨的灯光透过玻璃幕墙熠熠生辉，写字楼和城市好像刚刚梳洗打扮后的姑娘，变得光鲜亮丽。设计公司的灯几乎一直亮着，因为永远有不少人在加班加点地工作。半夜最后离开的人几乎都没有关灯的习惯，也许他们怕灯灭的那一瞬，黑暗吞没了自己孤独的身影。梁栋是公司的总建筑师，经常需要参加各种论坛活动，面对着闪光灯和麦克风，他内心深处却有着挥之不去的阴影……

都说建筑师的职业生涯是从四十岁才真正开始，然而放眼整个办公室，大多数建筑师都是90后，平均年龄不超过三十岁，年过四十的建筑师寥寥无几。那些年纪较大的建筑师在灯光下脑袋锃亮，也看不出实际年龄。设计招标周期日益缩短，重点项目常通过“国际招标”进行，不知道是国内的建筑师真的技不如人，还是外国的月亮看起来更圆。炫酷的形式、“不明觉厉”的术语，如同大片般的动画……好在这些都不是事儿。设计公司里不少年轻建筑师都是留过学的“海龟”，这些套路都玩得很溜。

梁栋今年晋升为省级勘察设计大师，也算实至名归。从业三十年来，他一直在从事大型公共建筑设计，诸如办公楼、酒店、商场、图书馆、博物馆等，这些作品基本都是当地的地标建筑。面对朋友和同行的祝贺，他内心还是有些遗憾的。因为他去过罗马的万神庙，那束直泻而下的阳光穿透了他的灵魂，这让他对“建筑是空间与光影的艺术”坚信不疑。遗憾的是，尽管他设计了一些空间丰富且有趣的建筑，但它们似乎都缺乏光影的魔力。这是否与他缺乏宗教信仰有关？

（二）

“荃庸纪念馆”的方案设计让梁栋找到了感觉，他的内心深处被那束光照亮了。荃庸是民国时期著名的文学大家，他出生成长在江南小镇，当地政府为了让后人更好地了解和纪念他，决定在已经倒塌的故居基础上扩大用地来修建他的纪念馆。占地朝南的一侧是条临河的步行小街，小摊贩箩筐中的青菜脆嫩欲滴，刚出网的鱼银光闪闪，沿街小店的吃食弥漫着诱人的气味。梁栋多次漫步在这条小街上，感受并体验着晨曦与黄昏的阳光，不同时间段阳光的温度、浓度和色彩，竟然是这样的不同。

宽大的工作台上摆着三个白色的建筑模型，梁栋的目光似乎变成了射入模型空间的阳光，将建筑的影子投射到地面和白墙上。这些影子时而清晰如雕刻，时而散漫如水墨，如此的飘忽和迷离……

他的耳边回响着下午和几个年轻建筑师的讨论：您的方案显得有点保守，怎么都是院子组合？还有檐廊？为什么不能充分利用现代材料来营造空间的光影魅力？像安藤忠雄的住吉长屋、光之教堂等作品都是充分利用建筑空间与光影互动，最终实现了人与自然的和谐交融，而且材料和形式都很现代……“你们不觉得这是西方人对光的理解和感受吗？而且都是建筑师个性化很强的作品？”梁栋反问，“……大家不是都说安藤忠雄的建筑空间和光影很有东方禅意吗？建筑作品体现了建筑师的个性有什么不对吗？”“我这些年一直被万神庙那束光照耀和困扰着，近年来我才逐渐明白那光是从上而下进入空间的，在封闭厚实的空间中充满了力量和神性，西方教堂的光线基本如此，而在我们和日本这样的东方国家，传统建筑的光线却是由远至近穿过院子、屋檐和屏障进入房间。光线是弥漫模糊的，所以才有了谷崎润一郎的《阴翳礼赞》，你们想想《桃花源记》中对光的描写是不是也是这个感觉……”大家陷入了持久的静默，脸上的神情却是一片茫然。

在满城桂花飘香的时节，“荃庸纪念馆”迎来了隆重的开馆仪式。省市领导前来剪彩，文化贤达纷纷到场祝贺，纪念馆的落成也算是了却了梁栋的心结——他不再为捕捉不到那束光影的魅力而遗憾。从早到晚，光线如同一双灵巧的手，弹奏着精妙的乐器，让纪念馆的前厅后院、墙上廊下回荡着难以言喻的旋律。

“这才是丝竹之音，而且夹杂着早市的喧嚣，随着天气和季节而变化，永不落幕，这也符合荃庸大师文学作品雅俗共赏、冲淡平和的气质，建筑师应该放空、放下自己，这样他创作的作品才有更大的包容性，这也是对大师最好的纪念。”梁栋面对采访镜头这样评价自己的作品。

（三）

河对岸是小镇规划的商务产业园。随着隆隆的打桩声和林立的塔吊，一座座大楼如同雨后春笋破土而出，临河的大板楼拔地而起，而且逐日长高。大板楼的阴影让河水显得沉重而缓慢，它逐渐覆盖了河堤、小街，接着是纪念馆的台阶和墙门，最终整个纪念馆都被笼罩在阴影之中。在大楼的施工过程中，梁栋可谓度日如年。他在不同场合呼吁政府相关部门能调整产业园规划——降低沿河建筑的高度，这么大的建筑体量既破坏了小镇的空间格局，也影响了河对岸的居民，当然纪念馆的光影魅力也会一去不返。起初河对岸不少居民对此规划和建设也很不满，纷纷投诉上访，但是开发商和政府部门通过协商，给投诉的居民提供了一定的补偿，并且答应在项目建设过程中可以提供打工机会，将来项目落成后还可以提供合适的就业岗位，反对的声浪很快就被大板楼的阴影吞没了……

阴沉沉的天空难分早晚，梁栋身心俱疲地回到家里，五岁的冉冉小朋友蹦跳着说：“天黑请闭眼。”梁栋照例闭上了眼，等他睁眼时看到了七个画在葫芦上的“葫芦娃”。冉冉小朋友是在他近五十岁时出生的，和哥哥年龄相差快十岁，受哥哥影响，他也对“葫芦娃”乐此不疲。“爸爸您最近怎么一直不开心？”“哦，是吗？”“没有关系啦，我和葫芦娃已经说好了，请他们送给那个纪念馆一片阳光，这样它就不会再被阴影包围了。哥哥和我讲过，他小时候请葫芦娃帮您评大师却给搞砸了，这次一定会很成功的！”“你们的笑脸就是最灿烂的阳光，你画得棒极了！”

（四）

在晴朗的天气，早上九点前、傍晚五点后荃庸纪念馆还能得到些许阳光，可惜这个时候的阳光都是转瞬即逝的。等到正式开放时间，纪念馆就一直处在了河对岸大板楼的阴影里。中秋节后，小镇上的人们突然发现了一个神奇的现象：一束神秘的阳光从早到晚照耀着荃庸纪念馆。有阳光的日子，大楼投下的阴影在纪念馆这里像被开了天窗；在江南阴沉的雨天，纪念馆则像点起的灯笼一样让人们感到温馨，犹如几米笔下的漫画。科学家和气象学家对这束神秘的阳光进行了多次调研，最终也不能做出科学的解释。当地老百姓则说这是文曲星的眷顾，还有人说这和外太空文明有关。各大电视台争相前来探索解密，总之纪念馆成了超级网红点，全国各地粉丝来围观打卡，不少学生在考前来许愿，春风得意的则来事后还愿。

对面的大板楼被改造成了酒店，生意异常火爆。住在酒店里的人在临河的阳台盯着那束不可思议的光线，欣赏、惊奇与赞叹，闭上眼睛许愿，冷风阴雨的天气更是一房难求——那束光可比空调感觉要温暖多了。晴天的黄昏，酒店大楼的阴影缓缓移动，直到夕阳绕到大楼侧面，河面、小街和民居才被夕阳涂抹成金黄色。这个时候纪念馆和周边房子、树木都沐浴在霞光中，而阳台上的客人会呷着红酒陶醉在落日余晖中……

（五）

纪念馆的奇观引起了强烈的轰动，为带动当地旅游做出了巨大贡献，连带荃庸大师的作品集都加印了十多次。纪念馆设计取得了巨大成功，并且还作为文化遗产更新的代表作品参加了维纳斯双年展，梁栋也先后获得了国内外各种创作大奖。为了表彰梁栋的突出贡献，建筑学会和文旅部门召集省内外建筑大师和文化名人，在荃庸纪念馆召开“梁栋大师建筑创作思想研讨会”，并且希望能打破专业界限，进行跨文化交流对话。一整天的活动即将圆满结束，参会的有位专家建言——河对岸的大板楼实在是太煞风景了，严重破坏了古镇风貌，建议改造，最好拆除掉。此言一出，众人纷纷附和，仿佛这大楼像刚冒出来一样。地方领导神情尴尬地表示会认真考虑专家意见，对大楼采取必要的改造措施……

宣传部部长笑着问正在收拾茶杯的服务员：“大嫂您好，说说纪念馆建成以来您生活的变化。”“我是本地人，也没有什么文化，不懂什么大道理，但是非常感谢领导。因为纪念馆的建成，我才有了这份端茶倒水、打扫卫生的工作。还有，我女儿也在河对岸的酒店工作，收入也很不错。只是大家有没有想过，如果把河对岸的酒店拆除了，没有了大楼投下的阴影，纪念馆那束神秘的阳光还会存在吗？阴霾天还会有那么多人入住酒店吗？”此言一出，宣传部部长愣住了，众人也都哑然。

最终，夕阳绕至大板楼的侧面，那些曾被阴影覆盖的房屋和小街逐渐被照亮。墙面、屋顶、树木、河流，以及街上的行人和纪念馆，都沉浸在紫红色的晚霞之中……

2022.9.15

常青藤

山雀唤醒了春天的大地，也唤醒了冬冬小朋友。周末的早晨总是充满了期待和欢乐，因为只有在周末，冬冬才能在爸爸平常绘图的笔记本电脑上玩一会儿“恐龙大战”的游戏。

冬冬起床后感觉家里氛围很怪，爸爸皱着眉头在客厅走来走去，妈妈显得不知所措，过了一会儿家里来了两个警察——家里竟然来了警察叔叔！这让冬冬既紧张又兴奋，今天到底发生了什么事情？原来昨天晚上有小偷顺着雨水管爬进了他们家，阳台花池和茶几上的脚印还清晰可见，爸爸工作的笔记本电脑被偷走了，他辛辛苦苦饲养的“恐龙勇士”也一起被偷走了……警察叔叔拍了照片，询问了具体情况，做了记录后就离开了。

“可恶的坏蛋！电脑里有我保存的大量设计文件，昨晚加班画的图也没有了……”爸爸垂头丧气地嘟囔着。

“要是我们早点安装上防盗窗就好了，亡羊补牢也不算晚，这个周末就找人安装防盗窗吧。”妈妈说。

冬冬小朋友一家住在三楼，这些老小区的围墙通透而低矮，也没有安装什么监控设施，门卫都是些大叔大婶，基本只收收停车费。平常卖菜的、推销保健品的、收破烂的……随便什么人都可以进入小区，当然小偷也可以，所以老小区的窗户上多数都安装着亮闪闪的不锈钢防盗窗。

“妈妈，什么是亡羊补牢啊？为什么对面住在高楼小区里的窗户都没有安装防盗窗啊？”

妈妈给他讲了亡羊补牢的寓言故事，做建筑设计的爸爸花了半天时间给他讲了为什么一些房子要装防盗窗，而一些房子可以不用安装，最后他还是听得一头雾水。

“我好像明白了，但是我们不是羊啊，为什么要补牢呢？我不喜欢窗户玻璃外面那些亮晶晶的护栏！”冬冬反对安装防盗窗，他说道。

一整天都过得很沮丧，电脑游戏没得玩了，而且爸爸也预定了防盗窗，明天窗户外面就会被罩上这些可恶的铁笼子。怎么办呢？小偷真可恶！我的恐龙勇士……在这些纠结中冬冬睡着了，在睡梦中他又和好朋友葫芦娃会合了，他把自己的烦心事一一告诉了好朋友。

“开心点儿吧小朋友，我们送你一个神奇的葫芦，明天早上你从葫芦里倒出葫芦籽种在阳台的花池里，告诉你的爸爸妈妈这样就不用再安装防盗窗啦！”葫芦兄弟送给了他一个小葫芦。

早上冬冬醒来发现又做了个梦，神奇的是，他的枕头边真的有一只小葫芦，他抓起来摇了摇，里面果然有葫芦籽，他倒出葫芦籽在每个窗户边的花池里都种了两粒种子，并且浇了几大杯水。等到下午安装防盗窗的人来时，他们惊讶地发现阳台上的两株葫芦藤已经从两边护住了窗户，爸爸妈妈也感到不可思议——葫芦藤怎么可能在短短一天内就长得这么快，并且还开着亮灿灿的黄花。

“这是我的好朋友葫芦娃帮的忙，他们说我们可以不用再装防盗窗啦，葫芦藤会保护我们的。”冬冬得意地告诉爸爸妈妈。

“葫芦藤会保护你们？”安装防盗窗的人半信半疑地问，“小朋友，你这是动画片看多了吧？”他的话语中带着一丝讥笑。

在冬冬的再三哀求下，加上葫芦藤长势的确喜人，于是爸爸妈妈决定暂时先不安装防盗窗了。

“这都是一家什么样的人啊？连大人都这么天真灿烂，希望小偷忘记你们吧。”安装防盗窗的人摇着头走了。

随着时间一天天过去，黄花逐渐凋谢，绿得发黑的葫芦藤上挂满了青碧色的小葫芦。似乎小偷真的忘记了冬冬小朋友一家，再也没有光顾过。

又是一个周末的早晨，妈妈起床看到客厅阳台的景象后吓得大喊大叫——原来一个人的手脚被葫芦藤紧紧地缠着，像个蜘蛛人一样挂在窗户外面。

“救救我吧，我再也不敢偷东西了……”这个人脸色苍白，有气无力地哀求着。

警察来了，却发现他们无法将小偷从紧紧缠绕的葫芦藤上解下来——这些葫芦藤竟然坚韧到连剪刀都剪不断。最后还是冬冬小朋友默默念了一句咒语，葫芦藤才舒展开来。

葫芦藤抓住了小偷的新闻不胫而走，来冬冬小朋友家参观的人络绎不绝，在这些人离开的时候，冬冬都会从他的宝葫芦中倒出一些葫芦籽送给大家，很快他住的小区里防盗窗都被拆除了，家家户户的窗口都爬满了葫芦藤。冬冬小朋友还把葫芦籽送给了幼儿园的小朋友，大家在老师的组织下，在幼儿园的窗外和廊道上都种上了神奇的葫芦。

一天冬冬在睡梦中又遇到了葫芦娃，他们夸他干得不错，并且告诉了他许多关于葫芦和葫芦藤的秘密。冬冬醒来踩着板凳爬上窗台，按照葫芦娃说的用手抓着葫芦藤试了试——真的很结实，这时葫芦叶子像一个个吸盘似的将他包裹了起来，他竟然也可以像葫芦娃一样吊在葫芦藤上随风摇摆！这既是一个秋千，还是一个吊床，真是美妙舒服！对面的小朋友看到了这个景象也如法炮制，更为奇妙的是，葫芦藤在两栋楼之间架起了一条条索道，小朋友们可以在索道上自由地滑来滑去，好朋友们就这样相聚在空中玩着游戏，说着悄悄话，蝴蝶和小鸟绕着葫芦藤翩翩起舞。

起初，爸爸妈妈们对这个景象感到惊恐——这是多么危险啊！但随着时间的推移，他们发现没有任何意外发生，也就逐渐放心了。更让他们惊喜的是，小朋友们去幼儿园再也不用家长接送了，他们都从窗口乘坐着葫芦藤索道滑到幼儿园，既安全又便捷,再也不用担心路上的汽车危险和堵车迟到的问题了。

这些神奇的葫芦藤一年四季都不会枯黄，就这样陪伴着小朋友们一天天长大，幼儿园毕业的日子终于到来了。冬冬和小朋友们唱了一曲又一曲儿歌，小朋友和老师合影后每个人送给了老师一个礼物——一只装着自己故事和秘密的小葫芦。尽管他们即将迈向不同的小学，但他们约定在各自的学校都会种上神奇的葫芦，希望这些长青的葫芦藤能成为他们友谊的桥梁，让他们在未来的日子里，无论身在何处，都能在蓝天下相聚。

2016.4.20

生命树

冬冬小朋友常幻想自己是第八个葫芦娃，梦想着能与葫芦娃们并肩作战，掌握他们的神奇能力。然而，他对葫芦娃和老爷爷居住的简陋之地越来越感到不满。半山腰上，简陋的篱笆院内，几间茅草屋，歪脖树下一方石桌便是全部，这里没有高楼大厦、游乐城和美食街。即便学会了葫芦娃的全部本领，那又如何呢？

老爷爷看出了冬冬的心思，有天晚上他悄悄地告诉冬冬："在你的卧室衣柜角落里，隐藏着一个神奇的秘密通道。你可以通过里面的楼梯，爬到任何你想去的地方。"

"这么神奇啊？！那我今天晚上就可以去爬了吗？"

"当然可以，不过千万不要告诉别人哦。"

冬冬等其他葫芦娃睡着，蹑手蹑脚地钻进了衣柜。他拨开衣服，在衣柜角落果然看见个洞口，里面光线还不算暗。他迫不及待地顺着楼梯爬了上去，怦怦的心跳比踩在楼梯上的声音还响，只是这楼梯望不到尽头，难道能爬到月亮上去吗？

当他又渴又饥的时候，在楼梯拐角发现了一个狭长的绿色通道。他顺着通道走了进去。随着光线越来越亮，一大片草原豁然展现在眼前，远山近水，蝴蝶在花丛中起舞，牛羊成群在山坡上悠闲吃草。奇怪的是，在这片美丽的草原上竟空无一人。他追逐了一会儿蝴蝶，又追着几只小山羊跑来跑去，最后来到了一座小木屋跟前，屋内的餐桌上有面包、牛奶和各种水果，他风卷残云般地大吃了一通，然后倒在旁边的床上呼呼大睡。

冬冬终于睡醒了，他走回楼梯口，继续向上爬，楼梯平台上有小窗洞，洞口外面白云缭绕，偶尔有几只大鸟飞过。难道我已经爬到了云里面？我要爬得更高，要爬到月亮上去！不过很想玩游戏了，自从到了葫芦娃家里后他就再没玩过 iPad 了。咦？又遇到一个扁平的橙色通道！他又走了进去，里面竟然是超大的一个游乐城，比迪斯尼乐园还要大，竟然还有各种电子游戏机，只是仍然没有一个人。

“太好了，这里的一切都是我的了！”冬冬开心地大喊大叫，他一个接一个地玩了过去，而且还不时地能发现面包和牛奶。他再也不用担心爸爸妈妈让他把 iPad 合上了——想玩多久就玩多久！可是他的眼睛睁不开了——游戏实在是太多太多了，还是先睡一觉起来再玩。就这样，冬冬醒来吃点儿东西接着玩，困了就睡觉……某天，在厕所的镜子里，冬冬惊恐地看见一个陌生人——那人眼睛通红，胡子拉碴，长发披肩，活像个野人。这难道是我？不可能，我明明是个孩子！他摸了摸自己的下巴——真的有胡子了，再拉拉头发他直接吓哭了。冬冬用杯子打碎镜子落荒而逃，他很快到了楼梯口——“我不能再沉溺于吃喝玩乐，我必须继续我的攀登！”

又是一个红色通道，进不进去？这是个问题。当然还是要进去的，因为他已经饥饿难耐，何况通道里飘出的香味都能勾魂了。这是一条望不到尽头的美食街，两边店铺桌子上摆满了各式各样的美食，香气缭绕，还有堆成小山一样的巧克力和冰激凌，冬冬深吸了一口气，一路吃过去，直到肚子快要撑破才住口。他大睡了一觉，起来继续吃——实在是太好吃了！有一天他摸着自己圆鼓鼓的肚子，发现自己的脚没有了，原来肚子太大挡住了脚，他胖得几乎迈不开步子，走两步路就会喘气。“难道我变成猪了吗？”他找了一面镜子，老天！镜子里出现了一只肥头大耳、肚子像气球、手脚像豆芽的怪物！他连滚带爬地来到了楼梯口,差点挤不出门洞——因为肚子实在太大了。“我不能这么贪吃，我要继续向上爬！”

又是一个黄色的通道，这回又会是什么呢？冬冬进去后发现了神奇的景象，这里生活着好多尖尖鼻子、尖尖耳朵的小人。这些人只有他腿肚子那么高，他们正在一个大广场进行各种游戏比赛。这些小人看到他吓得尖叫而逃，边跑还边喊：“外星人来了，快逃啊！”他们躲进了树林和大蘑菇样的房子里。“我是外星人吗？难道我到了另一个星球？可是他们的话我怎么还能听懂。”冬冬好不容易抓住一个瑟瑟发抖的小人，他告诉这个小人自己只是路过想找点儿吃的，不会伤害他们。这些小人终于发现冬冬的确没有恶意，于是都围了过来，胆大的小人还爬上了他的肩膀，他们问了他许许多多的问题，最后冬冬吃了很多瓜子仁大小的面包，还喝了无数碗甜酒，总算吃饱喝足。他在小人国里玩了两天才回到楼梯口，继续向上爬。

这楼梯到底有多高啊？一圈又一圈的没有尽头，冬冬边爬边琢磨。突然一声撕心裂肺的惨叫令他胆战心惊。原来又到了一个蓝色通道口，这惨叫声是从里面传来的。他屏住呼吸踮着脚走了进去，这里竟然有高山深涧，还有参天大树，最惊讶的是有许多跑来跑去的恐龙，一只暴龙正在撕咬着猎物。虽然冬冬很喜欢恐龙，曾经买了许多关于恐龙的书和模型，但是今天看到这么多真的庞然大物还是吓出了一身冷汗。冬冬躲在草丛和大树后面，一一观看了他认识和不认识的恐龙后，采摘了一些能充饥的果子，走回楼梯口，接着向上爬。

又是一个青色通道……又是一个紫色通道……又是一个粉色通道……

就这样冬冬去了一个又一个色彩斑斓的通道，并且继续不断地向上爬。直到有一天他气喘吁吁，再也走不动了，他看着镜子里的自己须发皆白，“难道我真的老了？我就这么死了吗？可是我出来时忘记告诉爸爸妈妈我去哪儿了，他们该不会急死了吧？”

这个时候冬冬耳边传来一个声音：“老朋友，你这辈子即将结束，不过我可以让时光倒流，马上让你回到儿时，接下来你有几个选择，一个是接着向上爬，一个是原路返回，一个是跳下去，还可以选择一个你喜欢的通道待下去，当然你也可以选择现在就老死。”

“我累了，不想再向上爬了，我想回去和亲人朋友道个别……”

“你的选择不错，只是你想原路返回还是跳下去呢？”

“这有什么区别吗？”

“当然有了，原路返回的话，你又要花一辈子的时间，等你见到亲人朋友时又会变成和现在一样的老头；如果跳下去花的时间很短，你还是之前的那个小朋友，只是你曾经的经历都会在记忆里永远消失，就像从来没有发生过一样！”

冬冬感觉自己身轻如燕，耳朵边却呼呼生风，他在加速下落的过程中，恐龙谷、小人国、美食街、游乐城、蝴蝶农场等场景一一从眼前掠过，他终于落地了……

睁开眼睛，他发现自己和七个葫芦娃围坐在老爷爷的身边，老爷爷笑着给他们每个人发了一个很特别的眼镜："你们戴上这个眼镜，仔细看看天边的景象。"

"啊！过去发生的事情我全部记起来了！"冬冬和七个葫芦娃戴上眼镜后叫道。

"当然会记起来的，曾经经历过的事情总是会留下痕迹的，哪怕是做过的梦，你们仔细看看天边有些什么东西。"老爷爷笑着说。

弯月如钩，星河璀璨，天边矗立着茂密的大树，它们高低不一，形态各异，每一棵都闪烁着光芒。冬冬突然发现一棵粗壮的树干里藏着没有尽头的楼梯，一个树丫里是蝴蝶飞飞的农场，另一个树丫里是灯光闪烁的游乐城，还有一个树丫里是堆满美食的街道，还有小人国和恐龙谷等树丫在树干上一一伸展生长着。

"这些树就是我们自己曾经的经历啊！"冬冬和其他葫芦娃几乎异口同声地叫道。

"老爷爷，你不戴眼镜也能看见这些树吗？"冬冬和葫芦娃问。

"是的，等你们长到爷爷这么老的时候，不用戴眼镜也会看见这些树的。"

2016.4.02

井底之蛙

（一）

清明时节，冬冬小朋友和妈妈一起坐火车去外婆家，车窗外油菜花金黄灿烂，耀眼夺目。这是他第二次去外婆家，去年国庆，他第一次看到外婆院子外面的“大草地”，惊得合不拢嘴，妈妈反复告诉他那些是小麦苗。这里的一切与他在城市中的生活截然不同，还好没有几天他就成了小表哥田田的尾巴。

扫墓回来的路上，冬冬不停地问妈妈刚才为什么要放火，妈妈说那叫烧纸。“那烧纸干什么呢？”“烧纸是送给外太公的钱啊。”“那我刚才把一张巧克力糖纸也放到火里面了，外太公能吃到巧克力吗？”“当然能了……”清明假期结束，妈妈要把冬冬留在外婆身边住一段，自己回去上班。在火车缓缓启动的时候，冬冬终于哭喊了起来，火车渐渐消失了，小表哥拉着他的手说：“我们去抓蝌蚪吧。”池塘边的水草尖上落了几只红蜻蜓，小表哥和他猫了半天还是没有抓到一只，不过蝌蚪倒是抓了五六只。

五一假期，妈妈来接冬冬回去。他双手紧紧捧着大口玻璃瓶，里面剩下的一只蝌蚪已经成了青蛙模样，不过还拖着一条小尾巴。妈妈要他赶快放了青蛙好去车站，冬冬不愿意，他说这个小青蛙现在是他的好朋友，放到池塘里就再也看不到了。小表哥一路送他出了村子，在路上他们终于想出了一个好主意——把青蛙放到井里去，这样青蛙就逃不走了，下次来了再把它捞上来。随着“扑通”一声，青蛙坠入了井底。阳光透过井口，斑驳地洒在水面上，形成了一片片光斑。青蛙在井水中游弋，试图适应这个新环境。井水清澈见底，井壁上爬满了青苔，偶尔有水滴从井壁滑落，发出清脆的声响……金秋九月，冬冬小朋友正式成了一名小学生，表哥田田也升入了二年级，他们经常打电话聊一些有趣的事，只是他们早已忘记了那只井底的青蛙。

我死了吗？不，我还活着！记忆渐渐清晰，我回想起刚才被一个小朋友从瓶子里倾倒出来，耳边风声呼啸，随后是一声巨响，我便失去了意识……这是什么地方？这里好黑啊，水这么冷还这么深，我游了一圈又一圈。我想爬出去，可是四周滑溜溜的，又直又高，头顶上有一圈晃眼的亮光。难道这就是那两个小朋友说的“井”？难道我真的成了他们母亲故事中的“井底之蛙”？我在瓶子里的时候和小朋友一起看过《小蝌蚪找妈妈》的动画片，难道他们不知道我也要去找妈妈吗？没有多久我就习惯了这口“井”，其实井水是不冷的，而且很甘甜，只是井底下一个活物都没有，特别安静，安静得让我发慌和无所适从，可我又能怎么办呢？月光照进了井口，我喜欢月光，因为它不像太阳光那么刺眼，白白的月光在井壁拖出了一条长长的尾巴，不过再过一会儿月光就能照到我身上了，井水里也就有了一个亮亮的圆盘，我会静静地躺在圆盘中间，再慢慢地看着圆盘爬上井壁，直到爬出井口，可惜我不能跟着爬上去。月光消失的时候，天上的星星会一闪一闪的，我就鼓起腮帮，和它们一唱一和，我常常叫着叫着就睡着了。

有一天，我在接近水面的井壁意外地发现了一只活物，我潜在水下，悄悄地游了过去。在它起飞的瞬间，我跳出水面抓住了它！这个小家伙哀求我不要吃它。真可笑！我怎么会随便吃自己不认识的东西呢？它告诉我它叫“蜜蜂”，由于最近天气持续高温干旱，它发现了这口井，加上平常胆大，就飞到井底来喝水乘凉。它还告诉我，它平常的工作是采花蜜——花蜜竟然比井水还甜！我问了它许许多多问题，比如月亮爬出井口后会去什么地方，我的妈妈现在在哪里……可惜这个小家伙对许多问题都回答不上来，不过它告诉了我很多有趣的事情。

蜜蜂即将离去，它告诉我它的工作异常繁忙。我请求它承诺常回来与我交谈，否则我就要吃掉它。蜜蜂吓得泪眼汪汪地答应了，我便放了它。我盯着井壁上像古老的壁画般的青苔，时间又像凝固了。蜜蜂一去就没了踪影，直到大风把树叶刮落到井底的时候它才再次到来，我本来应该特别生气的，可是我却高兴得忘记了痛苦的煎熬和等待。蜜蜂的翅膀在阳光下闪烁着金色的光芒，它的到来让我惊喜万分。蜜蜂为我带来了一朵金灿灿的黄花，还带了一滴蜂蜜——真是香甜极了，可惜只有小小的一滴……蜜蜂告诉我它出去后一直忙着采蜜，现在秋天到了，它才有空闲，还有刚才那滴蜂蜜就是从这朵黄花上采的。蜜蜂还告诉我这次它再也不走了，会永远陪着我——原来蜜蜂快要死了！它平静地躺在一片金黄色的银杏叶子上，用低弱的声音告诉我，这朵黄花已经结种了，可以把种子种在井壁缝里，明年就能开花……我已忘记自己上次是什么时候哭过，我哭着在井壁挖了一个洞，然后将蜜蜂埋了进去，接着又把五粒花种子埋在蜜蜂周围。冬天来了，井底虽然没有雪，但是我累了，我要长长地睡一觉。

我不知道自己睡了多长时间，直到身上被太阳晒得暖暖的才缓缓睁开眼睛，那是什么？！井壁上竟然冒出了几个尖尖的绿芽，绿芽上挂着晶莹的水珠，更令我吃惊的是，芽尖上站立着一只红蜻蜓,蜻蜓翅膀的淡红脉络被阳光映在井壁的青苔上，上次看见蜻蜓的时候还是在池塘边，那时我还是只小蝌蚪。我不费气力地抓住了这只红蜻蜓，她吓得说不出话来，眼睛瞪得圆溜溜的，过了半天才哭出声来。我安慰她不要怕，我不会吃她的——但是她要想办法把我救出井去，其实她相对我来说太弱小了，这薄薄的翅膀怎么能载得动我呢？我只是想和她多说说话，我要她出去后到池塘边看看我的妈妈和兄弟姐妹还在不在，如果在的话请他们来救我。红蜻蜓告诉我，上面盖了很多房子，池塘早就没有了！不过蜻蜓说她出去后一定会想办法救我出去的，我放走了红蜻蜓，看着五棵绿芽我却突然想起了那只蜜蜂……

太阳走了，月亮来了，太阳又来了，月亮又走了。时间对我来说就是头顶那一个明暗交替的圆圈，井壁是那么长，可是我却没有办法丈量。一天我正在闭目养神，突然被嗡嗡的声音惊醒了——竟然又是一只红蜻蜓！她的翅膀如同透明的纱巾，在微风中轻轻颤动，她腰上还系着一条细细的白线！原来她就是之前的那只蜻蜓，这些天她一直在想办法救我出去，甚至不惜被小朋友抓去用细线拴住——这样她逃跑时就能带走一段“绳子”。尽管这截“绳子”相比井壁是那么短，可这又能怎么样呢？我感动得说不出话来，我再次哭泣起来——红蜻蜓因细线缠绕过紧而受伤，生命垂危。在她最后的时刻，她赠予我一粒杨树种子，轻声说道：“这粒种子发芽后会茁壮成长，或许有一天它能触及井口，那时你便能沿着树干逃离这个囚笼了……”我伤心极了，如果红蜻蜓能活过来，我宁愿永远待在井底。我又在井壁挖了两个洞，一个洞里埋了红蜻蜓，一个洞里种下了杨树种子。井壁上的黄花终于开了，香气醉人，竟然引来了几只蜜蜂，它们和我都成了好朋友，我请它们在秋天多带一些黄花的种子来，当然它们还给我带来了香甜的蜂蜜……

小表哥田田在给冬冬打电话：“放暑假来我们家玩吧，我们这里有一口井很神奇，井壁上每年都会开满黄花，从井底还长出来一棵杨树，当然杨树还没有长出井口，现在这口井的水变得像蜂蜜一样甜，还有人准备把这里的水拿去化验，准备开发当作饮料来卖……”“我暑假很想去和你玩，可是妈妈已经给我报了英语补习班、书法班和钢琴班，不让我去疯玩了……”

这口神奇的井让村子变得热闹非凡，先后有专家、学者来探秘，投资商和村主任洽谈开发，记者更是蜂拥而至。最后还是村子里一群德高望重的老人阻止商业开发，他们说这是祖宗护佑才有今日之神奇，因为他们爷爷的爷爷就是吃着这口井的水长大的。

冬冬和小表哥田田一起小学毕业，这个暑假妈妈带着冬冬去看外婆，暑假结束妈妈就要带着冬冬移民去国外了，今后更是离多聚少。冬冬和田田一直期待着能再次见面，但真正见面时却不知如何是好，手足无措，好在他们很快就适应了。晚饭后，小表哥带冬冬去看那口神奇的井。两个小朋友再次来到了井边，今夜月亮正圆，月光照着井壁的黄花，朦朦胧胧的，井里冒上来的香气异常清香。冬冬突然记起了小时候的一件事。他问小表哥：“你还记得我们小时候把一只青蛙倒进了井里面吗？”“……你不说都给忘记了，是有这么回事，等等——这口井就是我们丢青蛙进去的那口井！”

今年夏天杨树终于长出了井口，我很轻松地爬出了这口井，可是外面的世界我一点儿都不适应，也不喜欢，我不喜欢那么多的灰尘，还有无休止的吵杂，我已习惯了井底的宁静和水波不惊，还有年年盛开的黄花，那些飘零的花瓣紧紧拥着我的皮肤……现在我的躯体已变得臃肿而迟钝，外面的世界是热闹的，可热闹都是属于他们的。这次我真的累了，我要像那只蜜蜂和红蜻蜓一样长长地睡去，再也不想醒来……

“你听到‘扑通’一声没有？像是有什么东西掉到了井里！”“嗯，听到了，真像好几年前我把青蛙丢进井里的声音。”两个朋友探着脑袋望向井底，水平如镜，一轮圆月正映在井底……

（二）

话说那个井底之蛙的故事，我经过文字整理后，再次给冬冬小朋友讲了一遍，他在听的过程中很不满意青蛙出井的办法——“我不要种树！”也许他觉得等树长大时间太长了，或者一点儿都不刺激。

“那你想个办法让青蛙能出来。”

“我想出了一个好主意。”——这早已是他的口头禅。

“青蛙可以坐着一只大鸟的翅膀上飞上来啊……对了，青蛙可以请蜜蜂朋友帮忙去蜇一只兔子。”

“蜇一只兔子？！”

“是啊，那样兔子会疼得乱跑，就掉到了井里，会被淹死，天上的老鹰看到就飞下来吃兔子。”

“吃兔子……？”

“对啊！青蛙把兔子送给老鹰吃了，然后要老鹰帮他一个忙——青蛙可以坐在老鹰的翅膀上，等老鹰飞出井，青蛙就可以‘嗖’的一下跳进河里了！我这个主意不错吧？”冬冬一脸的得意。

“你想错了，老鹰吃完兔子后发现没有吃饱，它扑过去就要吃青蛙，青蛙吓得跳进了水里。”我打消了他的得意。

“……看来我的主意失败了，那可以让蜜蜂多蜇几只兔子啊！”

“好吧，算你赢了，为什么抓住兔子不放啊，你不是也很喜欢兔子吗？”

“当然很喜欢兔子，可这只是在讲故事啊！”

“我还想出了一个好主意，青蛙可以不用坐老鹰的翅膀飞上来。”

“哦，那会是什么办法呢？你说说看。”我很好奇他的办法。

“青蛙可以让蜜蜂采集一瓶蜂蜜送给一个小朋友，让小朋友把遥控飞机飞到井下面，这样青蛙就可以坐飞机飞上来了，这个主意怎么样？”冬冬小朋友又是一脸的得意。

“好吧，算你又赢了，那可以让蜜蜂多采些蜂蜜送给小朋友，把小朋友的飞机换回来，这样青蛙学会了开飞机，白天就可以在上面玩，晚上就飞回井底睡觉，这样多好。”

“是的，这样青蛙就有自己的坐骑了，真好玩！该你出主意了，不许青蛙再爬上树来！”

“好吧，我想想……可以让蜜蜂给井边的地上涂上蜂蜜，野猪闻到了就在地上拱着找吃的，结果拱出了一条水沟……”

“拱水沟干什么啊？”小朋友按捺不住了。

“下大雨了，地面的水先流到了水沟里，再从水沟流到了井里，结果水井装满了水，然后青蛙就游了出来。”

“这不是和乌鸦喝水一样吗？”小朋友似懂非懂地问。

“好了，时间很晚了，你睡觉的时间都超过了。”

“好吧，明天我们再为青蛙想多多的主意！”

2015.12.12

七只蝴蝶

北方的冬天漫长而单调，对冬冬小朋友来说更是如此——每次他玩iPad正起劲时，爸爸妈妈几乎异口同声地喊道:“十五分钟到了！”为了下一个“十五分钟”他极不情愿地放下了iPad。

“下雪了！太好了，我要堆雪娃娃！”窗外不知什么时候下起了大雪，树木和房子全白了。

冬冬在爸爸的帮助下堆了七个雪娃娃——因为葫芦娃是七个啊！于是他用彩笔给每个雪娃娃的鼻子涂上了不同的颜色——赤橙黄绿青蓝紫，像彩虹一样的颜色！爸爸告诉他等雪娃娃融化了春天也就来了，于是他每天都要看看这些“葫芦兄弟”，结果他发现了一个秘密——那就是雪娃娃一天天变小了，而彩色的鼻子没有变化，反而显得越来越大！终于有一天，堆雪娃娃的菜地里只剩下了七只彩色的“鼻子”，这让他百思不得其解。

春天终于来了，桃红柳绿，花枝招展，院子里的菜地长出了绿油油的菜苗。“冬冬，快来看这是什么！”在菜地里除草的爸爸喊他。“呀！菜青虫，七只彩色的菜青虫！”冬冬兴奋地叫道，他小心翼翼地用一个大盒子装上新鲜的菜叶，将这些虫子养了起来。时间一天天过去，有一天冬冬从幼儿园放学回来，发现菜青虫不见了，在盒子角落有七只蛹——“难道它们会变成七只彩色蝴蝶吗？”

周末早晨的阳光异常绚丽，冬冬的床头飞舞着七只彩色的蝴蝶，每只蝴蝶都比他的手掌还要大。“你好小朋友，我们是你的好朋友，快起床，跟我们去外面玩吧。”“你们会说话？！”“是的，不过我们说的话只有你能听见，也能听懂，我们喜欢草地，我们喜欢花丛，我们喜欢露珠。”冬冬飞快地穿好衣服，然后洗脸刷牙，匆匆吃了几口饭就跑了出去，他一回头蝴蝶却不见了。“不用担心，你往草地走吧，我们七只蝴蝶合在一起时会暂时变得透明，像空气一样无形，到了花丛中我们就会再次分开。”冬冬的确什么都没有看到，但是耳边真的有声音在对他讲话！

初夏的河滩挤满了花草，无数的蜜蜂在桃、梨、杏的花团中忙碌着，七只彩蝶忽前忽后地飞在冬冬身边，还不时地和他说几句话。美好的时光总是短暂的。

“我要回家吃饭了，你们和我一起回去吧！”

“谢谢你的邀请，但我们不能回去了。我们需要清晨草尖的露珠和各种花蜜来维持翅膀的绚丽色彩。”

“那我今后怎么找你们玩啊？”

“天气好的时候你到河边来就是了，我们会等你的，下次你来我们还会送你小礼物。”

第二天早晨，冬冬又来到了河边，蝴蝶果然又围在了他身边，它们送给了他一朵装满花蜜的喇叭花，闻着就香甜极了。

“我们幼儿园过几天要组织小朋友到河边来春游，小朋友们都很喜欢蝴蝶，你们愿意和大家一起玩吗？”

“……可以的，你们来的时候我们会在河边的。”

今年幼儿园的春游异常的热闹，每个小朋友都和七只彩蝶合了影，蝴蝶聚集在头顶像皇冠，环绕在脖子像花环，小朋友们玩得开心极了，七只彩蝶和小朋友们的照片一时成了网上热门话题，原本宁静的河滩变得喧闹了起来，许多人赶来想和蝴蝶合影，可大家并没有找到照片中的蝴蝶。这个原因只有冬冬小朋友知道，因为蝴蝶告诉他它们不喜欢热闹，没过多久，河边又恢复了宁静。

又是一个周末，冬冬来到了河边，他惬意地躺在草坡上，蝴蝶环绕在他的头顶，正好为他遮挡住了刺眼的阳光，他不知不觉地睡着了。

“哈哈，终于让我抓住了！多漂亮的蝴蝶啊，可以做成上好的标本，一定可以卖个大价钱！”冬冬被一阵大笑惊醒了，他揉揉眼睛被眼前的景象吓坏了——一个人正摆弄着网兜，几只彩色蝴蝶正在里面扑腾着。

“放开这些蝴蝶！它们是我的好朋友！”冬冬大喊着，他急得都快要哭了。

“你的朋友？小朋友你可真逗，蝴蝶在自然界自由地飞来飞去，怎么就成了你的朋友？它们还是我的朋友呢！”这个人说着就要走开。

“冬冬你不要急，你告诉这个人，让他把网兜打开一个口子，七只蝴蝶他才抓了六只，剩下的一只会飞进网兜的，他不信的话可以试试看。”

“……那样你不是也被抓走了？！”

“不用怕，你忘记了？我们七只蝴蝶合在一起会变成透明的，而且像空气一样没有形状，这样我们就能飞出网兜了。”

“……我的蝴蝶去哪里了？怎么一只都没有了？一定是你这个小东西搞的鬼！快把蝴蝶交出来！”这个人恶狠狠地对冬冬挥舞着拳头。“哎哟，我的眼睛，我的眼睛什么都看不见了……”

“冬冬快走，离开这个坏蛋，我们往他眼睛里撒了花粉，他一时会看不见东西。”周末就这样有惊无险地结束了。

天气一天天变凉，河边的树叶渐渐枯黄。蝴蝶告诉冬冬：“秋天就要来了，我们的生命即将结束，你可不要难过，我们会再送你一份礼物，你要好好保存到明年春天。还有我们死后的遗体你也要保存好，等到明年春风起来，你可以用丝线把我们穿起来像风筝一样放到天空……”

冬冬双手捧着赤橙黄绿青蓝紫七枚彩蛋，七只蝴蝶依次缓缓地覆盖在他的手上，他的泪水终于忍不住滑落，泪眼蒙眬中，蝴蝶似乎又在他眼前翩翩起舞……

春风又绿河滩，小学一年级春游时，冬冬把七只彩蝶像风筝一样放上了天空。一阵风吹过，蝴蝶在天空画出了一道长长的彩虹；风打了个旋，蝴蝶又画出了一个七彩的圆圈，如同棒棒糖一样挂在天空；风静了下来，蝴蝶则铺展成了一顶彩色的大帐篷，恰好为小朋友们遮住了阳光。最后冬冬手里牵着的丝线滑了下来，原本串联着的七只彩蝶一只都没有了……

晚上，冬冬做了一个梦。他梦见自己光着脚，轻盈地踩在一望无际的雪原上，那雪柔软得像棉花。他意识到自己其实是在白云中飞翔，七只蝴蝶从彩蛋中破壳而出，依次飞出他的手心，在天边画出一道绚丽的彩虹……

2016.3.30

树叶王子

“爸爸你看，树上的小扇子亮晶晶的！”四岁的冉冉坐在爸爸的肚子上大声喊着，似乎发现了天大的秘密。透过半开的纱帘，天碧如洗，枝头的银杏叶子在晨光中熠熠生辉。

“爸爸带你去散步吧。”不加班也不出差的周末，加上难得的好天气可不能浪费了。

“太好了！我还要带上《父与子》，一会爸爸你给我讲故事。”这本《父与子》是冉冉的最爱，爸爸说里面的小朋友名字也叫“冉冉”，这太神奇了。

“我们回家吧，该吃午饭了，这片树叶可以用来做书签。”爸爸捡了一片大大的银杏叶子夹到了书里，然后收起了草地上的毯子。

（一）

“爸爸，你什么时候能回来？我想听你给我讲《父与子》的故事。” 临睡前，冉冉在电话里对爸爸说。

“爸爸最近很忙，出完图就不用加班了，就可以给你讲故事了。”梁栋疲惫地回答。

“妈妈，爸爸什么时候能出差回来呢？”周末，冉冉眼巴巴地问妈妈。

“爸爸就快回来了，你自己先去看看《父与子》，我给哥哥辅导完作业就给你讲故事好不好？”要不是得到一颗糖果，冉冉的眼泪就掉下来了。

“小朋友，你为什么不高兴呢？” 一个细细的声音突然问道，打破了室内的寂静。冉冉抬起头看了看四周，没有发现一个人，妈妈正在另一个房间给哥哥辅导数学作业。

“你很喜欢这本《父与子》吧？爸爸给你讲了很多遍，我都记住这些故事了。让我来给你讲怎么样？”

“呀！你竟然会说话？你不是一片树叶吗？！”冉冉发现是夹在书里的树叶在和他说话，他惊讶得合不拢嘴。

“是的，我就是半个月前你爸爸捡来做书签的那片树叶。可是，我不是一片普通的树叶，我是树叶里面的王子，只有树叶王子才会说话。”

“你是树叶王子？树叶王子会说话？”

“是的，不过这是我和你之间的秘密，你不能告诉爸爸妈妈，告诉了他们我就不能再和你讲话了。我们开始吧，我讲完一个故事，你就把书翻到另一页。”

“咦，今天怎么这么乖，没来缠着我玩？” 妈妈轻手轻脚地走近，看到冉冉正聚精会神地看书，偶尔还会笑出声。

（二）

天渐渐变冷了，树叶王子的声音变得越来越沙哑，好像被围巾包住了嘴巴，这让冉冉小朋友很担心。

“今天我和你讲讲我自己的故事吧，后面还要请你来帮忙。”树叶王子对冉冉说。

“你还有故事？可是我什么都不会做呢，我就喜欢吃棒棒糖。”小朋友有点紧张。

“每棵大树上的叶子上都会有一片自己的王子，它有着特殊的本领。比如可以提前告诉别的树叶什么时候会下雨，害虫来了怎么办，夜晚还会给大家讲故事。”

“难怪你这么会讲故事呢！是不是树叶王子都能给小朋友讲故事？”

“我也不知道别的树叶王子会不会说你们人类的话，会不会给小朋友讲故事，我想应该会吧。”

“那你为什么会给我讲故事呢？”

“因为我就长在你们家房间窗外的大树上啊，房间里的人天天讲话我都能听到。我在树枝上的时候，还经常看到你的妈妈在阳台上教你背诵诗歌呢，当然天气好的时候我还能看到挂在外面被你尿湿的毯子……”

“连我尿床的秘密你都知道？”冉冉的脸瞬间红了，既尴尬又惊讶。

“明天是周末，早上起床让爸爸带你出去散步，记得带着《父与子》。你到了草地打开书，把我取出来，用草上的露水滴一滴在我身上，我喝了露水嗓子就好了，要不然我嗓子会越来越嘶哑，后面就讲不出话了。还有，记得带个小玻璃瓶，收集一瓶露水后喂给我喝。”

“什么是露水呢？为什么还要收在瓶子里？”冉冉不解地问。

“忘记了，你还是个小朋友。明天早上你和爸爸散步的时候就能看到露水，以后天越来越冷，草叶上就没有露水了。树爷爷告诉我冬天还会下雪，可惜我也没有见过雪是什么样子。”树叶王子有点出神。

“你连雪花都没有见过？去年我见过雪花，像六角形的花瓣，可好看了！爸爸还给我堆了个大雪人，白白胖胖的，像棉花糖一样。”

“爸爸，露水亮晶晶的，像眼睛一样！”冉冉指着草尖上的露珠说。

“冉冉观察得真仔细，你看在阳光下面，这些小眼睛还是彩色的呢。告诉爸爸，你拿瓶子收集露水做什么呢？”

“这是个秘密，我不能告诉你。我就喜欢这些小眼睛，要收集多多的装在瓶子里面。”小朋友得意地冲爸爸眨了眨眼睛。

（三）

“你的声音和之前一样了，真好听！”冉冉高兴地叫着。

“要谢谢你呀，小朋友。你帮了我个大忙，要不然我就讲不出话来了。”树叶王子真诚地感谢道。

“我也要谢谢你，让我认识了像眼睛一样的露水。”

“我还要你帮我一个忙。”

“能帮助你我很高兴！”冉冉开心地说。

“天气暖和的时候，你早上醒来，有没有听到窗外的鸟叫？”树叶王子问冉冉。

“嗯，经常听到。我早上刚醒来就想吃糖果，妈妈不让吃，说糖吃多了对牙齿不好，在那个时候我就想哭。妈妈就说：‘你听，窗外是谁在唱歌呢？’我听到是小鸟在叽叽喳喳地叫，听着听着我就忘记了要吃糖。”

“那只小鸟是我的好朋友，她救过我的命，我答应送她一颗珍珠，可惜我还没有履行承诺。今年春夏之交的时候，外面暴发了很厉害的病虫害，有一种虫子成群贪婪地啃着树叶，不少树被啃得光秃秃的，成片地死掉了。一天早上，一只黄绿相间的虫子向我爬过来，咬牙切齿，霍霍有声，吓死人了……”

“啊！那你怎么办？”冉冉两只小手紧紧攥着。

“这个时候我身上落下一滴雨，应该是一滴泪水才对，原来是枝头的一只小鸟在哭泣。我问她为什么这么伤心，她告诉我她想妈妈了。原来这只小鸟是春天从南方飞来的，路上她的妈妈一只眼睛受伤了，就留在了半路的山林里，她就和别的鸟结伴飞到了这里。其实我们早都认识了，只是今天我才第一次和她说话，以前我都是安安静静地听她唱歌……”

“快说那只毛毛虫，它咬到你没有？”小朋友急切地问。

“哦，毛毛虫当然没有咬到我，它被这只小鸟吃掉了。后来人们往树上喷洒了杀虫剂，别的虫子被杀掉了，我和小鸟也变成了好朋友。我告诉她，我是这棵树上的树叶王子，我身上有个鼓起的小包，里面孕育着一颗小珍珠。只是要等到秋天，我自然飘落的时候这颗珍珠才会成熟，成熟的珍珠可以送给她妈妈当作眼睛，这样她妈妈就能重新恢复视力，也就能和她一起自由飞翔了。”

“太好了，你真棒！那小鸟妈妈的眼睛好了吗？” 小朋友变得更急切。

“应该没有……”树叶王子惆怅地回答。

“那是为什么呢？”

“因为那颗珍珠还在我身上，在我还没有变黄飘落的时候，小鸟就飞回南方去了，她没有时间等到珍珠成熟。你拿起我，对着灯光看看，我身上有一个鼓起的小包，里面有一颗亮晶晶的小珍珠，那是一棵大树一年的结晶。”

“真的有一颗小圆珠珠耶！”冉冉对着灯光兴奋地叫着。

“等到春暖花开的时候，那只小鸟还会再回到窗外的大树上唱歌。那个时候请你把我放到大树下面的草地上，小鸟会认出我，她就来取珍珠了。”

（四）

“下雪了！冉冉快起床，爸爸带你去堆雪人！”爸爸摇着冉冉。

“太好了！树叶王子也可以看到雪了。”小朋友兴奋地叫着。

“什么是树叶王子？”爸爸不解地问。

“不告诉你，这是个秘密。”

漫天皆白，外面草地披了一层厚厚的棉被，几个穿得像雪娃娃一样的小朋友在跑着、叫着。他们和爸爸妈妈在滚雪球打雪仗，还有的小朋友抓起雪就往嘴里塞。冉冉和爸爸妈妈一起动手，堆了一个大大的雪人，爸爸摘下自己帽子戴在了雪人头上，妈妈也把她的围巾给雪人围上了。

冉冉自己用雪捏了个小雪人，把树叶王子插到小雪人手中，并轻声对树叶王子说：“看吧，这就是雪花，是不是很像棉花糖呢？”

“冉冉真厉害，竟然做了这么漂亮的小雪人！这片叶子给小雪人做扇子再合适不过了，你是怎么想到这么好的点子的呢？”爸爸妈妈惊奇地看着小朋友。

（五）

春天来了，风柔柔的，到处花枝招展，金黄色的蒲公英点缀在毛茸茸的草地上，草尖上的露珠又开始眨着眼睛。树枝上冒出了无数的绿色小扇子，一只羽毛绚丽的小鸟在枝头婉转地歌唱着。

冉冉按照树叶王子的指示，把它小心翼翼地放在了窗户外面的大树下，然后一步一回头地离开了。他走出一小段路后，悄悄地躲在花丛后面，屏住呼吸盯着树叶王子。突然，树枝上那只鸟落了下来，它好像在和树叶王子说些什么话。然后，冉冉就看见小鸟在啄树叶王子……

“你说话啊，树叶王子！我会做个乖宝宝的，求求你了……”冉冉的眼泪汩汩而出，他不禁大声哭了出来。

“冉冉你怎么了？为什么哭得这么伤心？”爸爸听见哭声跑了过来。

“我的树叶王子……被小鸟啄了一个洞，他再也不会讲话了……呜呜呜……爸爸，他讲故事太好听了……”冉冉已经哭得上气不接下气。

“树叶王子？！原来这个就是你经常说的树叶王子？哦，原来是一片枯黄的叶子啊。你喜欢树叶的话，秋天来了我们再捡多多的树叶。”

“他不是普通树叶，他是树叶王子！爸爸你不懂，这是我们之间的秘密……呜呜呜……”冉冉的一滴眼泪滴到了树叶王子身上，滚到了被小鸟啄出来的圆洞里，在阳光下像颗珍珠一样熠熠放光。

深蓝的天幕中，弯月如钩，几颗星星闪烁不定。夜里，冉冉醒了，他静静地躺在小床上，一动不动地看着窗帘上的树枝影子，那些影子如同小鹿一样，在薄薄的窗帘上跳跃着、奔跑着。爸爸的鼾声如同海浪，接连不断地袭来，小床宛如秋千一样荡来荡去……

“秋天到了，我一定要再找一个树叶王子……”冉冉喃喃自语，眼中闪烁着期待的光芒，不久后，他又沉入了梦乡。

2020.2.05

瓜子记

“瓜子”，在词典中仅被定义为“瓜的种子，特指炒熟做食品的瓜子、南瓜子等”。这个解释显得过于理性和单一，它承载着我的童年记忆与成长故事。

（一）

童年时，每逢过年，瓜子总是不可或缺的美味。在那个物资匮乏的年代，瓜子几乎成了过年时才能品尝的美味，而这瓜子在老家基本指葵花子。在我模糊的记忆中，对外公家基本就只剩下了“向日葵”的印象。那时大舅长年在外工作，老家房子低矮，夯土墙围着的院子显得特别大。外公每年都会在院子里种满向日葵，暑假到外公家时，远远就能看到那一院金黄的葵花。秋天，我会分得几个锅盖似的向日葵，母亲总是说晒干留到过年给你们炒了再吃，我和弟弟没有耐心等它们被晒干，就几乎吃光了，连我们一再下决心要留下的几十颗种子也未能幸免。下雨了，被我们榨干的葵盘又成了池塘中的玩具。

我对瓜子的最早最深刻的记忆源自一个阳光明媚的夏日午后。院子里核桃树叶子浓绿如墨，枝头青果累累，知了的叫声此起彼伏。我和弟弟不经意间发现午睡的父亲口袋边洒出了一小堆瓜子，记得我当时的身高仅与炕沿齐平，弟弟就更不用说了。我端了凳子小心翼翼地踩上去，也不敢爬到父亲跟前。阳光透过树叶的缝隙，洒在父亲沉睡的脸上，我紧张地屏住呼吸伸手去够，终于捏到了一小把，先给弟弟，再去捏。我们偷光了父亲口袋外面的瓜子，就眼巴巴地盼着父亲能翻个身，这样会再洒出几颗来。这时父亲突然醒了，看看我们俩的神情大概想起了什么，招呼我们过去，给每人的口袋都塞了一大把瓜子，然后拍拍我们的脑袋就出工干活去了……如今我已步入中年，曾与父亲提及这段往事，他却毫无印象。然而那个午后的瓜子香味和灿烂阳光，却永远镌刻在我的记忆之中。

（二）

时光流转，我步入校园，四年级时遇到了一个外号“瓜子”的同学。一是他长着一张瓜子脸，二是他油腻的口袋里永远都有瓜子，而且还是西瓜子，这令不少人垂涎。有人讨好他，也有人“威胁”他，有时他也会因抄作业而讨好别人，总之最后都是以付出口袋里的瓜子为代价。其实他家里很穷，父亲去世早，还有个哥哥，据说是小时候害病，现在神志不清。好在他家住得离街道不远，生活就靠已经年迈的母亲挎个竹篮在汽车站卖点煮鸡蛋、玉米、红薯之类的维持着。

夏天街上是西瓜的天下，那时大家吃西瓜的习惯基本都是买上一两块蹲着吃，很少有买了整个西瓜带回家的，也许是因为穷吧，买一两块带回家也不够分。这样西瓜摊前就落下了一层西瓜子，“瓜子”的母亲在卖货之余就用扫帚把这些瓜子扫起来，回家后再清洗、晒干。西瓜夏天才有，但“瓜子”的瓜子却全年不缺。“瓜子”和大家相处得都很好，他待人忠厚，何况他口袋里还有“利器”，偶尔也有摩擦的时候，这时调皮的同学会一起起哄，对着他喊：“瓜子脸，鸟儿头，高粱蔑蔑割了个眼”，现在想想这句顺口溜真是再形象不过了。

人的长大是漫长的，一天挨着一天盼着早点儿长大，可有些变化却是来得如此突然和迅速。到五年级下学期时，不知谁说“瓜子”的瓜子是从街上扫来的，而且还是别人吐掉的，很脏，于是一下子几乎就没有人再找他讨要瓜子了，他的落寞可想而知。恨屋及乌，大家觉得他也很脏，其实我们的衣服比他也干净不了多少。以前“瓜子”的母亲在卖东西路过学校时总会拖长了声音叫“瓜子——瓜子——”，而这个时间基本都是课间活动，“瓜子”从母亲那里回来总会拿回一个馒头，偶尔还有个烫手的鸡蛋，现在这声音响起的次数越来越少了。有一次我们在操场上体育课，他母亲弯着腰挎着篮子又从旁边经过，“瓜子——瓜子——”地叫着，“瓜子”站在原地没动，他母亲走过来，掀开盖在篮子上的棉毯，从里面摸出一个熟鸡蛋。大家都远远地盯着看，“瓜子”不接反而一把打掉了鸡蛋，叫着说：“你不要再来了！”他母亲怯怯地捡起了鸡蛋，目光迷离地看看“瓜子”又看看我们，然后又赶着去车站卖货了，操场边的斜坡上她的腰弯得很低……从此“瓜子”的母亲再也没有到过学校，我似乎再也没有看见过那挎着竹篮深弯着腰的深蓝色背影了。

小学的最后一年刚开学不久，“瓜子”就退学了。那是个多雨的秋天，他母亲在车站卖货时滑倒，接着又被汽车撞了，挎着的篮子滚出了老远，鸡蛋也滚了一地，不久他母亲就去世了。本来无心读书的“瓜子”便离开了学校，我偶尔也会遇上他，总想问点儿什么或者说些什么，可他总是逃也似的走开了。上了初中，我去了另一所学校读书，熟人好像突然散去了，小学的操场显得空旷而寂寞。

清明时节，“瓜子”在母亲的坟前焚烧黄纸，泪水模糊了双眼。之后他用母亲生前收集的瓜子种了一片瓜地，在瓜地旁搭了个茅草棚，开始了新生活。他不知从哪里弄来一把破唢呐，不成曲调地吹着，渐渐地就又有了曲调，从那茅草棚便传出了高高低低、抑抑扬扬的呜咽声……其实上坟种西瓜的事都是子虚乌有，是我若干年后想象的。上了高中我还偶尔见过一两次“瓜子”，再后来及至现在就再没有见过他了，屈指算来已二十多年了。

（三）

我与卖瓜子的缘分竟持续了十来年，每次回想起来，都感慨万千，真心感谢卖瓜子带给了我那么多生活体验。

包产到户促进了粮食的丰产，市场也一下子热闹了起来。由于我家就在县城街道边，父母很早就在街上做起了小本生意，每年寒假我和弟弟都要上街帮忙。新年将至，一年算是到头了，平日再怎么省吃俭用的庄稼人这时都要或多或少置办些年货，这时的生意很好做。记得小学四年级寒假是我第一次上街帮父亲卖东西，当时就只卖瓜子，我帮着做些力所能及的活。父亲有事离开了，有人来买瓜子，我第一次哆哆嗦嗦地提着杆秤，花了好长时间才给一个买主称好他要的瓜子，然后是算账、收钱、找零，记得当时窘得不得了，买主走了不久父亲也回来了，旁边卖菜的大叔一个劲地夸我能干，弄得我脸火辣辣的。

五年级寒假的一天，在街上我意外地发现了一个同学也在卖东西，他卖的是苹果，他很快也发现了我，起初大家都有些发窘，何况平常在班上我们都比较内向，彼此也没说过多少话。后来还是互相打了招呼，他把他的那箱苹果搬到我旁边，我才发现一个人内向往往只是表面现象，真遇到合适的时间和场合后很快就转变了，平日沉默寡言的他竟然有那么多的想法和话语。那天集市上还有卖旧报刊的，我花一毛钱竟买到了一本发黄带插图的《木偶奇遇记》，于是就在闹市看得入了迷，现在还清晰记得故事情节，若干年后才知道这本书是如此有名。那天集市散后，我用瓜子和他换了几个苹果，回家路上边啃着苹果边想着木偶接下去还会有什么奇遇……

从小学六年级开始，我就独自上街卖东西。每年出场时间也就半个来月，可街上不少做生意的大伯大婶、叔叔阿姨都记住了我，甚至有些买瓜子的人也记住了，因为不止一个人买东西时问过我："你就是去年卖瓜子的小孩吧？当时摆在 ×× 地方……"得知是我时，又是一番夸赞，并说回去再介绍亲戚邻居来买。

做生意的人中还有几个外地人，印象很深的是有个卖豆腐的。他们一家三口，是湖北荆州人，虽然来了几年了，乡音未改，说话快了我们都听不清楚，但是他们的豆腐就是比我们这里做得好吃，每天不但卖得比别人多，而且基本上总是最先卖完的，这样一来同行中总有人愤愤不平地骂道："侉子……"等课堂上学到鲁迅笔下的"豆腐西施"，我一下子就想到了那个卖豆腐的湖北阿姨，她当时三十岁左右，印象中总穿着一件红毛衣，而且在没人买东西时也总在织毛衣。她身材高挑，面色如切开的豆腐，同行中不少人无奈地叹道："谁叫人家长得漂亮呢！咱东西卖不过别人也是活该！"的确，生意场上同行是冤家，除去这一点她人还是很好的，和我倒是讲了不少话，说她每年回老家时都要先到武汉转车，武汉是如何的大如何的繁华，又问我想不想上大学，以后想干什么……她在我读高三那年举家回了老家，因为她的女儿要正式上小学了，在这里待下去已经不太合适。据说临走时他们给街上做生意的人又发糖又发烟的，多少年后父母还提起了他们一家。等到我高考填志愿时，首先想到了武汉，而且后来也真的上了武汉的一所大学。

（四）

高中三年的寒假生活最为难忘，因为这三年最为艰辛，也最为"成功"。上高中时街道似乎一下子变窄变短了，现在想想主要是自己逐渐长大了，加上街上做生意的人也在成倍激增。每次刚放寒假我都没有想上街卖东西的冲动，一是厌倦，二是怕遇见熟人和同学，经常还会遇到代课老师。可是父母早早就进好了货，那时他们冬天总去陕北批货，那里土特产很多。年关的集市人山人海，我不得已在很偏僻的角落摆开了小摊，不再向往热闹，何况热闹的地方早已没有立脚之地。街上卖东西的可真多：烟酒糖茶、爆竹烟花、核桃大枣、瓜子花生，还有锅碗瓢盆、春联门神……不少商店在门口摆上"粗壮"的音箱，把声音拧到最大，一遍遍放着最流行的歌曲，直到现在我的耳边似乎还回响着"九月九的酒"。熙熙攘攘的人来自好些村镇，他们也只有在逢年过节时才进城逛逛。每个人无一例外地都背着个装过化肥的编织袋，买来的肉和菜往里面一丢，就边走边看，边看边问地买了下去。前两天还在课堂上读着鲁迅的《故乡》，突然一下子站在这样的街头，头脑一片茫然，好像街上的事情都与自己无关，就只有我一个人茫然地看着这一切，难道这就是我的“故乡”？

高一寒假第一天出摊几乎没有卖出一颗瓜子，好像上街只是为了看看街头发生的事情。第二天我起得特别早，为的是能在市场热闹的地方占个立脚之地，不曾想还有人到得更早，而这时天上星星还在闪着寒光。我揉揉冻麻的耳朵四下看了看，原来摆摊的把地盘都瓜分好了，互相帮着占好了地方，这时“老韩”（后来别人都这么叫他）走了过来，他问我要卖什么，我说卖瓜子。他说这东西也占不了多少地方，他自己卖生姜和大蒜之类的东西，我可以摆在他边上，零下近十度的寒意一下子没有了……接下去几天我的生意就特别顺了，瓜子饱满，价格公道，加上地段好人气旺，一整天下来的收入要比老韩多了不少。他自嘲地说：“小老弟年纪不大，做起生意可比我强多了啊！”我不好意思地笑笑：“哪里啊，还不是您的地方好！”他总是爽朗地笑笑。他的年龄看起来要比父亲大多了，令人不解的是每天给他送饭的却是个小女孩，看年龄最多在小学四五年级，老韩唤她“丫丫”。丫丫眼睛很大，扎了条很粗的辫子，极其懂事，只是很少说话，后来才知道老韩老婆死得早，现在他是丫丫的继父。到了年三十收摊时，我总要送一两斤瓜子给老韩，他死活不要，我说给丫丫吃吧，他执意要付钱，我坚决不要，他就回赠一堆生姜。

记忆最深的是高三那年冬天，因为要高考，补课补到腊月二十三才放寒假，放假时下了大雪。放假前班主任再三叮嘱我们，趁着雪天回家再好好复习复习。我第二天却上街卖起了瓜子，摊位依旧是借助老韩的，他问我今年怎么这么晚才出来，我说快要高考了……他才上下打量了我一番说："那你应该好好读书才对，别像我们这样一辈子没有出息！"我说："没事的，学习一学期了总得换换脑子，不然会憋死的！"他笑笑说："也是的！"不过路过的一个同学对我说，班主任看见你在街上卖东西很不高兴，说你还是学习委员，这让他很失望，我只是无奈地笑了笑。那年的腊月二十七对我来说是个好日子，以至于我深深记住了它。由于雪后天气放晴，街上挤满了人，大概年尽无日，街上的人简直是在抢购，我忙到下午四点多才吃午饭，竟然卖掉了七八麻袋瓜子，晚上数数竟卖了 1400 多元，算算毛收入有 500 多元了（那时我读高中的学费一学期才 100 元的样子）！那天也多亏了丫丫帮忙，要不然我一个人真应付不下来。

又到了年三十，街头一下子空寂了下来，零星的爆竹响了起来，煮熟的肉香已在空气中飘荡。丫丫照例用白塑料桶给老韩打了四五斤散装白酒，老韩拧开盖子满足地抿了一口，丫丫抢着说："爸！你现在不要喝嘛，一会回去妈把肉煮好了再喝！"他用手抹抹短而硬的胡子，爽朗地笑笑说："过年了，高兴啊！"那年我建议老韩把我卖剩的瓜子批发过去，这些瓜子过完年可以继续卖，因为是生的，一直可以卖到清明时节。他开始有点犹豫，说是自己没有卖过瓜子，劝我过年后可以接着卖，我告诉他自己要复习准备考试，家里也没有人手来卖瓜子。春节后老韩瓜子卖得很好，我偶尔路过，他就再三感谢，反而弄得我很不好意思。

高考结束，成绩还不错，我考上了一所重点大学。如前文所述，报志愿时，填了好几所武汉的学校，录取通知书送来时，我才发现武汉是那么遥远和陌生。我整理了几天东西，理出了一部分课外书，其中就有在集市上买的《木偶奇遇记》。那天我把这些书带到街上送给了老韩，让他转给丫丫，他非常激动，一个劲地搓着布满老茧的大手说："小老弟你可真有出息，从这小街巷滚打出去了！又送丫丫这些书，真不知道怎么感谢你……"我说："让她好好读书吧，将来也考个好大学！"他听了又是爽朗地笑了笑。

随着大学毕业，我步入职场，而老韩依旧坚守在街头，日复一日地叫卖着他的生姜和大蒜。偶尔，我会在熙熙攘攘的人群中瞥见丫丫的身影，但随着时间的流逝，老韩的身影逐渐从我的视线中消失。一次偶然的询问中，我得知老韩的身体状况已大不如前，他那曾经坚实的臂膀如今已无力承担重担，而丫丫，那个曾经在寒风中紧握着白塑料酒桶的女孩，也未能完成高中的学业，远赴广东，投身于打工的浪潮。得知这一切，我沉默了，心中涌起一股说不出的滋味，脑海中不禁浮现出大年三十那天，老韩满足地抿着白酒，而丫丫则在一旁轻声劝说的情景……那一幕，如同一幅永恒的画卷，深深地刻在了我的记忆之中。

（五）

大学毕业后，我带着憧憬去了大连规划院，等工作后才发现理想与现实的差距，更可怕的是看看工作了几年的同事的状态，才意识到在工作中还怀有“理想”是很奢侈的，甚至是很“荒唐可笑”的。我的心情变得很糟，难道这就是今后的生活？或者是我身在福中不知福？因为这份工作对许多人来说求之而不得，想不清理还乱，好在这里有大海，让我重新认识了“蓝天白云”。那年单位招聘的人特别多，一下子有二十几个，据说以前每年才招两三个人。我们的集体宿舍在半山腰，步行到海边也就二十分钟左右，或者爬上山头就能看到无边的大海。

在这里我认识了Z君，他是云南人，初看瘦小，但目光深邃，谈吐有力，以至于在大家眼里他反而成了“强者”。他表面极为平和平静，每天9点多就上床，总是听着那些我连名字都弄不懂的音乐，而这时我们总是在打闹、打扑克、下军棋。住的地方也没有电视，天亮时倒能听见公鸡嘹亮的啼鸣，等我们起床洗漱时，Z君已经爬山归来了。在他的感染下，我也早起一同去爬山，周末早晨还会去海边看日出，坐在礁石上看潮起潮落，听涛声嘶啸，不远处纤细的海鸥轻盈地飞过……

曾经有一段时间，大家下班后先坐单位班车到住处的山脚，这里有个大型农贸市场，旁边是密集的居住区，所以人气很旺，卖虾蟹的很多，密密地摆了一条长龙，寄居蟹的壳堆成了小山。下车后我们分头行动，一两个人去买菜，一两个人去买水果，另外还有人去买瓜子，买好东西后打闹着上山回宿舍。初夏，天已经黑得晚了，大家轮流做饭，不做饭的人就在宿舍前的空地拉根绳子打羽毛球。起初几位女同事也会参与打球，甚至跑来蹭饭吃，结果没几天就不屑与我们为伍了——追的人多，忙着去赶饭局、压马路了。晚饭吃罢大家拼好桌子，六七个人轮流上阵打扑克，银灰色的录音机里反复放着传统民曲，至今还记得《新春乐》与《金蛇狂舞》的旋律。快到午夜，地上的瓜子壳像下一层雪，踩上去咯咯吱吱的。那段时间上班大家总打盹，因为我们常常玩到后半夜。

宿舍热闹了没有几个月就安静了下来，有的人嫌离单位远住得又挤，有的人已有了二人世界的生活，就在外面租房子住了，总之原来拥挤不堪的宿舍一下子变得空旷起来，时常打个扑克连人都凑不够。这时我才发现托运来的书还没有拆包，有时间看书了却多少有点失落。Z 君似乎总是荣辱不惊，人少了我们一起聊天的时间反而变多了，彼此了解多后才发现他是暗流涌动，一点儿也不平静。冬天周末，大雪后的大连非常美妙，天深蓝如洗，窗外山上白茫茫一片，明媚的阳光破窗而入。我和 Z 君只穿了毛背心坐在暖气片旁长时间地聊天，有时什么也不说，安静极了，就看地上的影子一点点地移动，似乎都能听到影子的脚步声。要说的是 Z 君也极其喜欢嗑瓜子，我们都很默契，如烟友一般，偶尔有一方“断炊”，在另一个人那里总能找到存货。

原以为日子就会这样安静地过下去，谁知道夜晚的安静却被新来的一个同事的鼾声击碎了！同时击碎的还有我的梦。他睡得很香甜，尤其是周末，我不得已很早起来去爬山、跑步，回来看了大半天书，他一翻身看到我嘟哝了一句：“起得这么早啊……”翻过身去鼾声又起。当时另一个宿舍的同事也想搬出去租房子住，我们一拍即合，于是在一个周末的早晨我搬家了。Z 君为我们出出进进地搬着东西，临走了我倒是极其不舍，他很大度地说：“住得又不算远，你可以随时回来啊！”搬出去后又召集同事打过一两次扑克，只是没有了气氛，于是以后在住处我再也没有打过扑克。Z 君倒是经常过来，总会带一包尚有余热的现炒原味瓜子。

大连的市花是槐花，城市中不少广场的路灯都是一串串的，一串就有 108 个灯泡，据说造型来自槐花。我们住的宿舍旁边山上就有无数的槐树，一到春天满山皆白，又似下了大雪，只是浓香扑鼻。我很喜欢吃槐花饭，只是读大学后就再没吃到过。在槐花盛开的季节，我招呼几个同事和 Z 君一起上山采花，又特意买来面粉，蒸了一大钢锅，刚出笼时满屋清香，以为可以一饱口福，谁知后味苦涩，每人只尝了一两口。我解释说可能是水土原因吧，老家的槐花饭很好吃啊。后来回家说起此事时，母亲说我们的做法不对，槐花要在水里泡一下，然后把水挤干再淘一次，把水挤干拌面粉再蒸，这样涩味就没有了，我这才恍然大悟，可惜大家再没有机会一起蒸槐花饭吃了。

2002 年春节一过，Z 君义无反顾地辞职了。我们劝了又劝，问他原因与打算，他说没有什么特别原因，就是难受，想调整一下，暂时也没有什么打算。他闲了下来，写了些颇为深邃寂静的短文，还有一些乐评，又先后去了周边的一些城市。在那个非典的春天，他与一个漂泊到这里的新同事结伴去了大西北，又去了西藏，历时近两个月。当我在单位收到他从敦煌寄来的明信片时恍如隔世，想想他临走前来找我，我因加班回去得晚，走到住处时发现门锁上挂着一包现炒的瓜子，余温尚在，只是没有了人影……曾经一起劝他留下的同事也先后辞职了，不少人还离开了这个海滨城市。工作整两年后，我也选择了离开，现在想想也说不上什么特别的原因，大海的确很大，可年轻气盛时总想知道海的尽头还有些什么东西。记得那段时间心里极其矛盾，到底去还是留。和Z君打电话说：我在这里再多待一年半载就没有出去的勇气了，因为这里的环境让人不再有什么念头。他在电话那边笑着：没有你说的那么严重，要出来就早点出来看看吧。就这样，我离开了工作第一站的城市，还有那位于山腰的宿舍和无边的大海……

（六）

在这个有西湖的城市，我依旧爱吃瓜子，尤其是现炒的原味瓜子。特别是买到炒得火候恰到好处的瓜子，边嗑边翻书真是惬意。炒瓜子看似简单，其实也很难，因为常常买的瓜子都炒过火了，吃不了多少后味就觉得苦。好的瓜子要选当年的新瓜子，个大粒满，炒个八成熟就出锅，刚出锅瓜子很烫，等凉下来那两成就自己熟了，而炒瓜子的人往往是直接炒到十成熟才出锅，等凉下来就熟过了。

杭州炒货铺子很多，“盛文甘栗”门口总是排着买栗子的长队。出于好奇我也排了一次队买来板栗尝了尝，味道应该差不多，不同的是栗子选得很仔细，几乎没有坏的，炒的火候合适，极易剥开，加上总在排队买的栗子又刚出炉，味道就鲜多了。我来这里基本都是买瓜子，到了冬天远远地竟然看见外面挂了个牌子——“烫手瓜子”，买来一摸果然烫手。后来买了几次都是烫手的，买的次数多了才发现他们每次都炒得不多，边炒边卖，稍一凉又回炉加热。瓜子卖到这个份上可谓用心良苦，也难怪门口总有人在排队，只是这瓜子价格不菲，而且越来越贵，几乎是我当年卖的价格的十倍了……

梵高生前极为潦倒，他一生中画过好多幅向日葵，只可惜这向日葵都没有结籽，成为“瓜子”，而且都是插在花瓶中的。这向日葵难道是他给自己下的谶语？他在自传中写道：“当人们逐渐得到经验的时候，他同时也就失去了他的青春，这是一种不幸，如果情形不是这样的话，生活该多美！”也许他也希望向日葵能早日成熟结籽，可他却固执地将自己的生命定格在了麦田里，将盛开的向日葵定格在了画布上。那一簇簇的笔触组成的向日葵似乎在旋转舞动，犹如一个个不落的太阳，也许这一簇簇笔触就是永恒的“瓜子”，永远如此灿烂地盛开着！

瓜子，这看似微不足道的小物，却承载着时间的重量，见证了我从青涩到成熟的转变，它不仅是食物，更是我生命中不可或缺的一部分。

2008.3.2

「水多色多」

初冬已过，残留在枝头的最后几片叶子随风凋零了，太阳虽不暖却红彤彤的。在这样的景致中，我和朋友聊起了大学时的水彩课老师。他叫王兆杰，广西壮族人，教我们水彩课，他很少说话，“水多色多”却是常常挂在嘴上，我们听得多了背后就模仿他浓重的广西口音互相说这句话，最后也就成了大家的口头禅。

还没有正式上水彩课前，我就在教材上看到王老师《秋韵》的作品。我们学建筑设计，画画虽非主业，但却能锦上添花，成绩过得去就好。在这种心态下，我学了一年的素描，成绩尚可。素描课结束时，吴老师为我感到惋惜，她认为我本可以做得更好，可惜直到最后我就是没有开窍。她待学生很好，还是中央美院的高才生，其时她也快五十岁了，现在想想实在辜负了她的期望，大二的水彩课就这样开始了。

王老师个子中等，头发永远寸许长，说话爽朗笑声响亮，只是很少听到他的笑声，微笑却是一直挂在脸上的。现在已记不得第一次课是什么情景，不过“水多色多”却是上过一两次课后就记住了，大家拿起画笔就会捏着嗓子说几次，看别人的画时也会这样来一句。我记忆中的转变，始于他表扬我的画作——这对我来说是前所未有的。现在还记得那次画的是一堆静物，有个细长的陶罐子。那天天气不好，武汉的秋雨特别冰冷，人在画室里手都发僵了。王老师有事情，安排好课程后就让助教带我们，他办事情去了。同学们画了不大一会儿，起个底稿先后作鸟兽散，准备回宿舍再上颜色，助教算是默许了。那天我画得很有感觉，没有回宿舍，而是独自在画室画了一个下午，享受这难得的安静。

再次上课时，王老师按照惯例随机叫人点评上次的画，再让大家互相点评一番。他的神情明显地流露着不满，等大家点评完了，他讲了画画为什么要写生，看来他知道了同学早退的事情。意外的是他把我的画摆到前面做了分析讲解，夸我进步很大，画出了感觉，并且要我说说感受。我一下子就懵了，只是说那天下午很安静，自己画得很投入。他说这就对了，你的投入把安静的心态和气氛带进了画面里，这就是感觉。这让我若有所悟,尽管接下去的很长一段时间我的画也没有明显起色，但却使我常常在下笔时琢磨所谓的“感觉”。

下学期，我们兴奋地开始了室外写生课程。户外空间大，人也自由，不像在画室二十几个人围着一堆静物。第一次画的是校园的环境，王老师简单讲了取景和表现要注意的问题，建议大家不要贪大求多，要注意取舍，他又讲到了“水多色多”的原理：水彩画讲究的是水和彩，水少了没有灵性，画面呆板反而不及水粉和油画；颜色要饱和干净，哪怕是单色也要让人感觉到色彩的丰富；另外在户外作画，画面干得快，更要抓准感觉，动笔时水多色多，一气呵成。他讲完了示意大家分头开始，还是像画静物一样，我们自己先选角度构图起稿，他在后面轻轻地走过，觉得谁有问题就让谁停下并提醒构图太大或者太偏。在大家铺色定基调时他还会针对个人进行简要适时的点拨，一般在这个时候他才会出手。大家围在他周围，观察他选景构图和用色。他边画边提醒我们注意水色关系和明暗变化，约莫半个小时就完成了一张简约却韵味十足的画作。王老师使用了谁的画具这张画就送给谁留作纪念，所以每次示范时大家都争相提供画具。

第一次正式出外写生，我们去的是学校附近的宝通寺，我之前多次路过寺门却没有进去过，印象最深的还是黄色的院墙，这次进去了才发现里面古木森森，别有洞天。王老师照例简要说了几句，大家分头选景构图，他那天也示范画了一张水色淋漓、韵味十足的画，这让我们大开眼界，也增加了学习的兴趣与信心。临近中午，王老师走到了我的旁边，我正要站起来，他示意我继续画，对画面的明暗变化给我进行了分析指导。我在假期刚好读了《梵高自传》，颇有感想，于是借机问老师画画的技法重要还是画面的内容重要？并问他刚才在示范时选景为什么没有以寺庙为主体，而是画了一床晾晒的被子和寺庙一角。王老师没有正面回答我前面的问题，他反问我一个人的长相重要还是心灵重要？见我神情漠然，他又接着说一个人在成年后他的长相与内心已经合而为一了，气质精神的差异不言自明，画画可以锻炼你的眼力和取舍，时间长了也可修身养性……之所以画被子和寺庙一角，那是因为这个画面可以表现出寺庙的生活场面，晒被子也说明天气很好，早上阳光落在被子上的光影很漂亮，当然生活是多变的，如果是下午或者前天来，也许我就不会画被子了……说说你为什么选这个场景来画？我说今天阳光很好，大树的影子落在墙面和台阶上很漂亮，而且这个角度还能看到台阶上面的山门。王老师点了点头，说你的感觉很好，再琢磨一下怎样把你的感觉用画面表现出来吧，这次表现没有到位也不要紧，以后可以慢慢通过训练提高，但是要有意识地培养自己的感觉。他的话又让我若有所悟。

随后的课程中，我们走访了武汉的多个地标进行写生，包括归元寺、长春观、古琴台、珞珈山等。其中，去南湖和卓刀泉公园写生的经历尤其令人难忘。

初夏上午，骤雨初歇，阴云飘忽不定。王老师说这次写生去南湖，助教说天气不好，可能还要下雨，是不是这次就改在校园里。王老师坚定地说就去南湖，马上出发！武汉的景区以东湖闻名，南湖水面也很大，因为不是旅游景点，人烟稀少，反而更自然宁静。我们走完了柏油路又走了一段有点儿泥泞的沙土路，最后还走了好长一段田埂。田地里番茄、黄瓜、茄子、豆角长得拥拥挤挤，还有几个菜农戴着草帽蹲在地里侍弄着。南湖畔到了，要不是王老师带路我们永远也不会走到这里的，但见湖面缥缈，近处鱼塘片片，对岸杨柳依依，枝间叶缝可见人家红瓦白墙，其时阳光穿透云隙为湖面平添了一抹金色，近处宽叶的水草还挂着水珠，高至齐腰，这样的景色真是让人心旷神怡。我们几人一组，先踩倒水草成为一个窝子，再用彩色的小塑料桶从湖里打好水，然后开始选景构图。这次王老师讲得很少，只是告诉大家仔细观察，用心感受去画。周围安静极了，偶尔可听到扑通的水声，那是池塘里的鱼雨后跃出了水面，湖对岸鸭子和狗的叫声也依稀可闻。太阳不知何时出来了，阴云四散，再抬头对岸人家已经晾晒起了花花绿绿的被子和衣物，真是景色如画。池塘边的蜗牛缓缓地爬着，好事的同学抓了一只又一只，丢在小塑料桶里，还有人用水彩把蜗牛的壳涂得色彩斑斓再放生……这样的情景如梦一样，至今却还真切地记得，当时画了什么，画得如何已经不重要了，因为这画已经印于我们心中。

去卓刀泉公园写生时天气已热了起来，那天很晴朗。到了地方，王老师先介绍了一下公园名字的来历：传说三国时关羽屯兵于此，附近没有水源可供士兵饮用，关羽一时性急将青龙偃月刀戳在脚下，结果随即有泉水涌出，于是这个地方就得名卓刀泉。讲完故事，还是按惯例王老师先让大家点评上次的画，他再总结分析上次写生中出现的问题，然后对这次的要求简要说了几句，大家分头选景。这次写生印象很深的是一个同学把水彩纸反复揉搓，让纸变得柔软稍微起毛，用钢笔勾勒景色再用水彩淡色渲染，最后出来的画面效果很有味道，王老师对他的画法很肯定，说再有几次写生课程就要结束了，大家根据自己的喜好多琢磨，可以自由发挥画些能体现自己个性的东西。我们画到了中午，王老师说下午本来没有课，愿意接着画的同学午饭后可以继续画，要回去的现在就返校，又叮嘱助教注意大家路上安全，他自己则踱着步去公园里的戏社听戏喝茶了。现在还记得那戏社是在松树林的道边，朴实的一层坡屋顶房子，画画中途上厕所时路过，里面传出来咿咿呀呀的唱腔在林间回荡……

课程即将结束时，王老师说今年外地的写生安排去云南丽江，按惯例为时半月，他和大家同行，这让我们无比兴奋，纷纷查阅关于丽江的资料。那时丽江的自然传统风韵犹存，可惜我们最后没有成行，这让大家特别失望，也让王老师很尴尬，再三向我们道歉，他最后也没能和我们一起去，学校安排了两个年轻老师带队。事后才知道建筑学院的领导安排我们去湘西的凤凰和芙蓉镇，王老师和校领导再三沟通未果，最后以年纪大身体不适为由不再带我们出行，这让同学们特别遗憾。我们几个学生代表去他家再三劝说他和大家同行，王老师态度很坚决，他说有些事情你们以后就明白了，只是提醒大家在外面注意安全，到新地方要多观察多琢磨，不但要用笔画还要用心感受和体验，相信大家在最后半个月会有很大的收获，等大家回来了再集中点评，届时办个画展……

湘西的景色还是很特别的，大家玩得也很开心，我半个月下来画了十几张画，收获颇丰，有几对男女同学借此也走得更近了。没有了王老师，大家画画时互相点评，用各种腔调在反复说着“水多色多”，大二夏天在我的记忆里永远都是山清水秀阳光亮丽，的确算是“水多色多”了……

暑假结束，我们的水彩课程也随之结束了，王老师又带了下一级一个学期的课程后就正式退休了。其实他已经过了退休年龄，由于是教研组组长要培养新来的几个年轻教师，又多坚持了两年。新学期伊始，王老师还是按之前说的参与了我们的写生作品点评，对进步大的同学做了表扬，挑选了几十张画在学校的宣传栏展出。记得最后那次点评作品时，王老师在我们一再要求下给大家展示了他的画作，只是相当一部分画是用幻灯片投影的。至今还记得一张画面景象——画的是透过二楼窗口看雨中汉口，王老师自己望着那画都出了神，喃喃地说画这张画时他比我们大不了多少，已经快过去三十年，汉口这条街道也早已不是画中当年的样子了……

放完幻灯片，他说以前之所以不放自己的作品是不想太多地影响我们，我们画画主要是培养感觉，要学会用眼观察用脑分析，作为建筑学的水彩课程没有必要把画画得多么漂亮，当然有人有兴趣入了门以后还可以继续画下去，只要愿意，改行画画也不是不可能的，我们师兄中已有这样的例子……他说画画对他来说是件很快乐很放松的事情，不光最后的画面让人看着舒服，就是画画的过程也应该是一种享受和放松，而我们画画时太拘谨太在乎最后的画面效果，这样的画画过程让人看着都难受，我们不知不觉就把这心态带到了画面中，让看画的人也难受。王老师最后一次为我们做了示范，他一手拿着调色盘，一手挥毫泼彩，挥腕舒臂，腰身摇摆，俨然是在舞蹈，他的神情似乎已不在画面，也没有了比例和构图，只有水色淋漓的酣畅……

最后一次见王老师是在大五。校园背后有个菜市场，那天路过见他拎着一篮子蔬菜，他也看到了我，远远地就打招呼，竟然叫出了我的名字！只是他以为我已经毕业，我告诉他我们专业要读五年，明年才毕业，他一拍脑门说你瞧我这记性，我问王老师身体可好，现在还画画吗？他说身体很好，现在赋闲在家有更多的时间画画了。我说您的画在我们教科书上都有，合适的时间可以办个画展啊。他笑笑说都退休了，还是自娱自乐的好。

屈指算来那天距今已有近十五年了，不知道王老师现在身体可好？是否还在画画听戏自娱自乐？夕阳将桌面映得红红的，玻璃茶杯中澄黄的茶水被映得五彩缤纷，看着这景色，耳边依稀可闻王老师那带着浓重广西口音的普通话："注意水多色多……"

2016.3.30

墙里门外

腊月初，我前往西安出差。下午公务一结束，便心血来潮地决定回趟老家，未曾提前通知父母。院子大门紧锁，打电话没有人接。我将大包小箱搁在门檐下，揉着酸胀的肩膀，目光在路上行人的脸庞间游移，试图寻找一丝熟悉之感，然而几乎都不认识。马路对面的四五棵洋槐树却是再熟悉不过，我在蹒跚学步时它们就投下了一片阴凉。

回想起1997年的大一暑假，我也曾面对紧锁的院门。那时，我离家赴外地求学不过一年光景，邻里间依旧熟络。隔壁大婶看到我，亲热地招呼我去她家，她边擀面条边问我在外读书生活习惯吗、学习紧张吗，说着说着就哭了，她边抹眼泪边说：你们一个个长大出息了，真让人高兴啊。她老公参加过抗美援朝战争，身体不好过世得早，两个女儿先后出嫁，儿子和我同龄，还是我的小学同学，只是他初中没毕业就辍学在家了，农忙时干活，农闲时打短工，或者在街道摆摊卖东西。望着门口的老树枯枝，想想大婶去世距今已有十多年，在这个阴冷的冬日，我却异常清晰地记起了那个阳光明亮的晌午，葱油饼的香气似乎还没有散去，特别后悔那天急着回家，没有留下来和她们母子一起吃午饭。

我的目光停留在那扇高大的铁门上，朱红色的油漆在岁月的侵蚀下已逐渐褪去了往日的鲜亮，显得愈发黯淡而深沉。门框没有采用常规的铁板，而是采用了椿木，并且做了套色的纹饰，组合起来显得很别致。儿时院子围墙还是夯土的，房子和窑洞还没有翻修，在和邻居院墙交接处有一棵粗壮高大的椿树，爷爷和邻居大伯经常用手掌比画椿树有几拃粗，憧憬着十多年后我和弟弟长大结婚盖房时可以用这棵椿树来做“头门”（关中方言，意思为院门），因为椿树木质坚硬，不易开裂变形，并且少遭虫蛀，是做“头门”的上等木材。可惜他们都没有等到孙辈长大成人就先后离世了，弟弟在 1995 年死于一场意外，年仅 16 岁。等到我辈长大盖房时，家家户户基本都采用了高大的铁门做“头门”。除了气派外，也考虑了小车进出的可能性，尽管很长时间进出的仍旧是架子车和自行车。

还想起曾经存在过的两扇木门，它们安装在爷爷奶奶居住的窑洞上，因为时间的风吹雨淋日晒，门板颜色呈深蓝灰色，油漆龟裂老化，呈现出木皮的质感。我用绿色蜡笔在门板上抄了一篇小学课文：“小小的船，两头尖，我在小小的船里坐，只看见闪闪的星星蓝蓝的天”。夏天太阳暴晒，蜡笔融化渗进了木纹里，绿色就消失了，但是文字却清晰可见，十多年后还依稀可辨。爷爷在我一年级暑假时过世，他生前做好的棺材一直就放在平日居住的窑洞里，谁知父亲和七八个亲戚怎么换角度都抬不出去，大家纳闷当年棺材是怎么抬进去的，难道是把门拆了吗？伯父说这是爷爷恋家不愿意离开啊。最后父亲用柴刀把两边门框各砍了一个小小的凹槽才把棺材抬了出去。起初那个凹槽是那么刺眼，每次看到它我就想到棺材和爷爷死了，只是随着时间的推移，凹槽颜色黯淡了下去，最后和门板颜色渐渐一致了，应该再也不会有人知道这凹槽的秘密了，何况十多年前房屋和窑洞翻建，那两扇门和门框都被拆下来当作柴火烧掉了。

等了许久，父母仍没有回来，我背起包拎着箱子走向曾经就读的小学，路上的景象越来越陌生，最熟悉的还是路边几棵大树，只是树下的墙脚蜷缩着一群脏兮兮的流浪狗。小学也是大门紧闭进不去，不进去也罢，那些翻建的校舍我一个都不认识。记得二年级有天下午放学，和小伙伴在学校大门口玩耍，我拿着青皮的核桃在水刷石的大门柱上反复摩擦，不一会儿门柱上一大片颜色就变成了难看的深褐色，我们吓得落荒而逃，随后好多天我进校门时看着那斑驳的颜色心里都惴惴不安，唯恐老师追查，好在几场大雨后那颜色就渐渐褪去了，只是这情景至今都印在我心底。漫步到了曾经的中学门口，我的初中和高中都是在这里读的。前些年老中学扩建搬迁，原学校改成了职业教育中心。门卫要查证件也进不去。隔着围墙看看，因为拆除和改造也没有几栋熟悉的校舍了。

在县城的街道转了一圈，街上曾经的机关单位院子摇身一变，基本都开发成了商品房，那个为我们带来无数欢乐的影剧院竟也被拆了，施工围挡上张贴着粗俗的设计效果图。曾经的百货大楼显得那么局促，至今还记得那种由布匹、衣服、鞋袜、雪花膏、饼干、罐头和玩具等混合起来的味道，我很多次隔着玻璃柜台挤扁鼻子盯着一只五彩斑斓的皮球，那皮球的橡胶味是那么美妙。不知不觉走到了“新华书店”跟前，上边是商品房，书店挤在底层的手机店、服装店和超市之间，显得特别寒酸。

“新华书店”曾经是小县城读书人的乐土，门前是茂盛的国槐，树下有出租小人书的摊子，也有售卖旧书的，还有卖零食的。经常有好的新书发售，外面人行道上会排起长长队伍。书店内部空间呈长方形，高大而气派，书架上方的墙上是大幅的壁画。印象最深的是一幅长卷版画：挺拔摇曳的椰子树、波光粼粼的海面、飞舞的海鸥、三四艘渔舟，还有五六个头戴斗笠的彩衣姑娘挑着扁担，她们挑的竟然是香蕉，这些景象都沐浴在金色的阳光中，投在水面上的影子悠长而深刻……这画卷的情景超出了小脑袋瓜子的想象，以至于多少年后我高考志愿填报的全是南方的学校。我曾经用打酱油剩下的钱在书店买了一本打折处理的薄书，书名叫《三案始末》，作者温功义。读这本书时印象极其深刻，盛夏都感觉后背发凉，多少年后才知道此书堪比《万历十五年》，那时温功义老先生也已仙逝多年。

那个时候大家基本没有什么零花钱，买书的机会也不多。偶尔去买书，面对高高的柜台会特别紧张，因为当年不能开架选书，如果两三次还没有挑选好的话，服务员脸上就会浮现冰霜。例外的是，有一位圆脸大眼睛的服务员态度特别好，她年纪不大，算是小伙伴共同的“大姐姐”，我小时候的书几乎都是经她手购买的。高一我和一位姓钟的同学去书店买书，在我们挑书的时候，“大姐姐”在向另一个服务员说：“我们一家都是牛眼睛，我就喜欢大眼睛的人，你看那个男生眼皮多宽，眼睛真大！”她指的显然是我的同学，我眼睛不大也不是双眼皮，这让我失落了很久。

随着年级越来越高，考大学远走他乡的念头越来越强烈，我不止一次设想过拿着录取通知书向“大姐姐”报喜的场景……

也许因为那次“大眼睛”的打击，或者我的羞涩，我始终未能与她道别，除了买书外也没有说过一句多余的话。随着书店的没落，一半面积租给了卖床上用品的，不久又分割出租了一部分，前几年终于做了房地产开发，“新华书店”还在，只是剩下了底层一个小门店。读大学后我似乎再没有见过那位“大姐姐”，按当时年纪她现在应该有五十多岁了。

随着天色渐晚，街道上的喧嚣渐渐沉寂，路灯一盏接一盏地亮起。当我再次走过中学的门口，下晚自习的熟悉嘈杂声似乎在耳边回响，我又像当年放学一样向家走去。围墙如故，一如我当年离开时守护着院子，这次家门开着，我远远地就闻到了那熟悉的炊烟，听到了父亲的咳嗽声，大门缝里透出的橘黄灯光在墙外的路面铺出了一道金光……

2019.3.10

一棵树倒下了

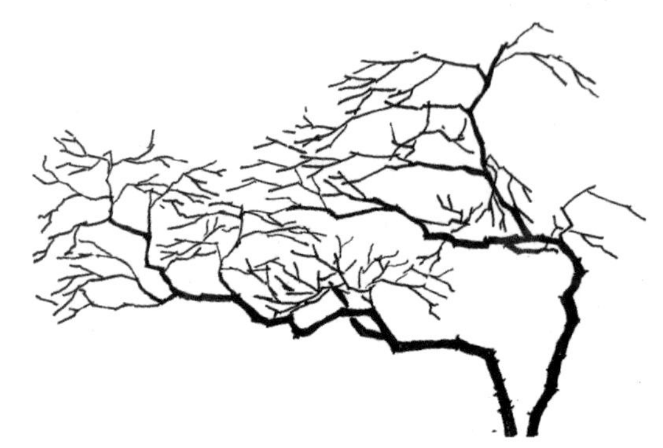

2021 年秋分，我接到母亲电话，得知姑父去世，我一时语塞。她安慰我似的说："整八十岁了，身体一直很好，得病两天就不行了，一点儿罪都没有受……"大学起我和故乡渐行渐远，每每得到亲朋故去的消息，都意味着故乡变得越来越模糊，然而突如其来的消息如同闪电划破夜空，照亮了本已黯淡的往事。

一个十二三岁的少年牵着一个四五岁的小男孩，在老奶奶反复叮嘱和目送下走出院门，他们穿过村庄边的砖瓦窑，再屏住呼吸小跑过几座土坟，然后缓缓地走进无边的麦田中。田埂上有一两棵核桃树，枝头挂满了青皮的核桃，土路蜿蜒消失在西边的高岭上，初夏的热浪在远处的麦芒上跃动着，小男孩被这景象吓得不敢走了，他已无数次地问少年什么时候才能到家呢，其实他实在走不动了。

"看到西岭上那些铁塔了吗？走过铁塔我们就能看到半坡一片树林，再走到那棵最高的钻天杨下面就到了，我来抱你走一会儿吧……"

他们终于抵达铁塔林下，塔尖高耸入云。铁塔之间密布着蛛网一样的电线，电流发出"嘶嘶"的啸叫，小男孩快要哭了。

"你看到那棵最高的钻天杨没有？"顺着少年手指的方向，

小男孩一眼就看见了半坡树丛中那棵最高的杨树。下坡的路走起来很轻松，他们穿过一片柿子树、核桃树、苹果树、枣树和泡桐树的树林后终于到了最高的杨树下，青白的树皮，在很高的地方才有一些枝丫，而且枝丫也是紧靠树干笔直向上，显得比那些铁塔还要高。

窑洞顶东侧是一片斜土坡，土坡上也是一片树林，其中有好几棵杏树。树下七八个十岁上下的男孩正大显身手，有的在打沙袋，有的在用手掌拍打着绑在树干上的作业本，还有两个在用木棍对打，一个小一点儿的在荡秋千。少年塞给小男孩一本封面印着“少林寺”的小人书，自己则像猴子一样顺着杏树上垂下的粗麻绳爬了上去，随手向小男孩抛下几颗酸倒牙齿的青杏。小男孩腰上被扎上用宽松紧带做的练功带，少年让他运气用拳头砸土坷垃，然后问是不是不会疼了，小男孩忍着眼泪点了点头，大男孩们说多练习后就能拍断砖头……

那个小男孩就是曾经的我，少年是我的表哥，四十多年后的今天，那些场景依旧清晰如同昨日。小时候姑姑家就是我的乐土，不大的村子中小孩好像比树上的麻雀还多，整天挤在一起叽叽喳喳地打拳、跳绳、踢毽子、踢沙包、打纸包、打弹弓，白天无数遍地翻看小人书，晚上去村子唯一有电视的人家挤在一起看《霍元甲》，偶尔来了蹦爆米花的人，那天就成了大伙的节日。最热闹的还是红白喜事，无论炸响的爆竹还是震天的唢呐都掩盖不住人们的哭笑声，小孩子挤在大人胯下抢着喜糖和没有炸响的爆竹，小伙子耳朵上夹着香烟，嘴里喷着酒气在洞房里讲着不堪入耳的段子，新娘的脸红得像喝醉了酒……月高星淡的夜晚是最适合看露天电影的时间，从土炕烟囱飘出来的浓烟笼罩在银幕前，电影画面变成了神奇的立体效果……

时光流转，大表哥的婚礼在正月初举行，奶奶提前几天便带我回到了姑姑家，她要根据窑洞窗户木格尺寸剪窗花，还有要贴在门上的“囍”字。我和表哥的一个堂弟玩打纸包，半天时间赢了厚厚一沓用美术课本新叠的纸包，这些纸包被奶奶一一拆开抚平，后来裱糊在自己住的窑洞的墙面上，这面“美术墙”竟然伴随我度过了小学和中学，直到后来家里翻修住房才被清除，而奶奶在我读初二时已故去。我至今还记得一张“木刻二副”美术作品的画面，好像作者叫孙源泉。

黄土地是小麦、谷子、高粱和玉米的乐土，对于种庄稼的人来说却是苦乐参半。因为缺水，种地就是靠天吃饭。小县城建了一个卷烟厂，鼓励和摊派政策结合，使得本应种植庄稼的农田纷纷种上了烤烟，瘦弱的烟苗一天天长大，遇上干旱，烟农需要将井水用架子车拉到田间，一瓢一瓢浇灌烟苗，最终墨绿的烟叶大如蒲团。姑父带着表哥表姐折下烟叶，再将烟叶交错绑在竹竿上，悬挂到用土坯砌的烤烟房里。我至今记得抱着烟叶迎着夕阳走向地头的景象，还记得大表姐一篇写家里种烤烟劳动的作文，那个时候我识字还不多，勉强才能读下来。由于卷烟厂经营不善，每年收购烟叶压级压价，弄得民怨沸腾，最终倒闭了。而许多烤烟房上刷着“抽秦皇烟，过帝王瘾”的标语多年后才消失殆尽。有段时间政府鼓励加摊派让农民种苹果，姑父一家种了四五亩（1亩≈666.67平方米）的苹果，除草、施肥、修枝、掐花、疏果，一年忙到头效益比种小麦好一点儿，但是更为辛苦，等到十来年左右果树老化，苹果产量和品质大幅下降，销路也成问题，最后这些果树被砍伐当柴烧掉了。

每年白露过后，北方田里的农活就没有多少了，这个时候姑父会带上两个表哥去几十里（1里＝500米）外的山沟砍“条子”（山沟灌木的枝条，长而柔软，可以编箩筐、簸箕和笼等农具），一去就是半个月左右，吃住在山里农家。这些砍来的条子被雇车运回来，然后家里老少一起动手将条子捋顺，编簸箕的条子还要用小刀取皮，这样编织的簸箕才美观、密实、耐用。姑父家住的是地坑窑洞，在两个窑洞之间有个地窨子，三米深的样子，口径不到三尺（1尺≈33.33厘米），下面有四五平方米，冬天一般用来储存白菜、萝卜和土豆之类的蔬菜。我小学寒假去姑父家玩，姑父白天就带着一个表哥在这个地窨子里用条子编农具。因为下面暖和不会冻手，我几次也下到地窨子用小刀削条子自制玩具。这些编织的农具开春后在集市卖掉可以补贴家用。

有年深秋姑父去砍“条子”，随行的二表哥对山里一位姑娘一见钟情，发誓非她不娶，亲戚邻居都说二表哥中了邪，遇上了狐狸精。来年表哥在山里多方寻访，竟然找到了那位姑娘，姑父请媒人上门正式提亲，那位姑娘竟然提出只有表哥考上大学她才能答应婚事。我的表哥表姐基本读完初（高）中就和姑父一样务农了，那个时候二表哥二十出头，已经务农好几年了，怎么可能再去读书考大学？何况那个时候在乡村考上大学基本就是天方夜谭。二表哥连续好几年都去山里一住数月，帮着女孩家做农活，心诚则灵，几年后表哥最终赢得芳心，当初红颜如今已鬓边微霜。

除了种地、编农具，姑父好像就是为了牛羊而生，好多年都放羊养牛，只是放羊不方便，后来就多年放牛。从村子往西走几里地，就是一条名为“西沟”的大沟壑，南北方向蜿蜒不见尽头，小时候看起来西沟深不见底，顺着羊肠小道迂回一个多小时才能下到沟底，沟底有条四五米宽的小河，河滩有些平整的农田，因为有水基本都种着蔬菜。姑父一生的“壮举”可能就是承包过沟底的菜地，这样既能在河滩放牛，又能再开挖点荒地，只是不知道什么原因，菜地好像也就承包了两三年。

河床距离菜地不远，我趴在窝棚席子上看小人书《闪闪的红星》，至今记得潘冬子遇到敌人盘查，他急中生智将盐水倒进自己的棉袄里，过了关卡再将棉花中的盐水挤出来送给红军……沟底无风，炊烟缕缕而上，在河滩吃草的黄牛猛地昂首吼了一声，这吼声在山谷中嗡嗡回荡，久久不散，许久才又听见叮叮咚咚的流水声。太阳西斜，姑父和表哥将打好的青草和采摘的蔬菜用扁担一步一步地挑到沟上去，我则象征性地背了一捆青草。天色向晚，夕阳将一面土坡晕染得金黄，峰回路转，姑父和表哥看不见了，背上的青草重如千斤，空谷寂无一人，我吓得大叫，他们应我一声，不多时转过弯又看到了。姑父坐下来卷了一支旱烟，表哥则跑下来接应我，深蓝色的天幕中月明星稀，姑父的烟头却猩红得一闪一闪……

很多年里只要不刮风下雨，姑父每天午饭后都赶着几头黄牛去沟底放养，回来时会背捆青草或者柴火，随着国家退耕还林和封山育林的政策落实，他的放牛生涯也结束了。在这之前表哥和姑姑都无数次劝姑父不要再放牛了，一年忙个不停也赚不了几个钱，但是姑父却乐此不疲。不再放牛的日子，姑父变得像一只猫，长年累月的劳动使他的背弯得像张弓，他经常一语不发地蹲在角落抽烟，晒太阳，一群晚辈大呼小叫，他偶尔插一句话却会遭到几句抢白。

前两年春节回老家去看望姑父和姑姑，他们对孙子辈的婚姻忧心忡忡，两个表姐的几个孩子眼看都三十岁了，却都还未结婚，姑父所在的村子才一百多户人，据说打光棍的就有十多个。这年头种地没有指望，读书要花钱，不读书打工也赚不了什么钱，考个学出来工作也难，女娃都去城里打工好歹把自己弄出去了，没有人愿意再回来，男娃出路在哪里呢？现在农村结婚男方除了要花十来万的彩礼，还要办酒席置办家具，现在女方还要求在县城买商品房，而且不允许老人和他们住在一起，结婚的条件是“有车有房，父母双亡……”坐在炕沿的姑姑说到此处一声长叹，蹲在地上的姑父则默默地吸着烟。

随着两个表姐的出嫁，三个表哥也在村子里建起了砖瓦房，相继搬离了老宅，曾经热闹非凡的院子，如今显得冷清而破败。大表哥在县城附近买了一处院子盖了房，姑姑和姑父就住进了大表哥早年盖的房子里，之前的地坑窑就彻底废弃了。前几年西安至银川规划的高铁线贴着院子边而过，高铁线外几十米都属于征地范围，姑父家得到一些赔偿后一大半院子和窑洞被填埋了。

去年清明节我回老家扫墓，然后去看望姑父和姑姑，临别时专门去看了那曾经的院子，冬天编农具的那个地窨子竟然还在，只是快被黄土填满了。这时一列高铁呼啸而过，风驰电掣地奔向远方，那是姑父永远没有去过的远方，他一辈子也没有坐过火车……我独自上到西岭，那些像森林一样的铁塔曾经是那么震撼和神秘，它们高耸入云，连绵到天边，嘶嘶的电流声让天空显得异常深邃，如今却了无痕迹，像从来没有存在过一样。一阵风过，扬起了些许尘土，夕阳下回望姑父家，那棵高耸的钻天杨早已不知去向，我再也不能一眼找到那片乐土和故人……

2022.2.13

附录：姑父家不远处曾经被人们叫作“西工地”，它始建于1964年，称为国家6402工程，是当年周恩来总理亲自批示的国家级重点战备通信建设工程，曾调动了全国相关方面许多著名的工程技术人员，历时三年时间，建成的一个大型的、技术先进的、完整的、全面的国家级“短波发信电台”，由邮电部直管。天线铁塔林环绕着占地100亩面积的电台机房和生活区，这里100米以上的自立式铁塔有18座，100米以下的铁塔有近200座，蔓延数十里地，当年该台的电波功率能覆盖全球。这里有一个连的武警部队全天候地荷枪实弹驻守巡逻，门禁制度非常严格。1990年代后期，随着时代变迁和技术进步，这个通信工程最终被裁撤，据说这些铁塔要留给县城作为纪念，但是后来还是被全部拆除了。

面面相「去」——城市化浪潮中隐退的小面馆

腊月二十七，公司尚未正式放假，但街道已显冷清。人们提前返乡，由于疫情影响，失去了往日拖着行李箱匆匆归家的气氛。几天前，我们收到了政府鼓励就地过年的通知，其中还提到了一定的物质奖励。

我向来不习惯午餐点外卖，写字楼下有几家快餐店和面馆，但每到午饭时间总是人满为患，需要排队等候。今天，由于春节将至，许多饭店已经关门歇业，我去了还开张的“荣儿面馆”。老板娘忙得像个陀螺，我在人少时上前打招呼：“这么忙，该准备过年了吧？”她见是我，笑着说：“想不到过年前还能见到你，我们马上就要倒闭关门了。”我惊讶地问：“为什么？生意不是一直不错吗？”她苦笑道：“好什么呀！那是你只看到了中午这一会儿，来面馆吃饭的几乎都是这几个写字楼上的人，中午也就一个多小时的生意，早晚基本没有生意，之前周末还有楼上培训的学生和家长来吃饭，现在培训机构倒闭，周末只有写字楼上少数加班的人吃饭。房租昂贵，加上合同到期租金上涨，扣除成本后生意就做不下去了……”“可以适当涨价继续开下去吧？”“适当涨价？涨得少赶不上房租，涨得多顾客减少还是赶不上房租，辛辛苦苦一年的利润差不多都要交给房东了……”春节前，我吃完最后一碗“酸菜黑鱼面”，老板娘不仅坚决不收钱，还多加了一个煎蛋，我心中五味杂陈。

北方人对面食有着天生的热爱，在杭州生活近 20 年，我一直在寻找那碗能触动心弦的面，尽管它们从未真正替代过故乡的味道。曾经办公地点紧邻“西湖文化广场”，窗外便是京杭大运河，公司周边有许多小餐馆，包括几家面馆，如高汤面馆、山西面馆、军儿面馆、兰溪手擀面等，还有著名的“奎元馆”（虾仁鳝爆面是其招牌，据说当年金庸来杭州吃过后很是称赞）。我们最常去的是被同事戏称为“兰州料理”的拉面馆，因为它 24 小时营业。有几次投标通宵加班，到后半夜我们还能吃到一碗热腾腾的拉面和大盘鸡。端面收拾碗筷的是个十多岁带着白帽子的男孩，一年一年地，他长出了喉结和胡子，同事经常和他开玩笑，甚至调侃他还有哪里长毛了，他面红耳赤地笑笑。他消失了一段时间，大家都以为他不干了。结果他回来时，店里多了一个姑娘——原来他回去结婚了。再后来，他们有了一个小男孩，没多久那小家伙竟然扶着餐桌学走路了……有一天我去边上银行汇款，在排队的时候有个少妇微笑着向我点头打招呼，愣了半天我才认出她就是拉面馆的那位“新娘”，只是换了衣服化了淡妆竟然认不出来了。

2013 年，随着“武林壹号”的开盘，豪宅单价飙升至近十万元，刷新了人们对房价的认知。新建的小区不再沿街布置底商，并且加高的围墙使得行人无法看到小区内部。随着地铁一号线的开通，房价和房租不断上涨，街上的店铺纷纷改头换面，“兰州料理”一夜之间消失了，仿佛从未存在过。刚来杭州时，我参与了一个居住小区的设计，经常坐 38 路公交车穿过中山路去项目工地。处理完现场施工问题后，我常去“满庭芳”书店看书到天黑，然后在旁边的孩儿巷吃一碗杭州特色的“片儿川”（因为面里放着笋片或者茭白片而得名）。项目结束后，我仍常去书店，但随着中山路的改造，书店和面馆因房租上涨而倒闭，我便很少再去那边了。

也许是喜欢老小区的烟火气吧，在杭州这些年不管租房还是买房一直都住在老小区里。曾经租住的朝晖五区紧邻夜市，晚上人潮涌动。小区门口有个小店，只卖炒饭或炒面，晚上生意特别好。颠勺的小哥约莫二十来岁，眉清目秀，锅勺翻飞，炉火纯青，看着特别赏心悦目。烧烤店的美女边喝啤酒边和他打情骂俏……某年春节后，小店装修，再开业时变成了烧烤店，那位小哥不知去向。我买的第一套房子是20世纪90年代末建造的小区，小区中临花园的一楼住着一对老夫妇，他们在门口拉了个棚子，摆了两张小方桌，早上卖馄饨和葱油拌面，中午卖片儿川和粽子。小区中不少人过来站着拉拉家常，然后买东西打包回去吃，可惜后来他们被楼上邻居举报，最后被城管关掉了。儿子至今还怀念老奶奶做的葱油拌面，不知那独特的味道来自拌面用的猪油。

有几年时间，我特别喜欢在浙江工业大学北门下公交车，然后步行回家。车站边上有个很大的农贸市场和一条一百多米长、四五米宽的小街，街道两边是密密麻麻的小吃店，到了晚上沿街还有用三轮车摆起的烧烤摊、水果摊、杂货摊等，男男女女的青年学生在这里接踵摩肩地吃吃喝喝，说说笑笑，空气中弥漫的不仅是吃食的味道，还有强烈的荷尔蒙气息。在街道拐角是个炒货店，再过去是一家“望江门面馆”，这家的特点是面汤清澈，面条细圆，口感劲道，常年需要排队。后来才知道“望江门”在杭州的面食江湖中颇有地位，因为这个地方为很多面馆提供加工好的面条。可惜随着 G20 峰会召开前的市容提升改造，这里的农贸市场和小街全被拆除，很快化作了一片绿油油的草坪，再后来建成了几栋高层的安置房。

“杭儿风”是这个城市的一大特色，公司的司机多次和我们提到 XX 面馆的面特别好吃，他说：“好多老板都是开大奔去排队吃面的！”有次项目开会地点距离那家面馆不远，会议结束司机兴冲冲地带着我们去吃面。到跟前才发现这里房子在拆迁，沿路还围着蓝色的彩钢板，好在钢板上有处开口，上面用白油漆写着“吃面往里走”，进去后才发现人头攒动，大家站在外面看着残垣断壁等了十几分钟才排到座位，好在那碗面滚烫鲜香，也算不虚此行。临走老板热情地给大家发名片，说他们不久会搬到一个新的地方，欢迎大家到时光临。

“菊英面馆”则是杭州面食江湖的另一个传奇，据说老板凡事躬亲，并且像中学生一样会为自己放寒暑假，关键是这家面馆还上了第一季《舌尖上的中国》，结果老板依旧我行我素，也不开分店。有次我和朋友爬山路过，外面排队的人尽管不少，我们还是领了一个号子先去爬山，没有想到一个多小时后我们回来号子前面还有几十个人，原来许多人都像我们这样领了号子去别处活动了，在肚子的抗议声中我们只好放弃了等待。前一段路过鼓楼广场，发现了这里竟然开了一家“菊英面馆”，并且没有人排队，于是打电话给朋友询问怎么回事，朋友告知现在已有好几家“菊英面馆”，之前的老板不做了，就把品牌转手，他建议我不要去吃——味道全变了。看来是有面无缘，我终究没有吃到这碗传奇的面。

2017 年国庆节后，公司搬到了绿地中央广场，当时这里还有些沿街的老房子，有几家不错的面馆。在大兜路东侧有家“二妞面馆”，每一碗的浇头都是现炒的，味道特别棒，可惜没多久就倒闭了。边上的弄堂还有一家“八角面馆”，我去吃过一次，味道让人欣喜，可惜出差几天后回来再去，门上却贴着一张公告：“因拆迁本店关门，搬至乐堤港负一楼，敬请光临。”这条小弄堂和两边的房子没多久也跟着面馆消失了。按图索骥，到“乐堤港”商业综合体找到了曾经的“八角面馆”，好在味道依旧，经常还要排队等候，只是后来味道渐渐变了，据说老板为了节省成本，用料包勾兑做汤，面条也是提前做熟的，吃的人也越来越少，再后来就倒闭关门了。

绿地中央广场是绿地集团在杭州开发的首个项目，由“日建设计”设计。项目分为南、北两区，商务楼错落有致，商业空间宽敞宜人。然而，商铺招租困难，饭店频繁更换，唯有美容美体店和教育培训机构稍显稳定。政策突变后，培训机构倒闭，玻璃幕墙上长期挂着招租广告。我们办公位于北区组团，楼下广场一侧有家“中华牛肉面”，其实就是一家正宗的“兰州拉面”，后来才知道因为政府领导对入驻的商业品牌有要求，原先的“兰州”品牌调整后才能继续经营。面馆紧邻的是“全球商品直销中心”，的确唯有“中华”才可匹配，可惜去年底“中华”和“全球”因为房租到期租金上涨，它们同时倒闭关门了。

春节后“中华牛肉面”搬到了租金低一点的南区，这回和“沙县小吃”成了邻居，只是面馆面积缩水了一大半，为了多排座位连四人餐桌都比原来小了一号。中午吃饭的时候还是人满为患，对着的广场却是空荡而冷清，围着广场的是面馆、日料店、火锅店、串串店等，只是全都倒闭关门了，几年过去了，这些店招仍在。小心翼翼地挤在“中华牛肉面”小桌子上吃着面，看着犹如影视布景般的广场，感觉特别荒诞魔幻，不知道这家“中华牛肉面”下次还能退缩到哪里。

城市的大街小巷因为有了地方小吃才变得具有烟火气和人情味，夜幕下走在人行道上，看着橱窗里诱人的吃食，闻着空气中弥漫的香气，还有那围着桌子的情侣或者一家老小，这景象是何等美好诱人。可惜我们的城市建设更倾向于追求现代化，那些充满生活气息的城中村逐渐被拆除，沿街店铺被统一改造，甚至采取了封窗关门的整顿措施。最后建起了大量像“绿地中央广场”和“乐堤港”这样的商务中心和商业综合体。只是不知道那些被清除的小店和从业者都去了哪里？那些曾经一起通宵加班吃面的同事早已离去并散落各地，久不联系也渐渐变得面容模糊。在这个充满不确定性的特殊时期，讨论这些话题似乎有些不合时宜，也许在家里囤一两箱方便面才是明智之举。

2022.4.18

麻雀和它的村子

去年暮春，我邀请相识多年的朋友到老家赏槐花，当他踏进我无数次描述过的村庄和院子时，脸上满是狐疑，我边比画边向他解释：小时候家门口的水泥路是泥土路，而且只有现在一半宽，连自行车都不多，路对面是个巨大的下沉院子，土壁上有一排窑洞，那曾经是村子一个生产队的饲养室，窑洞里养着马、牛、驴等大家畜，小伙伴最喜欢在马拉的大板车上玩，远处的几户人家过去了就都是麦田。我家院子曾经分为前后院，而且有两米多的高差，院墙是夯土的，在这个位置曾经有棵两个人才能围抱得住的杏树，眼前的这棵核桃树在我儿时就很粗了……朋友显然难以想象那些昔日的景象，更何况那些与他毫无关联、在此生活与安息的乡邻。工作以来我每年也就回老家一两次，甚至有时候一整年都不回去，那些往昔的景象和人们渐行渐远，我不禁自问：他们真的存在过吗？若非如此，为何我的记忆如此清晰？如果他们确实存在过，现在又在何方呢？

今年盛夏，我携家人重返故乡，两岁的小儿子还是第一次回故乡，同行的还有一位来自昆明相识近二十年的好友，他刚跨进院门就脱口而出："这和你笔下的情景太不一样了啊！"有了去年的经验，我这次就没有做过多解释。早饭后带朋友遛弯，穿过熟悉而又陌生的村落，农田零星地穿插在村舍之间，又路过那条熟悉的巷子，青砖围墙上歪歪扭扭的毛笔线条清晰可辨，那是三十多年前读小学的我领了暑假通知书在回家路上的杰作，曾经的小学校舍多次翻建也变得如同老家一样陌生了。

我们乘车前往“黄土地”度假村，这里的度假民宿是由现有的村舍改造而成的。整个村子依缓坡而建，土崖和土窑洞错落有致，土路上铺砌着青砖和石板。村口摆放着一辆马拉的木板大车，广场和路边用大量的石磨盘装饰，形成了别致的景观。此外，还新建了一条仿古建筑的商业街和戏楼等建筑。据说去年国庆期间商业街试运行了四五天就关闭了。之前参观这里还需支付十元门票，而这次来访却发现大门紧锁，无人售票，我们只得和朋友翻墙而入。无人的村子草木越发葳蕤，粗壮苍劲的柿子树上青果累累，村子尽头还有些没有纳入度假村景点的废弃的窑洞和院子，饱经风雨和岁月的残垣断壁颇有沧桑感，再远处就是巨大的沟壑，横亘如古，任凭天荒地老。我告诉朋友小时候来过这个村子一两次，曾经也是男耕女织牛羊遍地的景象，这个村名字叫“起驾坡”，周边还散落着以“等驾坡”“御驾宫”“封侯村”“马坊村”等为名的村子，这里距离曾经的长安也就一百余里地，只是那是更为久远的历史了。

我的一位远在江南的中学同学在微信上向我推荐了“范墩子”，一位土生土长的90后老乡，之前在微信朋友圈看到过他的一些零星消息，知道是位作家，出了本小说集，据说写得挺不错。拜信息时代所赐，我和朋友前脚刚进门，“范墩子”后脚就到了。他真年轻，才二十七岁，大学竟然读的还是理工科！我们就在院子里的核桃树下闲聊，话题从大家熟悉的“村庄”开始，聊到了刘亮程的《一个人的村庄》、谢宗玉的《田垄上的婴儿》、李娟的《我的阿勒泰》，还有从我们这里走出去的作家耿翔以及他的《马坊书》……曾经熟悉的村庄对我来说越来越陌生，生活在不同城市里的我们该怎样与城市和村庄相处？如果落笔为文又该怎么样来描述和呈现这曾经熟悉的村庄？难道只是一味回忆和描摹已经不存在的往昔？大家都有事，临别他送上自己的小说集《我从未见过麻雀》，下午在回杭州的飞机上我读了一大半，接着利用两天上班间隙读完此书，感触颇多。

范墩子和我年龄相差十五岁，至少算是相差一代人了，可是他笔下的少年儿童和村庄对我来说一点儿也不违和，只是这一切既熟悉又陌生，草木、虫子、家畜、伙伴和长辈组成了丰富而细致入微的村庄，现实的场景既吸引着人走进村庄和主人公，但又时时被魔幻和神秘的情节所阻隔与疏远。如同他在序言中写道：“我一直在思考现实与真实之间的关系，这个看似简单的问题却将我折磨了很久，直到现在，我仍不敢确信我是否已将这个问题想明白……我的忧郁，很大程度上来源于我所看到的现实。然而，我所看到的那些现实就是真正的现实吗？它距离真实究竟有多远？”

在那天短暂的聊天中，范墩子提到了《白鹿原》，感慨今天的一切都是瞬时流动的碎片，似乎难以再有集体的记忆和共鸣形成“经典”的文学作品，我想这点应该也困扰着大多数作家的生活和写作，其实对于普通人又何尝不是面临着这样的困惑。文学作品到底要怎样面对自己所处的时空与社会？是向前看还是向后看？还是就只看眼前？个人和落笔是囿于一个“村庄”还是要“放眼长远”？在阅读《我从未见过麻雀》时我特别在意小说的时空场景。开篇《伪夏日》中哈金在村子中通过“杀出潼关”的游戏建立了自己孩子王的地位，然而面对进村的小车和城市少年王楠带来的信息及物品，孩子王的地位一落千丈，结果他使出毒手“逼走”了王楠（其实王楠只是来探亲度假的，离去是必然的，也是很快的），但是如同捅破的窗纸和逝去的童年，大家都再也回不到曾经的游戏场景和氛围中了。《柳玉与花旦》的男主人公在青春悸动期迷恋上了戏曲，竟然一心要学戏，并且要演花旦，几经曲折，戏未学成却发奋学习考上了北大。《绿色玻璃球》写到孩子们特别喜欢的玻璃球游戏，主人公两岁时母亲就离家出走了，在父亲的暴力下那颗如同水晶球一般魔幻的玻璃球最终还是碎掉了，主人公母亲的脸也就“永永远远地碎了”。

读这几篇小说让我感觉特别地穿越，是我回到了儿时的村庄还是范墩子在我儿时的村子度过了童年？按理我们生活在同一个县的不同村庄，不应该有这么大的时差，我曾在二十多年前《中学生作文》中看到农村孩子被回村的小汽车和玩具所俘获的描述，而且我也切身经历过这样的事情，大学期间看到侯孝贤的《冬冬的假期》也有类似场景，只是那是发生在四十多年前中国台湾的事情。我在三十多年前读小学时，玻璃球的游戏风靡一时，大家为了得到一个特别花色的玻璃球会挖空心思、绞尽脑汁，只是在我读高中时这游戏在村子里基本就绝迹了。还有儿时每逢安葬老人，殷实的家庭就会请戏曲班来唱大戏，再就是每年七月的庙会，村子和县城的体育场会搭起戏台，最长的一次连唱了五天的大戏，那个时候秦腔名角就如同当下的明星。县城还有一所戏曲学校，我的一个说话“阴里怪气”的小学同学就辍学读了戏曲学校，我似乎还见过他化妆登台的样子。我想范墩子绝不是有意让时光倒流的，小说发生的背景应该就是他真实的成长经历和体验，但是为什么对作为老乡的我会有这么强烈的穿越感呢？我儿时生活的村庄紧靠县城，甚至还包围着大半个县城，我老家距离县中学也就两百多米，而范墩子生活的村子在另一个乡镇的村庄，那个村子我去年春节还有路过，因为空间的阻隔和发展的滞后，一些场景还如我儿时那样存在着。说来有意思的是，我在城市中结识的几个好友都年长我八九岁，因为大家能聊得来的话题比较多，他们惊讶为什么我童年流行的玩具和歌曲等与他们竟然有很多一致的地方，后面分析起来，当年流行的东西从大城市到小县城前后有段时间差，难道范墩子和我也存在着这个时间差？我推测应该是的，只是这个时间差会变得越来越短，甚至变成了同时性，但是空间的阻隔与物质的落差依旧存在，村庄和城市的人是变得更为融洽还是疏远了呢？我们又该如何面对这种巨变？

在近二十年的城市化进程中，农村是异常被动的，青壮年外出打工、老幼留守在村庄是常态，而一些外力因素因为种种机缘也会介入村庄，最后导致村庄变得光怪陆离。《绿色玻璃球》中主人公在两岁时母亲就离家出走了，《幻觉》中“彩铃”外出打工意外怀孕而返乡，《倒立行走》中主人公三岁时被妈妈遗弃，后来又被带到城市去生活的不适，《鬼火》中父亲莫名地消失，《唐小猪的猪》中主人公行为荒诞不经，他走出村庄后依旧格格不入，《父亲飞》中水泥厂强势地建在了村庄边上引起村民的生活变化，《簸箕耳》中外来资本利用乡村资源大获其利……由于小说的主人公都是儿童或者少年，通过他们的视角我们看到的村庄中的家庭和景象基本都是残缺荒诞而缺乏温情的，主人公更多地与草木、昆虫和动物变成了朋友，由于孤独和自闭，导致了许多幻觉和幻想的出现，这点在《我从未见过麻雀》和《昆虫舞》两篇中尤为突出。这本小说集还无意识地透露出了乡村家庭结构的变化，我们那个年代每家兄弟姐妹有两三个再正常不过，个体可以不合群，但却很少有小说中少年儿童那种形单影只的感觉。

传统的乡村是个熟人的社会，德高望重者潜移默化地主导着乡村的正常运转,其实在这个熟人社会中一直存在着一些"怪人"，他们中有一些是真的有智力障碍，还有一些仅仅是活在自己的世界中，封闭的乡村又让他们找不到出路。南京的先锋书店借用特拉克尔的"灵魂，大地上的异乡者"，自称为"大地上的异乡者"，在现实的村庄中还存在着故乡中的异乡者。《贾春天轶事两则》的贾春天就是这样的角色，一个热衷于探索和"发明"新事物的人在正常的人眼中反而是不正常的。这让我想起了曾经的邻居，一位在众人眼中"神神叨叨"的人。他年轻时坐过牢，后来因为一些稀奇古怪的发明在县上还获过奖，他把粮食费了九牛二虎的力气搬到阁楼上，要去磨面粉时通过管道开关让粮食再滑下来，人们觉得他神经不正常，可是小朋友看着麦粒从管道蹦跳下来，觉得自己都要飞起来了。夏天纳凉的夜晚，一群孩子围着他听他谈天说地。我至今还记得他对"五谷丰登"的解释，根据庄稼的生长特性，他把"五谷"解释为根、蔓、悬、角、穗，只有这五大类庄稼丰收了才算得上"五谷丰登"。这位老人已经故去二十多年，那夜的下弦月却一直悬在我的脑海里。一株本不为人识的野菜长在荒野里，有一天它被植物学家或者营养学家发现了，走入了大众的视野，洗涮烹炒上桌，味美耐嚼且营养丰富，野菜的量根本填不满巨大的胃口，温室大棚、生长激素一哄而上，直至淡而无味为人所唾弃，这样的结局对野菜来说也算不差了，可悲可叹的是野菜们争抢着自掘其根而争相上桌。

当下的文学作品如何描述和呈现乡村是件危险的事情，苦难诉说多了有祥林嫂之嫌，淳朴的乡土故事又显得特别矫情，你好我好大家好更是遭人唾弃，更为关键的是，这样的作品受众又是谁呢？小说不同于散文，不能和作者过于较真，否则就有把《三国演义》当历史读的危险，也许是因为我和作者操着共同的乡音并且在大体相同的环境中长大，我对这本《我从未见过麻雀》的解读似乎已经过于较真了。聊天中范兄告诉我这本集子中的小说基本都是在大学和刚毕业前两年写的，他正在写的下一部作品就与这本差别很大，这个我坚信，因为他已经走出了村庄，走进了城市，一个拥抱生活的人一定不会无视身边人和环境的变化，对于他的下一部作品我充满了期待与好奇。

2019.8.08

风马牛与八竿子

这个题目看似风马牛不相及，或八竿子打不着边。但把它们放在一起并非故弄玄虚，而是因为它们之间存在着“天然”的联系。

成语“风马牛不相及”可谓妇孺皆知，典故出自《左传·僖公四年》：“四年春，齐侯以诸侯之师侵蔡。蔡溃，遂伐楚。楚子使与师言曰：‘君处北海，寡人处南海，唯是风马牛不相及也。不虞君之涉吾地也，何故？’”百科词条给出了三种解释，其一指齐楚相距很远，毫无干系，就如同马与牛即便走失，也不会跑到对方的境内；其二指齐楚两国从未有过关系，就像马不会与牛交配一样，强调两国间没有任何联系；其三指牛顺风而行，马逆风而行，意味着两国本就朝着不同方向，彼此无关，也不会发生冲突。虽然三种解释核心意思都是“比喻事物彼此毫不相干”，但是为什么会有三种解释呢？牛马本就不相及，干风何事？不同的解释显然是因为“风”而引起的。

“风”是形声字，甲骨文中形如高冠、长尾的凤鸟之形，小篆从虫，凡声。隶变后楷书写作“風”，汉字简化后写作“风”。本义是指空气流动的自然现象，古人认为“风动虫生，故虫八日而化”。《说文解字注》：“风，八风也。东方曰明庶风，东南曰清明风；南方曰景风，西南曰凉风；西方曰阊阖风，西北曰不周风；北方曰广莫风，东北曰融风。”风的本义对于今天的人们很容易理解，但是风和虫、节气以及方位有关就有点绕，其实也不抽象，因为不同季节会刮不同方位的风，在不同季节产生和活动的“虫”也就不同，风对于“虫”来说既是生命的律动，又是互动的媒介。

在网上查了一下，果然有人撰文对“风马牛不相及”的释义提出严重质疑，并且从自己思考角度给出了新的解释，该文作者认为在古今汉语字（词）典中关于“风”字的条文释义里根本找不到“放逸、走失，或者指兽类雌雄相诱”的解释。“唯是风马牛不相及也”应该断句为“唯是风，马牛不相及也”。他还认为在《左传》成书的春秋时期，马和牛应该是快速的交通工具，比马牛速度更快的非“风”莫属，《左传》的作者想要表达的意思是除了自然界的风以外，即使是像马、牛这样善于奔跑的动物也难以到达这么遥远的地方。作者呼吁对辞典的释义进行修订更正，他还对汉唐以来文人名士乃至近代的梁启超、鲁迅都表示失望，这么长时间对此成语的断句和释义竟然无人怀疑，他果真是发现新大陆了吗?

风驰电掣固然是用来形容速度飞快，千里马在古代也堪比当今赛车，只是彼时的牛能生猛地和马一较高低？还有楚国使者怎么会突然谈到速度问题？查阅了一下春秋时期地图，齐楚两国距离很远是不假（中间隔着八九个小诸侯国家），但是并没有夸张到“北海”与“南海”之遥，齐桓公统率“诸侯之师”击溃的蔡国紧邻楚国，对此时的楚国来说已经兵临城下，无论牛马随时即可入境。按网文的断句意思应该是“唯是风及，马牛不相及也”，但是“风马牛”在此处明显是并列的。“风”本义虽然没有“放逸、走失，或者指兽类雌雄相诱”的直接解释，但是初唐的孔颖达疏引服虔（东汉人）曰：“牝牡相诱谓之风……此言‘风马牛’，谓马牛风逸，牝牡相诱，盖是末界之微事，言此事不相及，故以取喻不相干也。”

古人将兽类雌雄相诱称为“风”，其实这个称呼很形象。虽然现代人对牛马比较陌生，但对发情的猫发出的婴儿般长啼的嚎叫想必都不陌生。想想看，这种嚎叫几乎都发生在有风的季节和天气，似乎这样求偶的荷尔蒙信息才能被更多同类接收到，而狗即便听到也依旧熟睡。如果猫在无风的世界（真空中）嚎叫，即使近在咫尺有同类也会无动于衷。风动虫生的“虫”绝对不限于今人理解的小虫子，别忘了“大虫”可是古人对百兽之王的称谓。还有用于人的词语“风流”“风化”与男女之事密切相关，王尔德入狱的罪名就是“有伤风化”。

记得小时候在乡下姑姑家，每逢母牛发情的季节，姑父便把家里母牛牵到有公牛的邻居家去配种，一般会用棍子将两只牛赶到一起，人们就在一旁抽烟去了。有时候遇到事情不顺利，一次还弄不好，大人们会调侃说：“怎么八竿子都打不到一起啊！”这个俗语在一些场合还经常被说成“八竿子都打不着”，意思大家心照不宣，似乎都明白，可是为什么要打“八竿子”呢？试想，如果将发情的牛赶到马圈里，不用说打“八竿子”，就是打死也成不了事。之所以要打“八竿子”，我认为与前文说的“风”有关，一是风有“兽类雌雄相诱”的意思，二是风有八个不同方向，所谓“八面来风”，由于牛马不同“风”，所以无论从哪个方面来看都毫不相干。至于为什么“打不着”，绝对不是因为打的竿子数太少，或者竿子不够长，而是从四面八方都够不着，彼此根本就没有关系。

回老家省亲时，听母亲说起隔壁邻居杜大妈的事情。杜大妈在我小时候就是远近闻名的媒婆，促成的婚姻不计其数，只是从去年底发誓不再做媒了，现在年轻人都通过各种途径远走高飞，就春节回家见一两面，要撮合成婚事太难了，“这完全是八竿子都打不到一起啊”成了她的口头禅。她女儿春节回来抢白她：“都什么年月了，您就省点儿心吧，还想着为人说媒。”杜大妈生气地说：“你说是什么年月？城市公园里成千上万的父母不是在代替儿女相亲吗？你都三十好几了，我天天在后面拿竿子逼着，你不是也把自己弄成了‘剩女’？”她女儿愤然提前返回城市，邻居们私下里调侃：“忙活了一辈子牵线搭桥，到头来自家事也是八竿子打不着啊！”

在现代城市生活中，牛马已成为历史，尽管我们仍将道路称为“马路”，至于“风情”“风韵”等词也是随风而逝，现代人对“风”的感受也变得模糊而迟钝。回到“风马牛不相及”的典故，楚国使者对齐桓公说的意思用粗俗的话讲就是“您为什么要攻打我们？咱们这完全是八竿子都打不着啊！”所谓礼失而求诸野，这“野”不仅仅是庙堂求助于民间，可能真的是要求助于野外和风土。

2021.1.14

西湖十景——精准中的朦胧之美

西湖，一幅如诗的画卷，融合了清晰与朦胧、明快与阴柔、灵动与凝缓、浪漫与朴素。它是开放与内敛的平衡、自然与人工的和谐、繁华与清寂的交融、雅致与市井的共存、历史与时尚的对话、传说与生活的交织。那么，西湖究竟是什么样的?

华夏大地湖泊众多，西湖之所以独树一帜，与其独特的地理位置和气候条件密切相关。杭州属于亚热带季风气候，四季分明，雨水充沛，江、河、湖、山交融，丘陵山地占据了总面积的三分之二。西湖三面环山，东邻城区，形成了“三面云山一面城”的独特格局。群山以西湖为中心，由近及远分为四个层次，海拔从 50 米至 400 米依次抬升，整体形成层峦叠嶂的地貌景观。在湖中看山景，仰角在 5° 以内，这样的视角，让人仿佛置身于一幅精美的山水画中。正是江南的烟雨和空蒙山色以及独特的水土和气候环境，共同塑造了西湖。试想，如果西湖上空常年是青海湖那样的蓝天白云，会是什么景象? 如果将湖外层峦起伏、若隐若现的群山替换成秦岭或太行山，又将呈现怎样的景色?

“虽为人做，宛若天成”，这句话不仅适用于传统园林，也适用于西湖。从秦代的海湾到东汉的湖与海水隔绝，西湖逐渐淡化，城区逐渐成陆。隋唐以后，杭州陆地面积继续扩展，城市的发展与西湖息息相关。唐代李泌建六井，引西湖甘水入城，促进了城市的发展。白居易修筑白堤，还留下了脍炙人口的诗作。在随后的岁月，西湖并不是一直都水光潋滟、山色空蒙，她曾多次濒临湮灭，甚至“渐成平田”。苏轼赴任杭州太守时西湖就面临着严重问题，以至于他疾呼：“杭之西湖，如人之有目。湖生茭葑，如目之有翳。翳久不治，目亦将废。”他组织二十万民工疏浚西湖，然后利用湖泥葑草，筑成“苏堤”，又自南而北在堤上建造了六座石拱桥。白居易、苏轼对西湖的成全不仅仅是留存至今的白堤和苏堤，他们在杭州留下了大量脍炙人口的诗作使得西湖声名远扬。

五代和两宋时期，尤其是南宋定都杭州，西湖的建设和发展迎来了长足的进步。南宋临安除了增置开湖军兵，修六井阴窦水口，增置水门斗闸等措施，又在西湖四周修建了不少御花园，供皇室、官宦寻欢作乐，这些花园中布置有亭阁斋台、清泉秀石、奇葩异木为西湖景色增光添彩。西湖周边的寺庙、宝塔、经幢、石窟造像，大部分始建于五代时期，吴越国的皇帝们信仰佛教，扩建灵隐寺，新建昭庆寺、净慈寺等，使得杭州有“佛国”之称。这些佛教建筑不仅扩宽和加深了西湖的文化内涵，也进一步扩大了西湖的知名度与影响力。西湖边的忠骨、诗人、名人墓地，以及苏小小、梁山伯与祝英台、白娘子与许仙等传说，赋予了西湖无限的凄美与浪漫。

西湖的景色不仅仅是风花雪月与阳春白雪的，她还是柴米油盐与下里巴人的。游客在西湖除了陶醉于如诗如画的美景外，还能体验到西湖活色生香的另一面。东坡肉、叫花鸡、西湖醋鱼、龙井虾仁与莼菜汤是地道的西湖美食。游玩结束，西湖龙井、西湖藕粉、天堂雨伞、杭州丝绸是必不可少的纪念品，大俗大雅不经意间就变得浑然一体。

西湖的美景难以言喻，“西湖十景”源自南宋山水画，流传至今，即便未亲至西湖的人也能略知一二。西湖十景中按四季依次为苏堤春晓、曲苑风荷、平湖秋月、断桥残雪；按早晚时间分别为苏堤春晓、雷峰夕照、南屏晚钟、三潭印月；按听觉分别为柳浪闻莺、南屏晚钟；按视觉高低远近分别为双峰插云、雷峰夕照与花港观鱼、三潭印月。这些名字从文字上看既对仗又互文，恰如身处西湖的感觉，每个景点似乎都能一一分辨，但是又都浑然而一体。自然的景致无论有名没名都客观地存在着，人为的命名如同诗词的点化作用，对景色的形象概括与意境升华作用不可小觑，此所谓：“无名天地之始；有名万物之母。故常无，欲以观其妙；常有，欲以观其徼。”十景之名对西湖的描述是四季的、昼夜的、可视的、可闻的、近观的、远望的、自然的、人文的……这些名字既直白又含蓄，并且极具诗情画意，但是又洗尽铅华。

如果说时空的维度是自然客观的，但是因为人文历史与市井生活的介入，这时空就不再那么纯粹与客观了。春晓年年有，可是苏堤上的春晓因为东坡与西湖的佳话却是别有风韵的；洪荒的夕阳因为雷峰塔影而灿烂无比，更因为人蛇相恋传说的奇缘而浪漫悲情；净慈寺悠扬的钟声让西湖显得更加平和而悠然；如果说花港观鱼与柳浪闻莺是亮丽欢快的，那么平湖秋月与断桥残雪则是朦胧孤寂的，双峰插云与三潭印月则是缥缈虚幻的。时空如果没有边界的限定和人文的浸润，则意味着洪荒无边与野蛮黑暗，如果限定太死又意味着华而不实与繁文缛节。西湖十景在时空中是有着明确的对象和边界的，如同“看山就是山”一般的真切；往来之人临湖兴叹，西湖如同一面镜子，照出了不同的自我，这湖光就变得“看山不是山”一样的朦胧；往古来今，兴废存亡，万千人矣，湖光山色依旧，此谓之“看山还是山”。这样看来，西湖又是开放与无垠的，平湖秋月，把酒临风，得意妄言。

西湖又名钱塘湖，所以元朝就有了“钱塘十景”的说法。康乾盛世，御驾南下，对西湖十景又有御笔钦点。及至改革开放，西湖先后疏浚整治，又有了“新西湖十景”与“三评西湖十景”。这些后来的“十景”仅仅从文字来看对仗都颇为工整，也都颇有意味，如“满陇桂雨”“云溪竹径”等名字颇为不俗，只是边界越扩越大，远非西湖所能包容，显得就有点隔阂，而不像南宋西湖十景那样既直接，又有余韵。

杭州市中心最大的广场叫作“西湖文化广场”，在这里却看不到西湖，只是被京杭大运河环绕。杭州的开发商在售楼书中无不强调与西湖的联系，哪怕楼盘远在距离西湖十多千米之外。杭州城市的快速发展显然溢出了西湖影响能涵盖的范围，于是在 21 世纪初，杭州市政府提出了“从西湖时代走向钱江时代”的口号，西湖与钱江本为一体，因为城市建设筑堤修路使得江、湖两分，如今由于城市格局与空间发展的需要，西湖与钱江再次“相遇”而“融合”，山水文化的积淀在新的时代将延续而发扬光大。

西湖之成因与闻名既得益于天时、地利与人和，还有赖于恰如其分的点题命名，种种机缘成全了西湖，一切都显得恰如其分，每个景色既是非常“精准”的，但各自呈现的意境却又是开放而“模糊”的，唯其如此，才耐人寻味。正如世界遗产委员会对西湖的评价：“杭州西湖文化景观是一个杰出典范，它极为清晰地展现了中国景观的美学思想，对中国乃至世界的园林设计影响深远。”西湖独特的东方意境美学特质是对人类文化的最大贡献之一。

2021.2.22

在河之州

回想起来，我中学时代的生活范围仅限于几十里之内，这让我感到一丝惭愧。高考填报志愿时，我选择了远方，大学时期活动范围逐渐扩大，东奔西走，足迹遍布国内外，虽多是走马观花，倒也如愿以偿地“行万里路”。不惑之年回首，才发现身为西北人，我竟然只到过西北五省中的一个——并且还是自己的出生地！

国庆前到西安出差，这次办完事没有一如既往地返回江南，而是坐上了开往西北方向的火车，黄昏时分的窗外，天低云暗，云缝迸出如金的夕阳，群山明灭而退，穿过若干山洞后，竟然电闪雷鸣，火车似乎奔向了远古的世界。终点站到了，风平浪静，眼前灯火辉煌，水果鲜艳如滴，吃食香气缭绕，人流接踵摩肩，这就是兰州了？

大学前，我生活在一个小县城，一条名叫“西兰公路”的国道穿城而过。西安虽近在咫尺，却未曾踏足，似乎因为距离近而少了几分向往。相比之下，另一头的兰州显得遥远而神秘。至今记得在我七八岁时，一位在兰州工作的远方亲戚来探望父母，他拎着一只黑色的人造革皮包，上面除了印有“兰州”的字样，还印着和天安门广场路灯一样的图案。20 世纪 80 年代，《读者文摘》（1993 年改名为《读者》）一纸风行，“兰州”

就这样走进了千家万户，再后来，无数的“兰州拉面”开遍了祖国的大街小巷，温暖了无数人的胃，尽管大家都知道在兰州并没有“兰州拉面”，但是这又能怎么样呢？“黄河远上白云间，一片孤城万仞山。羌笛何须怨杨柳，春风不度玉门关。”王之涣的这首大气磅礴的诗名为《凉州词》，可是无数人都认为这首诗写于兰州，也只有兰州才有这样的河山！

秋高气爽，天气微凉。兰州人的一天生活是从一碗拉面开始的，许多戴着红领巾的小朋友坐在店门口的矮桌前，对着比自己脑袋还大的碗“哧溜、哧溜”地吸着面，脸蛋红扑扑的。店里人满为患，不少人端着大碗蹲在店门口，头上热气腾腾。人行道上杨柳依依，掩映在其中的路牌上写着“一只船南路”，让人有“门泊东吴万里船”的错觉。

走到兰州大学，云散日出，本以为可以体验到岁月留下的沧桑感，结果大多数楼的外立面都被翻新，还有一些楼正在翻新，老图书馆比较有特点，只是进不去。走出质朴敦实的校门，骑车前往“霍去病主题公园”，到跟前才发现公园是新建的，入口在高处一览无余，圆形广场中央有一尊持枪骑马的雕像屹立在高高的基座上，目视着远山近水，但和广场一侧两百米左右高的楼相比真是小巫见大巫。张望了一眼，掉头而去，这次才发现这条路上的路灯比较特别，与我儿时在亲戚包上看到的一样，也和天安门广场上的路灯形式一样。

从天水北路右转到“读者大道”，这条路上绿化很好，白杨在秋风中哗哗作响。终于到了读者出版集团门口，看到了“小蜜蜂”的标识，边上也有人如我一般驻足拍照，想必也是来朝拜的。这么多年了我还是异常清晰地记得初二冬天的那个周末早晨，大雪初霁，我骑车到邮局买到了新的《读者文摘》。那天的白雪、阳光和油墨香留存至今。1996 年到武汉读大学，校门口有条夜市，晚上热闹异常，旧书店会把一些旧书和杂志堆在地摊上出售，我花了近一年时间，竟然淘齐了前一百期的《读者文摘》，大学毕业托运回老家，亲戚借阅归还时却散失了若干本。

午饭又是一大碗牛肉面，这次是在传说中的“马子禄面馆”吃的，按图索骥一路找过来，与早上吃的面也没有特别大的不同，只是这里的牛肉真香，饭后买了二斤熟牛肉。奇怪而又惊讶的是街上有很多阳澄湖大闸蟹的宣传广告，沿街还看到不少湖蟹的专卖店，真不知道“阳澄湖”到底有多大，水有多深，可以养这么多螃蟹。

远远地就望见了黄河上的第一座桥梁——中山大桥。桥的南端，摩天大楼耸立，市井生活繁华喧嚣；桥的北端，古寺庙宇连绵，香烟缭绕中透露出一份宁静与孤寂。这座大桥如同纽带，将两种截然不同的生活紧密相连。大桥始建于 1906 年，1909 年竣工通行。它不仅是黄河上第一座真正意义上的桥梁，也是中国走向现代化的重要见证。2019 年，中山大桥还被列入中国工业遗产保护名录。过桥拾级而上，到白塔山公园顶，大半个兰州城尽收眼底，奔腾的黄河逶迤而去。这个公园是设计大师任震英于 1958 年规划设计的，1960 年建成开放。他利用兰州市区内拆除的古建筑构件重新组合设计，并亲自与数百名工匠一起动手修建了这座傍山公园。著名建筑学家梁思成先生写信给任震英说:“我非常欣赏你的‘回锅肉’，它为兰州添了一景。”

位于黄河之滨的“西北师范大学”，是作家韩松落的母校。

在书稿中，他曾附上一张自己在校园高墙下的照片，那是他青春岁月的见证。最近几年陆陆续续地读了韩松落的《为了报仇看电影》《怒河春醒》《我口袋里的星辰如沙砾》等书。兰州是他的根据地，黄河是纽带，他徘徊在两岸，其间人事纷纷。他在文章中写道："每个月《大众电影》来的那天，等于是小型的节日，大家都隐隐地有种欢喜，因为有《大众电影》可以看，全家通通看过后，妈妈就收回去，临睡觉前，点着床边的灯，再细细看一遍。妈妈这临睡前看《大众电影》的习惯，我一直觉得有种难言的优雅和自信在里面，但是学也学不来。1999年妈妈去世，留给我们一大箱子《当代》和《大众电影》。"看到这里也就不奇怪他为什么会喜欢电影，影评为什么写得这么好，还有为什么他会这么细腻而忧郁。他在《兰州，最后一曲蓝调》长文中用他和颜峻两个人的故事，把兰州那些年的年轻人状态也细腻地刻画了出来，他还写了一篇名为《河流是一座城市的幸运》的文章。我非常羡慕那些在江河边出生长大的人，他们都是些幸运的人。至今我还清晰地记得小学二年级刚放暑假，我和小伙伴回家扔掉书包，带了竹篮和绳子，步行七八里地去沟底抓鱼的情景。那是我人生中第一次见到河流，虽然只有两三米宽，我们顾不上打湿的鞋子，分别在河两岸用绳子拉着竹篮溯流而上，拎起篮子时里面竟蹦跳着两三条小鱼，那银样的光至今还一闪一闪的。

之所以一时兴起到兰州，很大一个原因就是想感受一下韩松落的兰州，感受一下他笔下黄河的气息。近二十年的城市变化可谓天翻地覆，有憧憬，有拼搏，有撕裂，也有失落，匆匆过客，难言冷暖辛酸。《怒河春醒》一书中张海龙的推荐语是：

“所谓怒河春醒，就是冰河一寸寸开裂，是北方大河的盛大节日，是一个人的泥沙俱下，是他自己的破冰之旅，然后从此浩浩荡荡，奔流至海。”这种“春醒”的感受非得先有漫长严冬的蛰伏，而后才能体会到那“怒河”的咆哮与浩荡。前年底拙作《西北偏北》出版后，我在网上搜索书名时首先跳出来的是《西北偏北男人带刀》，因为多了后面四个字，感觉扑面而来的是粗犷与豪气，作者正是这位写推荐语的张海龙。他在兰州出生长大，毕业于西北师范大学，在兰州工作多年，现在竟然也如我一样在杭州工作，也许有相遇的一天。

挥挥衣袖，作别白塔云影，下山过桥去对岸参观甘肃省博物馆。一楼的临时展厅里正在展出毕加索与达利的画，逐一看了这些画作，再屏住呼吸上到二楼的展厅，“马踏飞燕，马踏飞燕？马踏飞燕！”我在心里大喊了三声，转了几圈后再驻足。最后到纪念品售卖店，看到严重走形和绿油油的“马踏飞燕”复制品，掉头又跑回展厅对着真品转了几圈，才依依不舍而别。

随着黄昏的临近，我并未匆忙赶往机场，而是选择在兰州的大街小巷中漫步，沉浸在这座城市独有的节奏和脉动之中。街道两旁，新炒的瓜子、新鲜的青皮核桃、硕大的石榴和乒乓球大小的枣子，这些兰州的土特产被我一一收入行囊，加上之前购买的两斤牛肉，我的背包被塞得满满当当，仿佛装下了整个兰州的风味。四天后，中秋月圆之夜，这些来自兰州的土特产将出现在江南的家中饭桌上，或许它们能让那轮圆月也沾染上兰州独有的气息，让远方的思念与家乡的温暖在月光下交融。

2019.8.10

双城记——『江城』与『再会，老北京』

三十年前的涪陵和今天相比最大的变化是什么？涪陵与北京之间存在可比性吗？今日的展望成为明日的历史，未来的城市和生活是否会更加美好？将《江城》和《再会，老北京》放在一起进行对比阅读是很有意思的,因为它们有不少相似之处，但是又有着明显的差别。《江城》成书于 1998 年底，《再会，老北京》成书于 2009 年初，两本书完成时间前后相差十年，然而书中所写的城市和生活场景今天读来却有沧海桑田之感，可谓“此情可待成追忆，只是当时已惘然”。

（一）

《江城》记录了在 1996 年 8 月到 1998 年 6 月两年间，作者海斯勒作为“美国和平队”的一员，在涪陵支教期间的所见所闻及所感。全书以作者在涪陵师专（现长江师范学院）的两年支教生活为主线，按时间顺序展开。作者通过描述在师专的从教生活、涪陵的城市状态、周边乡村图景以及假期旅游经历，用纪实的语言记录了他眼中的中国和中国人。作者在此基础上还穿插交代了插旗山、白鹤梁等当地的历史文化沿革。在这些貌似普通无奇的生活中，历史的巨轮却行驶过了邓小平逝世、香港回归、三峡大坝蓄水的“长江三峡”。

《再会，老北京》的作者为了体验北京南城大栅栏百姓的日常生活，于2005年搬进了原宣武区的杨梅竹斜街，以志愿者的身份去炭儿胡同小学当了一名英语教师。他把自己融入北京普通居民的生活中，观察和体会着北京奥运会与旧城改造对民众生活带来的变化，但他的眼光又不局限于这些。他查阅了大量的文献资料，对北京城的起源、城市的变迁、胡同的沿革乃至北京的风俗人情做了一番梳理，透过历史的烟云，寻找近代历史上的北京与现实的北京在城市发展与变迁过程中所显示出的文化心理与基因。

在海斯勒的笔下，涪陵展现出一种复杂的双重性——既熟悉又陌生，正如麦尔所描绘的北京，这种双重性让我们在阅读时产生了强烈的共鸣。许多场景熟悉到熟视无睹，或者本来就是那个样子，我们不会再多看一眼多问一句。然而文化的差异性和初到中国的新鲜感让两位作者笔下的场景充满了异质经验，也让我们阅读的时候产生了很强的陌生感。这种陌生感并非源于真正的不熟悉，而是源于距离，距离不仅孕育了美感，也激发了我们对日常事物进行陌生化思考的能力。他们提供给我们一种观察自我的方式，通过对熟悉生活的重新叙述，察觉出其中的文化冲突——“这不仅仅是缘于中西方文明的差异，而是觉醒的个体与模糊的群体之间日益分明的冲突”。有的人身处异乡却能淡然处之，甚至融为一体；而有的觉醒的个体身处故乡却成了另类的异乡者，尤其是在剧变的时代更是如此，我们需要自我突围从而消除这种熟视无睹的隔膜。

难能可贵的是，作者在书中并没有作壁上观，装成客观公正的样子，而是完全把自己融入了进去，毫不掩盖自己的喜好和厌恶，也不吝惜笔墨书写他们个人的生活情况，这就和那些貌似客观公正，实则生硬冷漠的社会分析文本区别开来，更容易把读者带进去，让人在其中或哭笑或唏嘘。同时他们也避免了纯文学作者式的个人感怀，沉溺于一己情绪的抒发，其中有客观的记录，也有公正的分析和评判。他们敏感而锐利，对于他们所感受到的中西文化的冲突，以及中国社会中的某些怪象，都会情不自禁地“愤青”一下。

（二）

尽管《江城》和《再会，老北京》被归类为纪实文学，且根植于新闻写作，但作者深入的观察、研究和生活体验，以及他们所描述城市的快速变迁，赋予了这些作品超越时间的“历史”价值。他们对快速变革的城市和社会更多的是报以理解和同情。海斯勒写道：“在中国居住得越久，就越担心人们对快速变化做出的反应……我从不反对进步。我明白，他们为什么那么急切地渴望摆脱贫困，我对他们愿意努力工作，愿意适应变化怀着一种深深的崇敬。但是如果这个过程来得太快，是要付出代价的。”

《江城》全书条理分明、结构对称，以两年教学的时间将全书划分为两部分。每章各有两个标题，一个主标题加一个子标题，但是它们并非附属关系。主标题暗示着作者在那段时间遭遇的中心事件：有中国特色的莎士比亚、跑步、大坝、鸦片战争、暴风雨、暑假、中国生活、钱、农历新年、又一春。子标题的第一部分中都与地理有关：城市、插旗山、白鹤梁、乌江、白山坪，而且借助地理环境描写还交代了发生在涪陵的历史事件（诸如太平天国运动和红军强渡大渡河），还描写了江心石梁题刻的历史渊源；子标题第二部分则与不同职业的人有关：神甫、老板、老师、土地（相当于农民）、长江（船务与渔民），这些形形色色的人性格鲜明而立体，让涪陵变得鲜活而生机勃勃。在此基础上还有内外两条交织的线索。全书紧紧围绕涪陵的方方面面展开，这算是内在的一条线索。另一条线是作者利用寒暑假走出了涪陵，分别去了重庆市和长江三峡，尤其是用不少篇幅描写了自己去延安、榆林、西安和新疆的见闻，这些貌似与江城无关，实则江城的生活经验是作者认识和判断旅途见闻的基本参照，反过来路上的见闻也使得他重新认识江城。

《再会，老北京》也采用了明暗和内外双线交织的写作结构。明线是“北京拆之简史”，围绕老北京胡同的拆与保护，道尽了六百年北京城建的重重矛盾。麦尔并没有如许多作者那样，简单站到传统保护人士的队伍中，由于他不是城市规划专业人士，但是他对柯布西耶的“城市工具论”、雅各布斯的“多样性城市”都有较为深入的研究和思考，并且他还拜访了中国建筑学会会长、著名建筑师张永和、著名文化遗产保护学者冯骥才、SOHO 总裁张欣等人，他还对梁思成与老北京的命运进行了梳理与思考,他试图从专业人士那里寻求挽救老北京的“灵丹妙药”，然而“无形巨手”的力量是那样强大，它不动声色地决定着老北京以及生活在其中的人们的命运。

暗线则是一年四季变化中作者的工作与胡同中居民的日常生活。这里有可爱的朱老师和她“野蛮生长”的学生们，有据理力争的“钉子户”老张、痴迷养鸽子的小刘爸爸、开面馆的退伍军人刘老兵、渴望当老板的废品王、开手机修理店的韩先生夫妇……身上飘着“飞马牌”香烟的老寡妇则每时每刻都在关心着麦尔的温饱:“小梅！听我说，上课之前你必须吃个饭。”可以说一开始吸引作者的是老北京的建筑，但是随着他在胡同的持续生活，这本书的主题就成了人，成了以胡同为舞台形成的紧密社会网络，他这才意识到，最需要保护的原来是这种独具特色的生活方式。

此外，在紧紧围绕以北京为核心的内线写作的同时，作者还开辟了一条外线作为参照。在北京的八年中，他也去了越南河内、法国巴黎、老挝琅勃拉邦和英国伦敦，去看看这些古城保护的经验与教训，希冀自己能为北京找到一条可以借鉴的道路。当然，最后的结论可想而知，那就是没有经验可以照搬和借鉴，北京的情况与所有世界首都和古城都不同。琅勃拉邦已经完全沦为旅游城市，巴黎和伦敦走过的“拆盖之路”又完全不同。河内在麦尔眼中是古城保护的典范，但其经济情况与北京显然不可同日而语。北京该何去何从？这还要留给我们身在北京城之中的人去思考和探索。

（三）

二十年、三十年时间在历史的长河中短暂得只是一瞬，甚至对于一棵树来说都来不及长得枝繁叶茂，然而对于中国的城市和人们的生活来说这二三十年来变化实在太大了。无论小小的“江城涪陵”还是巨无霸的“都市北京”的变化，对身处其中的人来说都有沧海桑田之感。蓦然回首，不知道以今观昔这两座城市的发展是否如愿以偿？生活其中的人们得到了什么又失去了什么？社会的巨变使得大多数人成了“大地上的异乡者”，甚至成了“故乡的异乡人”。

《江城》前后版本封面有了很大的变化，第一版的封面是两山间的江景，远处红日朦胧，近处船夫倾力用竹篙在撑船，画面的自然景象令人神往；而十年后的新版封面江水就剩下了一窄条，依山而上的建筑层层叠叠，近处是一条钢筋水泥高架道路，城市长成了庞然大物，山水却不见了……当年海斯勒支教的“涪陵师专”也已改名为“长江师范学院”，才二十年左右的时间，学校人数由两千多激增到两万多，原校门外建起了一座万达广场，原有校址也被全部拆除。1996 年从涪陵去重庆只能坐船或者步行，那个时候涪陵没有通往重庆的高速公路和铁路，坐慢船需要一个通宵，票价 24 元，坐速度快的船也需要五六个小时，票价 80 元。而现在从涪陵到重庆市区不仅有高速公路，还有高铁，高铁单程只需要 40 分钟左右，票价仅 28.5 元，并且一天有 20 多趟车次。海斯勒回到今天的涪陵一定会“当惊世界殊”，可惜他熟悉的场景都不在了。

同样麦尔再也回不去他熟悉的大栅栏胡同了，因为如他英文书名所写——老北京消失了，他认为“从某种程度上来说，老城区的中心正在回归其旧有的作用，变成权贵和精英阶层寻欢作乐的场所”，可谓一语中的。他也没有一味从文化遗产保护立场对北京的现代化建设进行一边倒的批判，而是把遗产保护与城市建设的矛盾，把居民保留旧有生活习惯和改善居住条件的两难境地真实地反映出来。麦尔在访谈中说道：“虽然我是个美国人，但是在纽约，我是那里的陌生人……我对中国有归属感，但对北京真的没有了，因为我跟我爱人谈恋爱时喜欢去的地方都被拆了。比如说，周末的时候，我们喜欢从新街口往南走，走到西四，再走到平安大道，后来积水潭到西四以及平安大道都被拆了。还有东直门到东四十条，也拆了。原先在故宫，冬天可以滑冰，现在是禁止的。你看，我变成老人了，说的只不过是十年之前的北京，但听起来好像五十年之前的样子……在北京面前，我们都老了。我跟新北京已经没有太大的关系，也没有太大的兴趣了。”

致力于文化遗产保护的冯骥才说：“20 世纪 60 年代和 20 世纪 70 年代，我们愤怒地毁掉了自己的文化。从 20 世纪 80 年代到现在，我们快乐地毁掉自己的文化。”我们的旅游景点，更多的时候变成了布景式的旅游，集合商家和演员，拆毁旧的，仿造个假古董，表演给游客看，这俨然成了居伊 · 德波笔下的“景观社会”。相比书里的故事，江南水乡乌镇和西塘算是很幸运的，因为没有被拆迁（将来应该也不会被拆迁了），那里已经成了历史保护区的一部分，但是味道却完全变了，因为原住居民基本都搬走了，整个古镇成了商业街。不只拆迁会让老城消失，城市的迅速扩张以及不断涌入的人口，也会让最原始的东西逐渐消失，最终我们的生活也会被彻底改变。在城市化进程中，我们需要保护看得见的文化遗产，更需要保护的是那种独具特色的生活方式。这些年我们也在反思和总结经验，只是如何来驾驭社会发展的速度和方向就变得更为重要了。

（四）

1997 年，还在涪陵支教的海斯勒收到大学导师约翰 · 迈克菲的邮件："涪陵就是故事本身，涪陵是一本书。我觉得你应该下决心来写一本书，刻不容缓，要么从这个暑假开始，要么等你的两年服务期一结束就开始……"为什么一个远在地球另一侧并且从来没有到过涪陵的西方学者会有这样的敏感度？这值得我们思考，而海斯勒谈起那段支教生活时却这样写道："我要时刻谨记，我成为一名记者，不是为了拯救什么人，也不是为了在这个世界上留下什么不可磨灭的印记。事实上，在这两年多来，我没有建立过什么，没有推动过什么变革，也没有对他人命运做出过重大改变……这个时代变化太快了，人人都被裹挟其中随波逐流。所以，不要去苛责谁，那些都是自然的。"这种态度是值得让人尊敬的。

海斯勒和麦尔在中国剧变的时代，"碰巧"分别在涪陵和北京工作和生活过一段时间，这段生活对他们的人生影响是巨大的，这绝不是文化差异或者落后的生活条件给他们留下的印象，而是他们深刻体验到了这里与西方（美国）文化完全不一样的生活方式的可贵性，从而发出了由衷的热爱，并且诉诸文字，这应该看作他们对西方文化和生活方式进行反省而产生的张力。海斯勒在来涪陵支教前大学研究生刚毕业，对未来的生活也是一片茫然，在涪陵的支教让他从西方现代文学理论的牢笼中解脱出来，呼吸着在发达国家早已成为历史的乡土气息。他写道："涪陵是我开始认识中国的地方，也是让我成为一个作家的地方。在那里的两年生活经历是一种重生，它把我变成了一个全新的人……不是每一个地方都能够提供非虚构写作的土壤的，美国有，欧洲没有，中国却有。她国土辽阔，人口众多，又身处一个变化多端的时代。对于非虚构写作的作者而言，这是一个黄金时代。”海斯勒在四川大学的最后一课上留给学生的赠言是：“时间就在这里，事情就在发生，请你们记录一切。”

长期处于相同环境中，人们可能对周围发生的一切变得麻木不仁了。然而，外来者的客观叙述如同一面明镜，不仅反映了现实，也促使我们深刻反思自身的行为和态度。自贸易战和新冠肺炎流行以来的全球格局发生了重大的变化，我们需要重新审视国际局势和社会发展，随着一个个个体持续地观察记录和觉醒，最终所产生的力量不可忽视。还有我们的城市化进程也发展到了一个新的阶段，我们最终的目标绝对不应该以西方现代化城市为样板，我们既要走现代化之路，又要兼顾自己历史文化中的独特之处，这其实也是为世界文化的多元性做出了自己的贡献。日本学者和辻哲郎的代表作《风土》一书的核心观点是：“世界史必须给不同风土的各国人民留出他们各自的位置。”同样道理，在同一个国家乃至一个城市内也应该给不同风土民俗的人们留出各自的位置。

2022.9.03

是地域还是地标——当下建筑设计的标与本

（一）民居的地域性

一位编辑朋友联系我，说她要编辑一本关于当下民居的书，这让我很惊讶。传统民居可谓因地制宜，无论形式、材料还是建造工艺都极具地方特色，诸如北京四合院、云南一颗印、徽州马头墙、陕西窑洞、永定土楼……而当下的民居是什么样子呢？或者当下还有民居吗？我问她开发商建造的高层房子算民居吗？答曰不是。那些排屋与别墅算吗？也不算是。难道会是那些被市民和专业人士调侃为与公共厕所有几分相似、贴满白瓷片的农民房吗？

朋友的书如期做了出来，所选案例不多，但是设计感都很强，也都很典型——相当一部分是建筑师的自宅，其中一幢建在农村水边的房子还是“网红”，据说设计者是一名刚毕业不久的建筑系学生。这些案例无论身处乡村还是闹市，都显得特立独行。我不知道这些极具个性的房子算不算民居？

传统的民居都是处在相对封闭的环境中，随着当地人们的生活方式与习惯自然而然建造起来的，而且是以群体面貌出现的。这些房子有着共同的历史印迹与记忆，可以说是当地风俗的物质化与形象化呈现，也是熟人社会的产物，体现着男女有别、内外有序、尊卑分明、长幼有序的人伦关系。这些民居虽然在外观形式上有着一目了然的特点，但是与所处地形、气候、经济、文化、材料乃至生活习惯更有着内在的紧密联系，视觉呈现仅仅是一个方面，甚至不是主要的方面。在一处传统的民居里，可以体验到温度的冷暖、味道的厚薄与声音的急缓，更为重要的是还能感受到岁月的印迹——如光滑的石阶、斑驳的粉墙、包浆的把手和烟熏火燎的屋檐，从中可以读出居民的前世今生和对未来的希冀追求。

在当前城市化和土地政策的双重影响下，许多农村地区出现了人口流失现象,导致农村地区的活力和经济活动大幅减少。这种趋势不仅影响了农村的经济发展，也对传统民居的保护和传承提出了挑战。农村建房基本既没有专业设计师的参与，也没有传统工匠的工艺支撑，由于经济条件的限制，许多房屋建造得较为简易，不少成了对城市建筑的滑稽模仿。其实这也不奇怪，近现代以来传统家庭的结构变小、变弱，交通与通信手段的进步使得时空压缩和交流频繁，社会快速发展与人口高流动性瓦解了曾经的生产关系与生活状态，也瓦解了旧有的宗族制度与人伦观念，与之对应的生活形态建筑也被瓦解，而新的稳定的生活模式尚未建立起来，农村的自建房也正是当下农民生活状态的真实反映。

（二）公共建筑的地标性

相对民居的地域性来说，公共建筑更具有地标性。无论西方的教堂、浴场、剧院，还是东方的寺庙、祠堂和宫城，它们都是曾经社会的地标建筑。近现代以来，随着社会的发展而兴起的火车站、电影院、博物馆、医院、邮局、商场、写字楼等建筑，都是随着现代城市发展而诞生的。起初这些建筑无论体量、功能与形式，还是材料、建造与工艺都足以成为一个地方的地标性建筑。只是传统的地标性建筑更多体现了神性和皇权，具有极强的仪式感，无论教堂还是祠堂，更多的是为了共同的信仰而存在着，而近现代城市的地标性建筑则更多反映了人性与资本的欲望，追求的是舒适与效率。这些公共建筑数量众多，容纳人数巨大，使用频繁，为了方便公众识别、商业宣传乃至城市象征，这使得它们天然地就具有地标性。

当下城市建筑的地域性越来越模糊，精神性也越来越稀薄，新兴的城市更是过度地追求商业性和实用性。无论政府部门还是商业主体，对公共建筑的地标性都是特别的重视与追求，建筑师在设计方案时经常被要求“具有强烈的地标性”“成为城市的新名片”“确保五十年不落后”……其实这些要求到底对应着什么衡量标准，谁也说不清。大量的新城基本是从一张“白纸”发展起来的，先期建造一些地标性的公共建筑成了经营城市的首选之举，那些孤零零的地标建筑如同先遣队一样，等待着后面建设的城市建筑来助阵。

传统的地标性建筑都极具地域性，而当下诸如国家大剧院、央视大楼等公共建筑都很有地标性，但是无论从哪一面看都很难说具有地域性。我们大量的地标性建筑由于种种原因，不少方案是由境外建筑师做的设计，这个决定显然不是从建筑的地域性出发考虑的；还有，即使是本土的知名建筑师也很少始终在同一个地方进行设计创作，对于陌生环境的把握多数情况也是流于形式的；当下的地标性公共建筑的建筑师在选用材料时也很少或者说很难只考虑当地的材料，大多数的材料都是来自外地甚至外国。因为人工照明和空调的广泛采用，建筑师在选材以及设计窗户大小时，很少对当地气候乃至朝向进行认真考虑，可以说大型的公共建筑相对于我们传统社会与生活本来就是一个新生事物。我们一方面要应对新的生活方式，另一方面要学习摸索与之对应的建筑形式，既要传承又要创新，这极其困难。更为要命的是，尽管我们时常以五千年文明传承为荣，但在现代都市中，能够延续使用超过半个世纪的建筑却并不多见。建筑师在设计中要传承历史文化基本就成自话自说。

大多数的建筑师和业主内心都希望自己的方案会成为像悉尼歌剧院那样的经典作品，这样的追求和希望本来无可厚非，可是我们前期的决策和后期的实施工艺、资金及建设周期等根本就没有为此做好准备。一个夸张的建筑形式似乎就代表了一切，实际的情形是相当一部分公共建筑最后沦为了布景式的房子，如同道具一般屹立在城市中。

（三）现代性与地域性的纠缠

无论地域性还是地标性，更多的是指向空间，而随着现代社会的到来，科技与进步的观念成了绝对的主流意识。在近百年的发展历程中，我们习惯以“发展差距”来衡量经济、科技、教育及城市建设等各个领域，这使得追求变革与创新成为首要任务，快速发展成为普遍共识。在这一过程中，由于一时创造不出适合我们国家与民族的新建筑，破旧容易立新难，最后导致了千城一面的景象。

当年梁思成先生也面临着同样的困惑，那时的中国建筑无疑是极具地域性的，也不乏地标性建筑，但是面对西方强势的“科学”与“进化论”观念，为了给中国建筑在国际上争得一席之地，梁先生对中国建筑史的阐述也是遵循着“科学”与“进化论”的观念来谈中国建筑文化与艺术的。“大屋顶”形制与色彩存在的基础是皇权与严格的等级制度，如同西方的教堂，不同宗教的教堂也有着严格的形制。当然，后人可以只从技术、材料、工艺与文化角度对其分析和解读，但这仅仅是其表象的一个方面，并且也不是关键部分。随着现代建筑兴起，我们对“大屋顶”与“斗拱”纠缠了近一个世纪，直至上海世博会还在为中国馆的风格争论。当年香山饭店落成，不少人对贝聿铭在北方采用了江南园林式的建筑手法很有看法，其实贝先生在当时的访谈中更在乎的是“中国建筑的现代化之路”，而不是南方还是北方的地域性问题。

博物馆与美术馆无疑是最具代表性的公共建筑，并且因为其内部集中展示着一个国家、民族与地方文明与艺术的精华，所以博物馆建筑本身的文化性与地域性就变得尤为重要。南京博物院（前身为“国立中央博物院筹备处”）是近代中国筹建的第一个国家级博物馆，当年招标文件明确要求建筑风格为“中国固有之形式”，中标的方案主体建筑采用了明清大屋顶形式。后来梁思成先生本着文化溯源与科学求真的精神，利用古建调研结合《营造法式》规则，将主体建筑屋顶由明清样式改为了仿辽式，其后的大半个世纪我们建造的博物馆（重要公共建筑）更多也是在追溯历史，试图既能继承传统文化，又能开拓创新。

当下新建的文化建筑除了规模惊人外，无一例外都特别强调和重视如何体现地方文化特色，作为设计者，常常面临困惑与困境——因为多数地方的传统文化都是存在于传说和故纸堆里。何况即使曾经的建筑和生活都保留延续着，要适应当下的生活和功能，在设计时做到创造性的转换也非易事。一些所谓立足于（当地）传统文化的建筑设计方案，其实更多的是搬弄符号，常见的是对“斗拱”“花窗”和“屋顶”等传统建筑元素符号的变形和应用，更为夸张的是不少所谓的文化建筑竟然是对“玉琮”“铜鼎”“铜鼓”“笙”“埙”等器物的放大，要知道蚂蚁放大一万倍就成了恐龙。说到底，骨子里还是利用所谓的历史文化在“包装”地标性建筑，文化仅仅是个符号与幌子罢了。

我们当下博物馆展出的内容都很传统，展品基本都是出土的文物，按历史年代顺序展出，不同展馆展出的内容和方式很同质化。传统的文物体型都不大，而且数量也很有限，按现在新建大型规模的展馆容量，一个省建造一两个大型博物馆就足以容纳这些文物。而不少地方新建场馆规模巨大，由于展品有限，空间就显得异常高大和空洞，文物不足就制作写真场景，再用声光电讲述历史故事，那些拆除的老房子和街巷竟然在博物馆室内“复活”了。由于我们的博物馆基本不展出现当代的物件和艺术品，这实在是一个很有意思的现象，我们虽然一方面在极力追求着现代化与进步，而另一方面在内心却用历史与传统拒斥着现代化的结果，街上随处可见以这种心态下设计、建造的房子。

（四）缺失的主角

传统的村落经过近现代的动荡和变迁，在城市建设的过程中逐渐消失。但是前些年各地兴起的文化村和近几年如火如荼的民宿却是热闹异常。这些文化村和民宿当然也是本着利用当地自然与文化资源，充分挖掘地域特色而设计兴建的。姑且不说这些雷同的宣传模式，其背后的心态无非是想借地域特色而走出去，所以更多地充满了对外来消费者的迎合，以期获得商业的成功，如果真的如同“肯德基”那样成功倒也罢了。

无论什么村还是什么民宿，或者各类公共建筑，都应该有“主角”——也就是具体实际的使用者，现实的情形是主角往往缺失。传统的乡村因为外出人员太多而萧条破败，热卖的异域风情的房子不知何人居住，还有一些古镇古村为了发展旅游就把原住居民整体搬迁出来，更夸张的是仿造或者“复原”大量古建筑。这些房子没有了具体的使用者，它们更多是为了名利而存在。大量的公共建筑由于缺少系统性的策划，加之决策过程中基本没有公众的参与（甚至连具体使用对象都不清楚），最后导致不少建筑使用率很低，公众对于这些建筑的印象和理解就成了符号式的形象，千奇百怪的建筑外号不胫而走。

国庆假期去参观了王澍设计的文村，村前桥下溪流潺潺，村后山上云雾缭绕，老房子剩下为数不多的几幢，还有一些是近些年建造的房子。王澍设计建造的房子占了“大半壁江山”，成了不折不扣的“主角”，尽管王澍在讲座中说他设计的24幢房子分了八类，每一类又进行了三种变异，所以最后都是完全不一样的。这些房子使用的主体材料有石材、混凝土和夯土，搭配着竹子与木材，看起来足够丰富了，但是面对这么多同一时间建造的新房子我真不知道从何说起。这些新造的房子目前大多数都空着，还没有投入具体的使用，和村民简单交流了一下才得知将来打算开农家乐。王澍为什么会选择这个村子来进行改造设计？我想打动他的首先一定是这里的山水环境，打动我的也依旧是这里的山水，而不是这些同一时间建造的房子。

对传统村落改造也有特别成功的，几次去礼泉的袁家村都让我感动，质朴而充满活力，灶台、水井、戏楼、窄巷、口袋广场、特色小吃……一切都是生机勃勃的，这些房子明显不是出自大牌建筑师的设计，甚至都没有建筑师的参与，所以显得很土，没有所谓的时代性，如同老妈做的家常菜，但是滋味自在其中。民居不同于城市里的商品房，它承载着居民的日常生活，得体才是根本。

（五）全球化背景下的地域性

交通工具的速度极大地压缩了地域之间的空间，而互联网通信的即时性更是极大地压缩了人们的交流时间。随着时空的压缩，地域性文化特色如何存在与呈现就变得迫切而不可避免了。在当前的时代背景下，谈建筑的地域性让人显得尴尬、无奈甚至焦虑，当然也可以对此置之不理，或者不以为然。

浙江方言众多，曾经一些地方甚至隔条河竟然说话相互听不懂。随着社会的发展，封闭的环境被打开与融合，由于普通话的普及，许多方言中的语调和用词已经消亡，新的一代人基本也不会说方言。难道我们享受了效率带来的方便舒适，就必须接受单调乏味的结果？生活在这个大部分都是外来人口的城市，街上行人穿着不乏国际时尚的衣服，随处散布着各地的特色饮食，马路上各国品牌的小车排成了长龙，人们无时无刻不盯着自己的手机屏幕。在这样的环境中，建筑还存在着地域性吗？为什么衣服、汽车、手机乃至饮食行业就没有建筑师那样的“地域性文化”焦虑？

城市的“民居”这些年来显得热闹异常，牵动着无数人的神经，大家最为关心的还是房价与地段，说到底也就是商品的性价比如何。开发商在全国各地不但建造了大量名曰田园、河湾、府邸、殿堂的豪宅，而且还建造了数不清的法式、英伦式、美式及西班牙式的洋房。从这些楼盘的名字很难看出有什么地域性，相反都在标榜着田园风光、历史文化与异域风情，只是现实很骨感也很荒诞，一些夫妻竟然为了争取更多的买房机会而排队离婚。

在全球化的背景下谈（建筑）的地域性，很容易把自己弄成“标本”和“布景”。标本是精致典雅的，布景是庸俗热闹的；标本是孤立静止的，布景是混杂流动的；标本如同大牌演员的蜡像，布景则如同跑龙套的群众演员。无论标本还是布景，都不是生活本身。令人吊诡的是当下许多建筑正是通过“标本”和“布景”形象，借助互联网的大量快速的图像化传播搏出位，乃至成为“网红”，其实对于绝大多数人来说，这些建筑的形象和空间是扁平的，甚至连一张纸的厚度都没有，它们仅仅存在于手机屏幕中，随着VR技术的成熟与普及，这些实物的“布景”似乎可以寿终正寝了？

我对“越是民族的，越是世界的”这一观点持保留态度。一个民族要真正面对外来文化并走向世界，远比这句简单的格言所描述的更为复杂。民族性与世界性的辩证关系，需要我们在更广阔的视野中审慎思考。在现代化社会之前，我们把自己的文化乃至建筑视为普遍性的，而且各地方言、民居和饮食无论多么的不同，都不存在一个所谓的“中国话”“中国菜”与

“中国建筑”，从概念层面看，“中国”体现着高度的整体统一，然而实际运作中却常常存在地域壁垒与思维定式的问题。这种态势既影响了社会机体的活力，也在某种程度上削弱了传统文化作为交流载体的生命力。

我现在生命的一半在西北咸阳度过，另一半在江南杭州度过，不出意外我会在杭州待的时间更长。对我来说，在人生成长中能先后领略与体验到两种不同的地域环境和文化特色，并且能在其中生活很长时间是一件极其幸运的事情。我不应该厚此薄彼，而应择其善者而从之。还有，我更没有必要为了自己下一代身份归属和精神需求，就将西北与江南混合改造，创造出一种所谓的“中国式”。如果后代子女既不生活在西北，也不生活在江南，而是生活在西南或者国外，那么这些传统文化乃至国外文化都应该被当作共享的财富，这些文化遗产就自然而然地属于全人类。

现实似乎是令人沮丧的，其实也不尽然。在同一个办公室里，有来自十几个省的同事也很正常，在同一条街上你就能享受到数省的美食。全球即时的资讯让人眼界开阔，也能即时发出自己的声音与见解。这些正是时代赐予我们的机遇，在这个大融合的时代，如何把握与完善自我才是关键问题。

2016.10.30

随「风」而逝的建筑

长沙的“文和友”异常火爆，甚至走进了广州和深圳，正向北京、上海挺进，并且被冠名为“超级文和友”。今年 4 月份，“超级文和友”在深圳开业时创下了 5 万人排队等号的纪录，网上关于“文和友”美食、情怀和商业模式等的争论可谓口水滔天。这些“文和友”除了经营特色小吃外，最大的特色在于它们在城市核心地段的商业综合体内“复原”了 20 世纪八九十年代既环境卫生欠佳又充满烟火气的街景。“超级文和友”总经理孙平说不要让外界觉得好像“文和友”只是个场景。对于绝大多数没有去过现场的网民来说，“文和友”难道不是仅仅以场景的形式存在着吗?

相信众多网民能在线下走进“文和友”的只是少数，但是“文和友”营造的场景图像对网民来说却是很走心。随着城市化进程和市容管理的要求，我们的大城市越来越光鲜亮丽，然而匪夷所思的是被大力拆除的“城中村”却借助“文和友”在城市核心地段的商业综合体内“复活”了，现代建筑光洁锃亮的外立面，加上开发商雄厚的资金实力，即使城管部门在执法过程中也常常面临诸多掣肘。尽管“文和友”的总经理强调说：他们把 80% 的精力放在了产品上，场景营造只占了 5% 的精力。

也许这话是真的，但是离开这5%的场景，“文和友”恐怕就不存在了。现实是如此的不可思议和魔幻，也许存在即合理，但那些我们曾经熟悉、真正充满烟火气的街巷和生活无疑已随风而逝了。

（一）元“风”的世界

偶尔读到刘宗迪先生的《唯有大地上歌声如风》一文，心扉犹如久闭的窗户被忽然推开，一时风起云涌，心旌摇荡。这是久违的风，它们依旧在大地上浩荡，只是我们关上了心扉以为风消失了。《辞典》中关于风的词语和成语多达千余个，那曾经是一个风的世界，其实那些词语和成语多数还活跃在我们日常生活中，只是和当初的风渐行渐远了。

风的本意为：“空气流动的自然现象，尤指空气与地球表面平行的自然运动。”这显然是科学进步后现代人对风的认识。“风”在甲骨文中是象形字，形如高冠、长尾的凤鸟之形。小篆从虫，凡声。隶变后经楷化写作“風”，汉字简化后写作“风”。《文选·谢朓<和徐都曹出新亭诸诗>》诗云：“日华川上动，风光草际浮。”李周翰注：“风本无光，草上有光色，风吹动之，如风之有光也。”想必孔雀开屏的羽翎也一定是风光无限的。古人不但认为风是可见的，还认为风动虫生，风是一种媒介，并且存在着内在的规律。

风平浪静、风起云涌、风吹草动、风调雨顺……这些大量与风有关的成语生动形象地刻画了风的形象，语义可谓精准而又模糊。因为每个成语都是经过漫长的时间和无数人的观察与锤炼得来的，一字难易，如同自然界往复发生的现象一般，天荒地老地存在着。但是这些成语又将人的感受与体验凝聚在了其中，后来的每个人尽管感同身受却又因人而异，尽管这些成语在当下的生活中已经变得和“风”没有关系，但我们仍然难以也不愿离开它们，因为它们是我们解密祖先生活与文化的钥匙。

生活在乡村大地的人们深刻知道风对于生活的意义。二十四节气既是对一年的时间划分，也准确地反映了季节随着信风周而复始的变化。人们在风中劳作休憩，在风中载歌载舞，歌唱他们生活环境的风花雪月，歌唱他们劳作的酸甜苦辣，歌唱他们与亲人的悲欢离合，这些歌随风远扬而流传，最后沉淀为一个个地方风土人情的“国风”。古人将地方歌谣称为“风”，将收集这些歌谣的活动称为“采风”，风在民间和江湖体现为风土、风俗与风气，在文人和庙堂则体现为风骨、风格与风尚，某些时候庙堂还会“礼失而求诸野”。

传统的社会相对来说是稳定而封闭的，而风是随着季节而流动变化的，一个地方特有的土地、山川、气候、物产等与风相互作用就形成了“风土”，长时期生活在特定区域的人群沿革下来的风气、礼节、习惯等就形成了风俗。风俗是特定社会文化区域内历代人们共同遵守的行为模式或规范，但是风俗因为地理、交通、信息等阻隔却具有多样性，“百里不同风，千里不同俗”正是反映了风俗因地而异的特点，风俗也会随着社会和历史条件而改变，所谓“移风易俗”正是这一含义，只是在传统社会中这个改变是相当缓慢的。

（二）“风土”中生长的建筑

在远古能有个遮风挡雨的空间对先民已是奢求，山洞就成了原始人类的居所。“木骨泥墙、茅茨土阶”是考古工作者根据遗迹对先民建筑的推断。传统建筑采用的建造材料几乎都是来自自然界的或是简单的人工合成的，诸如土木石头和“秦砖汉瓦”，这些材料的性能、颜色和加工工艺使得传统建筑显得质朴无华。除了遮风挡雨，采光通风也是传统建筑必须考虑的因素。杜甫的“茅屋”为秋风所破，显然连房子的基本功能都满足不了。北方因为气候严寒，所以房子更注重保温，以夯土为墙，甚至直接挖土成窑洞，在秋冬换季还会裱糊窗户，并且在出入口挂起厚厚的门帘来挡风保温。而南方因为湿热多雨，房子除了设置天井外，更注意对穿堂风的利用，一些地区在夏天还会将木结构房子的墙板拆下来进行通风纳凉。钱钟书在《窗》一文中写道：“门是人的进出口，窗可以说是天的进出口。屋子本是人造了，为躲避自然的胁害，而向四垛墙、一个屋顶里，窗引诱了一角天进来，驯服了它，给人利用，好比我们笼络野马，变为家畜一样。从此，我们在屋子里就能和自然接触，不必去找光明，换空气，光明和空气会来找到我们。所以，人对于自然的胜利，窗也是一个。”

传统建筑乃至城市对“风水”也特别讲究。因为这不但关系到生者是否能人财两旺，还关系到是否能福泽子孙。由于“风水先生”经常会故弄玄虚，到了讲究绝对证据的科学时代，风水就变成了“封建迷信”的产物。其实“风水”是古人对自然的认识和应对，说到底是为了趋利避害。“风”和“水”对传统农业社会的生产生活的重要性不言而喻，无论一家一户还是一国一城都希望能建造在风调雨顺的地方。唐长安并没有在汉代原址上建都，很大原因是因为“水皆咸卤，不甚宜人”。及至唐代衰落，长安未再定都，一个很大的原因也是因为“风水”。因为北方气候逐渐变化，加之长安不靠大江大河，两宋的繁华在很大程度上是靠漕运这些商业贸易带来的。

陕北窑洞、藏族碉楼、永定土楼、傣族竹楼、云南一颗印、北京四合院……这些民居的根本出发点就是因地制宜，并且能满足当地人们的生产与生活需要，除了丰富多彩的建筑形式，更是当地风土民俗的充分体现。这些房子还承载着人们的心愿、信仰和审美观念。他们把自己最希望、最喜爱的东西，用现实的或象征的手法反映到民居的装饰、花纹、色彩和样式等结构中去，如汉族的鹤、鹿、蝙蝠、喜鹊、梅、竹、百合、灵芝、万字纹、回纹等，云南白族的莲花，傣族的大象、孔雀、槟榔树等图案。《黄帝宅经》写道：“宅者，人之本也。人因宅而立，宅因人而存，人宅相扶，感通天地。”这正是我们传统观念中“天人合一”思想的集中体现。

不独我们的传统民居、皇宫建筑与当地的风土民俗以及信仰制度紧密相关，世界各个民族和国家的传统建筑莫不如此。希腊的神庙、罗马的浴场、埃及的金字塔、柬埔寨的吴哥窟以及各种风格的教堂都是典型的代表，这些不同的建筑（风格）正是其所处时代社会的政治、经济、建造技术及信仰文化的集中体现。

（三）“国际风格”的建筑

近现代以来，科技发展和工业化大生产导致人们的生活和社会发生了翻天覆地的变化。钢、玻璃、铝合金和钢筋混凝土等新材料被发明和制造出来，最终成了全球应用最为广泛的建筑材料。电灯、电梯、抽水马桶、空调设备等也成了现代建筑不可或缺的组成部分，火车站、电影院、博物馆、医院、邮局、商场、写字楼等新的建筑类型也随着现代城市而诞生。建筑设计成了正式职业，建筑师和工程师也有了各自的明确分工，而且他们的工作范围也不再像传统工匠那样受限于某个具体地方，现代建筑终于跨越了民族和国界，成了“机械复制时代”的典型产品。与传统建筑相比，现代建筑更为干净卫生和高效舒适，但是也缺少了传统建筑受风土文化影响所具有的“风味”，最后现代建筑沦为了火柴盒式的“国际风格”，“千城一面”成了一些现代城市的通病。

当下城市中的建筑设计基本不再考虑自然界“风”的存在，尽管建筑师热衷于谈论“天人合一”的理念。由于现代城市建筑建造得越来越高大，加之人们对建筑舒适度的要求以及防火减灾等因素的考虑，仅靠自然通风采光已经难以维系正常使用，垂直的风井和水平的风管就像人的气管一样遍布整个建筑，这套设备系统关乎着建筑的冷暖调节、火灾的烟雾排放、空气的净化补给。现代建筑的空调系统需要相对密封的空间，对门窗的水密性和气密性要求很高。南方的建筑也变得如同北方一样设置了风幕、门斗和旋转门。城市的建筑送风、换气数量都是计算好的，如同温室的室内没有了四季的变化，密封性能良好的窗户基本只剩下视线的穿透性，房子变得如同封闭的罐头，只是不知道人们身处其中的生活会有多长的保鲜期。

商品房的阳台越来越像鸡肋，是否设置阳台，设置开敞式还是封闭式的阳台经常让建筑师为难。不设置阳台，可以避免衣物晾晒对建筑立面效果的“破坏”（有了烘干功能的洗衣机，连住户似乎都不再欢迎开敞阳台），但是在设计规范中开敞阳台算一半建筑面积，而封闭阳台要全算面积，设计做成开敞阳台意味着可以“偷”几个平方米的空间，这节省的可是真金白银，于是住户装修的一大任务就是封闭阳台。他们经常会为此和管理严格的物业公司博弈。随着雾霾天的增加，一些所谓的科技豪宅应运而生，不但设置了毛细空调系统，还设置了全新风系统，外立面甚至连一扇窗户都不设，号称全天候恒温恒湿。北京雾霾天最严重的时候，有“贵族学校”竟然将整座教学楼全部用膜结构覆盖起来提供新风，曾经是“各人自扫门前雪”，现在算是进步到各人自供新鲜气，哪管他处雾霾天。

尽管现在全球有着共同的计时系统，但是每个地方的气候环境和风土民俗还是存在着很大的差异。按理各地应该有着与之对应的建筑才对，只是社会发展的速度越来越快，全球各地的商贸和交流也越来越紧密，建筑师也成了全能型的职业，业务范围遍布全国乃至全球，业务类型也是五花八门，俨然成了现代社会的“拯救者”。当下无论北方寒冷地区还是南方热带地区的城市建筑，且不论设计手法是否雷同，室内外使用的材料乃至工艺全国几乎都是如出一辙，这也算是全球化的结果吧。

（四）随“风”而逝的建筑

日本学者和辻哲郎（1889—1960）在其代表作《风土》中通过对季风型、沙漠型、牧场型三种风土类型的考察，进而分析了各个地区的宗教、哲学、科学和艺术特征，阐明人的存在方式与风土的关系，并提出“世界史必须给不同风土的各国人民留出他们各自的位置”的观点。日本的国际建筑大师安藤忠雄对《风土》一书颇有研究，他写道：“在探索建筑的过程中，我碰到了日本这块‘墙壁’，懂得了日本在现代化的过程中，为了取得从西欧传入的‘现代’与日本传统的‘非现代性’的协调，从伊东忠太到丹下健三等先驱们都创下了许多功绩。懂得了这个问题的深层根源之后，我又反复阅读了和辻哲郎先生的《风土》等著作。对象征、统一、均质的现代‘理念’与地域、风土、历史这样的‘现实’之间所具有的距离开始产生强烈的怀疑，在我的内心世界开始萌发了问题意识。换句话说，也可以称之为相对‘普遍性’的‘特殊性’问题。”

虽说他山之石可以攻玉，但是当下的建筑师状态却是特别的割裂和拧巴，似乎没有任何一个职业像建筑师这样，既雄心勃勃又充满焦虑和无奈。服装、汽车和手机等行业一直都本着与时俱进的精神，产品也是日新月异，广大民众从来没有抱怨过这些产品是不是丧失了传统精神和民族特色，但是对现代建筑和城市却不这么宽容，各种尖锐的批评不绝于耳。建筑不同于时尚产品，一经建成就要长达数十年地存在着，并且无法被“屏蔽”，这在当下各领风骚三五日的网红时代显得是多么的不合时宜。在这个快速剧变的时代，我们既怕没有设计建造出令人满意的经典的建筑，又怕一不小心把传统建筑给毁灭殆尽了。

近年来，国内的建筑界开始特别推崇“自然建造”与“自然建筑”的理念，这反映了对传统与现代融合的探索。其理念是“基于对当下世界建筑的发展趋势与中国本土现实的思考，主张传播自然建造的理念，冀望与时代形成共振，通过寻找建造的诗意来重返自然之道，并探寻中国本土的当代建筑”。主办方还设置了“自然建造”奖，旨在“鼓励向乡村学习，不仅学习其建筑的观念与建造的方式，更鼓励学习和提倡一种与自然彼此交融的生活方式”。奖项提倡将传统的材料运用与建造体系并同现代技术相结合，并在过程中提升传统技术的探索；奖项所憧憬的未来建筑学，将以新的建造方式重新使城市、建筑、自然与诗歌、绘画形成一种不可分离、难以分类并且密集的综合状态。

这种反思在当下似乎有着一定的积极意义，但是设计实践所呈现的作品基本都是小众化和游离于城市之外的。一个不争的事实是，城市逐渐吞没了传统的乡村，曾经的民居和与之对应的生活也随风而逝，在大拆大建的城市化进程中，城中村却被贴上“低端落后”的标签而逐渐被清理干净。人类的力量变得越来越强大，然而作为个体的人却越发地孤独和无助，难道我们的乡愁真的要寄托在“超级文和友”营造的场景中吗？无论城市还是乡村，如果失去了共同的记忆和风俗，生活将变得何等寂寞与无趣。这不仅是对建筑的挑战，也是对文化传承和身份认同的考验。

2021.12.20

途径与目的：桥梁及其文化

最近参与了一组桥梁设计的评审工作，缘起是主管城市建设的领导嫌工程师设计的桥梁过于朴实无华，于是将两条河上大小十几座桥梁面向建筑师进行方案招标。这些桥梁方案多数都有着“奇奇怪怪建筑”的遗风，扭曲而妖娆，跌宕起伏，似乎唯恐行人能顺利抵达彼岸，尽管河水浑浊，两岸也乏善可陈，然而，汇报方案的建筑师们对自己的作品充满信心，坚信这些桥梁将成为河上的亮丽风景。

近些年桥梁对建筑师来说成了显学，扎哈、福斯特、卡拉特拉瓦等国际建筑大师基本都有桥梁作品建成。国内的建筑师也不甘寂寞，尤其是明星建筑师多有桥梁作品问世，以至于建筑圈子里流传着“没有设计过桥梁的建筑师，就不是真正的建筑师”的段子。“桥上小学”“桥上客厅”“桥上美术馆”……在设计竞赛中利用“桥”大做文章乃至出奇制胜的案例比比皆是，桥对我们来说到底意味着什么呢？

小时候生活在北方，缺水而少桥，但是小学课本中《清明上河图》中的“虹桥”、雄伟的“赵州桥”和茅以升设计的“钱塘江大桥”却是尽人皆知，还有贰角纸币背面的南京长江大桥更是深入人心。对桥的更多认识是来自课本中的诗词：灞桥折柳、枫桥夜泊、“枯藤老树昏鸦，小桥流水人家”“鸡声茅店月，人迹板桥霜”“朱雀桥边野草花，乌衣巷口夕阳斜”“二十四桥明月夜，玉人何处教吹箫”“驿外断桥边，寂寞开无主”……桥梁的存在，不仅连接了两岸，也赋予了风花雪月、离别愁思、兴衰无常、无限怅惘以及诗情画意。这些桥对多数人来说只是以符号的形式而存在，但是它们却沉淀成了几代人乃至一个民族的共同记忆。除了这些流传的诗文，镌刻在桥梁两侧的“桥联”更有画龙点睛之妙。典型的有乌镇的望虹桥桥联：“满目苍茫山自古，半湾活泼水源灵（南侧）；一路耕耘歌利涉，万家市井庆安澜（北侧）”。还有宁波的广济桥桥联：“经商到此少住为佳，作客归家久留不取”。

《说文解字》对的释义简洁而深刻：“桥，水梁也。从木，乔声。骈木为之者，独木者曰杠。”最早的桥应该就是“独木桥”，受材料限制，古代建造最多的是石拱桥，隋朝建造的赵州桥是杰出的代表。为了应对风雨天气，我国古代还建造了大量的廊桥，使得桥梁与建筑高度融合，檐廊既可保护桥梁，又可遮阳避雨，为人们提供了休憩、交流和聚会等场所。其中木拱廊桥多分布于闽浙边界山区，浙江泰顺被称为“中国廊桥之乡”，贵州侗族的廊桥也极具民族文化特色。值得一提的是河北井陉县的桥楼殿，山崖之间，飞桥如虹，桥上建殿，设计奇绝，可谓举世无双。

古代多数城市都是依河而建，或者被护城河环绕，进入城市需要通过吊桥，在河道纵横的城市中，桥梁就成了街道的延续，也成了人们交流与交往的纽带。宋代汴京的桥梁一度发展成了“购物街”。宋仁宗时期，有一位官员上奏说：“河桥上多是开铺贩鬻，妨碍会及人马车乘往来，兼损坏桥道，望令禁止，违者重置其罪。”可见桥上做买卖的商铺已经影响到了正常通行，《清明上河图》中的虹桥热闹非凡，桥上商摊的叫卖声似乎穿越时空而来。

“逢山开路，遇水架桥”，这是评书中对“先锋大将”的经典描述。古代战争中胜负与桥的关系似乎不是很大，更多的是陆战或者渡河作战，如韩信的“背水一战”、项羽的“破釜沉舟”之战、周瑜的“火烧赤壁”等。这并不是说桥梁的作用不大，应该是说在古代造桥的材料和技术有限，难以在大江大河上造起坚固的大桥，凭江据险、隔河而治是常态。而近代战争中关于“夺桥”定胜负的战争则屡见不鲜，北伐战争中的汀泗桥与贺胜桥之战使得叶挺的独立团获得“铁军”的称号；红军长征途中，如果没有成功飞夺泸定桥，后果不堪设想；日本侵略者在卢沟桥发起的事变使得全国抗日救亡运动空前高涨，抗战由此而始；解放战争末期，国民党提出“划江而治”的设想被“百万雄师过大江”粉碎。

由于古人对自然现象认识有限，所以每当洪水泛滥、大潮来袭之时，他们总把原因归结到鬼神上。桥梁的修建除了生活、军事上的便利外，有的是为了祭神祛鬼，广东陆丰的“迎仙桥”就是为此而建。民间在元宵节夜晚还有“过桥”消灾祈福的习俗，桥在佛教中有“度化”的意思，所以过桥也就意味着“度厄”。桥梁还被视为人与人沟通的象征，具有迎嫁送娶、行礼往来的用途。《诗经》载有“亲迎于渭，造舟为梁”。杭州西湖断桥和长桥的传说也与姻缘有关，白娘子和许仙相会于断桥，梁山伯与祝英台在长桥十八相送，这些传说为西湖美景平添了无限的浪漫。织女牛郎一年一度的鹊桥相会固然不易，然而可叹人生苦短，凡人生命最后一程还要跨过传说中的“奈何桥”。

说到桥与生活文化绕不开北京的“天桥”，此桥因是明清两代皇帝祭天坛时的必经之路而命名。光绪三十二年，天桥的高桥身被拆掉改成了一座低矮的石板桥，后经多次改建，至1934年全部拆除，桥址不复存在，但是天桥作为一个地名却被保留了下来。“酒旗戏鼓天桥市，多少游人不忆家”是清末民初的著名诗人易顺鼎对天桥热闹场景的描写。而著名学者齐如山在《天桥一览序》中所述：“天桥者，因北平下级民众会合憩息之所也。入其中，而北平之社会风俗，一斑可见。”天桥的市场和曲艺文化对城市性格塑造有着很大的影响，可惜随着大量的旧城改造和道路拓宽工程，现代的高楼大厦和宽大马路取代了传统的建筑和城市格局，天桥地区早已经没有了老北京的气息，文化没有了依附就成了历史传说。

上海开埠后，1907年租界工部局建造了第一座全钢结构铆接的“外白渡桥”。它是老上海的标志性建筑之一，见证了上海的发展历史。而1909年由美国桥梁公司设计、德国泰来洋行承建、中国工匠施工的兰州黄河铁桥，则是洋务运动的一大成果，被称为“黄河第一大桥”。由于我国近现代科技的全面落后，一些西方人士甚至对中国传统拱桥技术提出了质疑，他们认为这是西方技术输入的结果。在上海工作的匈牙利建筑师邬达克为此写了一篇《中国拱桥》的文章。他甚至从中国传统拱桥的建造中看到了“现代精神”。他在文章中写道：“他们勤勤恳恳地遵循‘忠于建造’的原则来发展，从不尝试用没有感觉的装饰来模糊或隐藏结构部分的原则，把装饰降格为第二要素——这些都是对建造者的高度赞誉。作为一名每天都会接触中国实际建造者的建筑师，我深信，相对于理论探索，中国拱桥根本不需要通过外国案例来发展。它们是在中国土壤中进化出来的，是完全由中国工匠实现的……它们最后一个阶段的发展达到了真正理性的建造和功能化设计。它们是真正可称为现代的：用最少的材料、人工和努力实现其目标……今天很多建筑师可以从中学到如何尊重建造，如何在真正意义上实现现代。”随着近百年的发展，尤其是改革开放以来，中国的桥梁设计与建造技术可谓日新月异，近年来沪甬、港珠澳等跨海大桥先后建成通车，加之高铁需要应对复杂地貌修建了许多超高、超大跨的铁路桥，使得中国的造桥技术领先于世界。

西方古代桥梁的发展得益于建筑技术与材料的进步，尤其是罗马建筑拱券与混凝土的发明使得造桥的技术大为发展，2000 多年前古罗马建造的输水道桥至今仍在发挥着作用。近现代钢铁、钢筋混凝土等材料的发明与现代科学计算技术的进步，诞生了一大批闻名于世的大桥，其中伦敦塔桥、旧金山金门大桥、悉尼海港大桥是杰出代表。交通和社会的发展使得大型桥梁独立于建筑，独特的力学与材料学的技术特征也使建筑师的经验知识难以把握，桥梁设计与建造从而摆脱了意识形态的束缚，更多地从材料、结构、建造和经济出发成了根本。这种内在的精神与现代建筑的诉求高度契合，可以说，桥梁设计观念与建造技术对现代建筑起到了极大的促进作用。

罗马台伯河与巴黎塞纳河上的桥美轮美奂，各个时期建造的桥梁时间跨度达千余年，可谓活着的历史。由于东西方文化的差异，西方古代依附在桥梁上的文化相对来说显得单薄了一些，但是近现代影视作品中却不乏与桥有关的作品，关于凄美爱情故事的影片有《魂断蓝桥》《新桥恋人》《廊桥遗梦》等，而《桥》《桂河大桥》则与战争有关。1976 年上映的《卡桑德拉大桥》讲述的是逃亡恐怖分子将致命的瘟疫传播到列车上，国际警局意图借助年久失修的卡桑德拉大桥摧毁列车及受到传染的乘客，车上的乘客们联合起来突破封锁自救的故事。病毒虽然无情，但是如何面对灾难与受难的生命才是关键，尤其是在当下全球被新冠疫情笼罩的大背景下，更值得人反省。

在《筑·居·思》中，海德格尔对“桥”进行了深刻的探讨，他认为桥梁不仅是一个连接点，更是一个包容天地、神人的空间，唯其如此的筑造才使得栖居成为可能。曾经的桥是为人和马车通行而建造的，那是一个缓慢的时代，无论尺度、材料，还是桥上的装饰都充满了人情味，与环境基本都融为一体，甚至显得诗情画意。如今随着材料与技术的进步，超高、超长、超大跨的桥梁设计与建造已经完全不是问题，城市中的高架路桥和郊野绵延的高铁道桥似乎都不能称之为桥。因为它们实在太长了，在设计建造时基本只从材料、结构和经济性出发，风驰电掣的速度使得装饰与细节没有了存在的价值，而且连窗外的景色也变得模糊不清，那些曾经依附在桥上的生活和文化就成了远古的传说。互联网算是另一种形式存在的桥，只是它的速度快得连影子都看不见了。

桥是连接彼此的途径，它起着沟通与平衡的作用。桥梁超大的尺度与交通工具超快的速度让人们更在乎目的，然而无数的岔口却让人变得心猿意马和无所适从，热闹和孤寂成了现代人生活的一体两面。尼采曾说：“人类之所以伟大，正在于他是一座桥梁而非终点；人类之所以可爱，正在于他是一个跨越的过程与完成。”对于一座桥来说也是如此。正是桥梁的存在，让诗与远方的连接成为可能，它们不仅是物理的通道，更是心灵的桥梁。目的固然重要，沿途的风景也许更值得人们驻足与流连。

2021.2.20

镜子与屏幕——博物馆建筑形象之演变

2021年7月，位于上海陆家嘴的浦东美术馆落成并对外开放。尽管毗邻东方明珠塔、上海国际会议中心等地标建筑，浦东美术馆也凭借其沿江的C位而风光无限，然而让它出圈的却不是炫酷的建筑造型，而是面向黄浦江55米宽、18米高的“大屏幕”。观众身处“大屏幕”后面的镜厅里，既可饱览外滩风貌，又能体验内侧大屏幕传送的视觉盛宴，可谓历史、现实与艺术在这里交相辉映。对于浦东美术馆的建筑形象还是颇有争议的——这也太简单或者平庸了吧？在沿江如此显赫的位置，竟然就设计了一块方方正正的“大屏幕”，这一选择引发了对其作为美术馆地标形象的讨论。尽管这个“大屏幕”不乏科技感，但这难道就是一座美术馆的地标形象？位于香港西九龙的M+博物馆也向公众敞开了大门，临海110米宽、66米高的大楼立面由LED系统构成了更大的屏幕。这南北遥相呼应的两块“大屏幕”是心有灵犀，还是异曲同工？在这个人们生活与手机屏幕密不可分的信息时代，两座重量级的展馆形象直接化身为“屏幕”又意味着什么？

（一）西方博物馆建筑的演变

公元前3世纪，托勒密·索托在埃及的亚历山大城创建了一座专门收藏文化珍品的缪斯神庙，这座神庙算是人类历史上最早的博物馆。“博物馆”一词，也就由希腊文的“缪斯”演变而来。早期的博物馆更多是保管私人收藏品的库房，基本不具备公共性，现代博物馆对西方国家来说也算是新生事物。J·莫当特·克鲁克在其研究中指出：“现代博物馆是文艺复兴时期人文主义、18 世纪启蒙运动和 19 世纪民主制度的产物。”工业革命、城市化浪潮以及全球化都对博物馆的发展起到了推动作用，可以说现代博物馆是随着现代社会应运而生的，也是随着现代社会的发展而逐步完善的。

伦敦大英博物馆、巴黎卢浮宫、圣彼得堡艾尔米塔什博物馆、纽约大都会博物馆和北京故宫博物院并称为世界五大博物馆。其中巴黎卢浮宫和北京故宫博物院是直接利用历史建筑作为展馆的，其他三座博物馆则是在 18 世纪中叶量身设计建造的。它们都采用了古典主义风格。这三座博物馆建筑方案放在建筑史中来看并无创新之处，但是它们与当时的文化背景和时代精神完全吻合，也与藏品气质很吻合，这些古典主义风格建筑和藏品在岁月流逝中共同铸就了世界博物馆的典范。

在 18 世纪中叶至一战的一百多年，欧美各国先后建造了大量的博物馆。这些博物馆风格在较长的时期里都承袭了宫殿、神庙、教堂等古典建筑的形式。随着现代主义建筑的兴起，博物馆建筑的风格也就与时俱进了。只是由于受一战和二战的影响，这个时间段欧美各国所建造的博物馆不多，大量的博物馆是二战结束后建造起来的。其中典型的有菲利普·古德温设计的纽约现代艺术博物馆、柯布西耶设计的日本国立西洋美术馆、密斯设计的柏林国家美术馆、路易斯·康设计的金贝尔美术馆、赖特设计的纽约古根海姆博物馆、贝聿铭设计的美国国家美术馆东馆等，这些展馆都是现代主义建筑的经典作品。

1969 年，罗杰斯和皮亚诺共同设计了蓬皮杜艺术中心。由于外露的钢骨结构和复杂的管线造型一反巴黎的传统建筑风格，1977 年建成后引起了极端的争议，被人戏称为“市中心的炼油厂”。然而开馆二十多年，却吸引了超过一亿五千万人次参观。1984 年建筑大师詹姆斯 · 斯特林设计建成了斯图加特美术馆新馆，建筑形式与装饰上采用了多种手法，厚重的石材、扭曲的玻璃幕墙与粉红色的巨大扶手形成鲜明的对比，现代主义、波普风格和古典主义被杂糅在一起，使其成为后现代主义建筑的代表作之一。1989 年，贝聿铭主持设计完成了对卢浮宫的改扩建，曾经引起法国全国抗议的玻璃金字塔既激活了卢浮宫的地下空间，也解放了反对者的思想，这是历史与现代的对话，也是传统与时尚的碰撞。1997 年，盖里设计的西班牙毕尔巴鄂古根海姆博物馆落成，蜿蜒扭曲的造型和流光溢彩的钛金板表皮，如同燃烧的火焰引爆了这个城市。其门票和带动的相关产业占全市收入的 20% 以上，这使得毕尔巴鄂一夜间成为欧洲家喻户晓的旅游热点城市。2001 年，丹尼尔 · 里伯斯金设计建成的柏林犹太人博物馆开放。这个博物馆建筑本身就是一个无声的纪念碑，从各个视角都给人以强烈的视觉冲击和震撼。其馆长布鲁门塔尔是这样评价的：“这个建筑本身对一个新博物馆来说，就是一笔巨大的财富。许多博物馆要费很多工夫吸引参观者，我们却立马有了很多。因为这座建筑是那样的不同寻常，没有一天人们不是恳求着要进来看一眼。”榜样的力量是无穷的，21 世纪以来，越来越多炫酷的博物馆被设计建造了出来，博物馆建筑越来越多地被视为其收藏的第一件“藏品”，阿布扎比博物馆、卡塔尔国家博物馆以及迪拜未来博物馆的惊艳亮相，让藏品都显得黯然失色。人类创造的艺术品灿若银河，然而真正称得上划时代的作品却寥若晨星，对于博物馆建筑也不例外。

除了新建的博物馆外，还有利用旧建筑改造而特别成功的博物馆，诸如巴黎奥赛博物馆、伦敦泰特美术馆、德国埃森鲁尔博物馆、南非当代艺术博物馆分别是用老旧的火车站、火力发电厂、洗煤厂和粮仓改造而成的。这些由旧建筑改造而成的博物馆，最大的一个特点是其一开馆就拥有独一无二的历史价值——由岁月沉淀形成的感染力远非人力所及。另外还有结合世界历史文化遗产新建的博物馆，如雅典卫城博物馆、大埃及博物馆等。这些博物馆所处环境得天独厚，使得博物馆与文化遗产能够相得益彰。

（二）中国博物馆建筑的演变

中国古代历朝的宫廷、祖庙和库府都收藏有礼器、祭器等各种奇珍异宝，也有文渊阁和“三希堂”，但是这些都远远算不上现代意义的博物馆。中国早期的博物馆由传教士所建，1868 年法籍神父韩伯禄创建了徐家汇博物馆，1874 年英国亚洲文会在上海设立自然历史与考古类博物馆，1904 年赫立德博士在天津租界新学中学设立华北博物院，而 1905 年由晚清状元张謇创办的南通博物苑则是中国人独立创办的第一座公共博物馆。1924 年溥仪被逐出宫禁，1925 年故宫博物院正式成立。

1933 年中央博物院开始筹建，蔡元培先生等人筹建博物院的目的是“汇集数千年先民遗留之文物，及灌输现代知识应备之资料。为系统之陈览，永久之保存，藉以为提倡科学研究，补助公众教育”。博物馆建筑是博物馆重要的物质载体，作为中国筹建的第一座大型现代化博物馆，中央博物院无疑需要充分体现出国家意志与民族文化特质。在此背景下方案征选章程中对建筑形式有明确要求：“须充分采取中国式之建筑。”参与博物院竞标的建筑师都是留学归国的华人，受各自教育背景影响以及对“中国式之建筑”的不同理解，他们提交的方案形式差别还是比较大的。

1931 年，东邻日本筹建东京帝室博物馆（现东京国立博物馆），当时的方案征集文件要求“样式选用以日本趣味为基调的东洋式，并且需要与内容保持协调”。然而这个强制性的要求却遭到了日本建筑协会的激烈反对。渡边仁提交的“帝冠式”方案与前川国男的现代主义“白盒子”形成了极大的冲突和争议，结果是 1937 年“帝冠式”方案建成。虽然现代博物馆对于日本和中国而言都算舶来品，但这也是近现代社会文明发展的必然产物。博物馆采取什么样的建筑风格，对于当时的东方国家来说可谓两难。尽管已经接受了这个舶来品，但是对展馆全盘西化的建筑风格却难以接受。毕竟博物馆不同于新兴的“火车站”，它们集中体现着国家和民族的历史与文化。

广为人知的是，梁思成将博物院中标方案的明清样式改为了辽宋风格，既然要追本溯源，为什么不采用唐代风格？尽管梁思成认为唐代是中国建筑的成熟时期，然而作为一个接受过现代高等教育的学者，在中国大地还没有发现唐代建筑遗存之前，他没有将博物院风格凭空想象或者推断改成唐代风格，而是参照已经发现的当时蓟县独乐寺山门（公元 984 年重建）的形式和做法，再依据《营造法式》的规定，从而“合情合理”地将博物院方案改为了辽宋风格。学者赖德霖对此是这样评论的：“它的建筑语言源于中国的豪劲时代，但所有造型要素又都经过西方建筑美学标准的提炼和修正……这栋建筑还是梁思成作为一名民族主义的知识精英对于现在中国文化复兴所持理想的一种体现。”

为庆祝新中国成立十周年，1959 年建成的中国历史博物馆和中国革命博物馆，以及中国人民革命军事博物馆均采用了改良的欧式和苏式风格，只是在局部装饰上采用了具有传统建筑的符号和色彩。而 1963 年建成的中国美术馆为仿古阁楼式建筑，大楼四周有廊榭围绕，具有鲜明的民族建筑风格，这可以看作对“中国式之建筑”风格的探索延续。随后二十多年由于政治和经济原因，全国很少建设大型博物馆，直到 1990 年代全国才掀起了一个博物馆的建设高潮，其中陕西省历史博物馆是对唐代建筑风格与现代博物馆结合的尝试，上海博物馆的建筑形式则取自“青铜鼎”的意象，还有河南省博物院、山西省博物院、湖北省博物馆等展馆的建筑形式基本都来自传统大屋顶建筑或者文物器皿造型的演变，总的来说这些博物馆建筑都很有特色，也体现了那个时代的精神面貌。

20 世纪与 21 世纪之交，首都博物馆筹建新馆，从 2000 年 8 月开始了长达一年多的国际方案征集，其中国内的方案多以城墙、城门、青铜尊等为意象来表现博物馆建筑的文化性，符号化很强，且比较具象；而境外设计机构的方案则天马行空，显得灵动而浪漫，更注重空间、材料等建筑自身表达。最后中标的方案是由法国AREP公司和中国建筑设计研究院联合完成的。今天来看这个博物馆建筑对北京的地域文化表达略有不足，它呈现更多的是现代而开放的气质，相对随后备受争议的国家大剧院和CCTV大楼方案来说，首都博物馆新馆的设计还算兼顾与平衡了诸多方面。

21世纪以来，更多的博物馆被设计建造出来，典型的有浙江美术馆、苏州博物馆、宁波博物馆、广东省博物馆新馆、山东省博物馆新馆、湖南省博物馆新馆等。还有一些老馆纷纷进行改扩建和建设分馆，如中国国家博物馆、中国丝绸博物馆、南京博物院、湖北省博物馆和西藏博物馆等，分别对既有场馆进行了重大提升改造，而上海博物馆和北京故宫博物院则建造了规模巨大的分馆。2008年，中国美术馆新馆面向全球征集建筑方案，法国让·努维尔事务所的方案脱颖而出。方案造型以汉字隶书“一”为意向，寓意着“瞬间与永恒”。方案创意被解释为：“它在强调自身存在的同时，获得了一种特别的与重力相抗衡的上升感……超出了传统的在流行风格之间的竞争，鼓励了开拓的态度，并且是形象上反映了中华文化精神、文化气质和具有中华文化视觉象征的大型建筑。”然而不同层面人士对中标方案形象和寓意有着不同的解读和争议，结果导致方案历经六年多、数十轮的修改，直至2014年9月才正式启动建设，至今仍没有预计建成时间。

这些博物馆建筑都比较好地从自然环境、地域文化、历史传承、空间组织、材料建构等方面营造了博物馆的文化氛围，并且越来越注重空间的开放性与功能的互动性，但是也有不少博物馆建筑方案依旧采用具象的“大屋顶”或者“器物”等符号化的形式来呈现传统文化，一个具有“深刻寓意”的解释似乎成了博物馆建筑方案绕不过去的坎，而且往往还决定着设计的成败。

（三）“物”与“馆”的演绎

传统社会造物的能力和效率相对来说比较低下，那些历经上百、数千年还存留的艺术品可谓弥足珍贵，它们都深深地打上了造物主的价值观，也是过往文明的见证，为后人解读既往生活与历史提供了线索和钥匙。传统的博物馆因“物”而存在，那些物与其说是人的收藏，毋宁说是时间淘汰的结果，试想有多少杰作在漫长的历史中毁于自然和人为的破坏，难怪建筑大师贝聿铭曾说：博物馆是人和物邂逅的地方。

随着科学技术的进步，人类社会的生产力得到了极大的提高，不仅造物的能力与效率突飞猛进，交通工具和通信手段的进步使得时空被极大压缩。德国哲学家赫尔曼·吕伯指出：“因为 20 世纪工业文明的社会和文化的快速转变，以及社会发展越来越多地依赖于科技，人们正在经历着因熟悉的事物的流逝而带来的缺憾感，而博物馆恰恰能弥补这一缺憾。”为了便于更好地认识和学习,人们对自然界和人造的万物进行分门别类，那些进入博物馆的“物”也不例外，博物馆自身也被划分为历史类、艺术类、自然类、科技类、综合类等。

什么样的“物”才有资格进入博物馆呢？即使进入了博物馆它们就会被一视同仁地对待吗？这些脱离了原生态环境的“物”，它们的意义不再取决于自身，而是来自博物馆对它们的定义和解释。传统的博物馆如同神庙、教堂一样厚重而庄严，里面收藏和展示的“物”也戴着神圣的光环，它们代表着真理和权威，显得高高在上，观众到博物馆就是去膜拜与学习。博物馆绝对封闭的独立性可以保护文化免受世俗生活的侵蚀，但是过度的保护却让博物馆走上了自我束缚的精英化道路，也使得“物”的意义和价值受到限制。英国艾琳·胡珀·格林希尔教授呼吁博物馆能成为“全世界各种文化的共同空间，它们在参观者的注视和记忆中相互抵触，同时展现它们的异质性，甚至是不协调性，像网络一样联系，相互杂交和共同存活。”巴黎盖布朗利博物馆正是这样的典型：整个展厅空间完全开放，不分主次地展出着来自亚洲、非洲、大洋洲及美洲的民族艺术品，使观众能感受到多种文明在这里相互平等地对话与交流。

随着科技的进步，人们获取知识的渠道和手段日新月异，博物馆也不再只是传播知识的地方，对于物的展示方式也不再是静态孤立的，而是更强调物的关联性与叙事性，也更注重观众的参与性体验与个性化表达，从而重新建立起人与物以及人与人的关系，对物品的再观察和再创作才是文化价值的体现。博物馆建筑也随之变得越来越开放和明快，并且由于展品和展览手段具有很强的不确定性，加之观众参与互动的及时性与随机性，于是博物馆的空间和展品都要给彼此留有一定的弹性，像伦敦泰特美术馆和上海龙美术馆灵活开放的空间给艺术家带来了灵感和刺激，促使他们结合空间特点创作出了独特的作品。

杜尚虽然用“小便斗”挑战和瓦解了艺术品的“权威”，开创了“现成品”成为艺术品的先河，但是也为更多的“物”敲开了博物馆的大门。观念即艺术——艺术品可能只是一件被艺术家观念加持的日常物件。新的艺术及艺术品当然需要与之匹配的博物馆，然而传统博物馆保守的姿态却催生了大量的现代艺术馆与文化中心，1939 年建成的纽约现代艺术博物馆就是先行者，其建筑平实简约，“白盒”般的中性空间最大限度地让观众把注意力集中到展品上。艺术博物馆还成了催生新知识与新观念的“生产车间”，它们一方面解构了传统博物馆的权威，另一方面却又成了新的艺术品申领“出生证”的地方。

由于博物馆建筑所具有的特性，许多建筑师把自己设计的博物馆当作艺术品来对待，并借助博物馆建筑来体现其在建筑学领域的观念和主张，不少博物馆专家则认为建筑师应该完全来实现业主的诉求，而不是完成自己的作品，于是造成的误会和冲突在所难免，甚至有博物馆专家认为：“建筑师都是坏人！”

当下国内一些新建的博物馆规模巨大，而且在开工建设甚至竣工后都没有完整的“展陈大纲”，也就是说筹建方都不知道将来要展览什么，建筑师要想“量体裁衣”也就无从谈起。个别还是国际大师设计的展馆建成后一直处于闭馆状态，或者空空荡荡的展厅连个像样的临时展览都没有。在当下建造一座最新的博物馆并不是什么难事，而想要在展厅里填满过得去的艺术品就要难很多——因为有价值的艺术品并没有那么多。

（四）新时代博物馆建筑的嬗变

2022 年 8 月，国际博物馆协会对博物馆进行了再次修订：“博物馆是为社会服务的非营利性常设机构，它研究、收藏、保护、阐释和展示物质与非物质文化遗产。向公众开放，具有可及性和包容性，博物馆促进多样性和可持续性。博物馆以符合道德且专业的方式进行运营和交流，并在社区的参与下，为教育、欣赏、深思和知识共享提供多种体验。”这也是 1946

年以来对博物馆定义的第八次修订，相信这绝不会是最后一次，因为时代仍然在变化。

近些年来博物馆专家也先后提出“新博物馆学”“后博物馆学”等理念，这使得博物馆的内涵和外延都得到了极大的扩充，并且以更加开放的姿态来拥抱社会。站在文化的视角来看，万物皆可成为展品，当然任何场所也都可以成为展览空间。生态博物馆和社区博物馆（是在原有的地理、社会和文化条件中以动态的方式保存和介绍人类群体生存状态的博物馆，用以传达自然环境与人类群体之间共识性的复杂关系）即是此概念的产物，典型的有纽约的下城东区移民公寓博物馆。中国和挪威合作在贵州六枝梭戛、黎平堂安等地也建立了具有独特自然环境和文化遗产的生态博物馆群。值得一提的是2010年由西泽立卫设计完成的丰岛美术馆。该馆唯一的展品就是建筑自身，阳光、风、雨滴从圆形天窗中洒落，伴随着鸟叫与虫鸣，空间内外的界面被模糊，观众的听觉、视觉、嗅觉、触觉上的感受被设计充分调动，丰岛美术馆呈现了当代艺术博物馆设计与展示的全新理念。

著名城市理论家刘易斯·芒福德在《城市发展史》中写道：“大城市的主要作用之一是它本身也是一个博物馆：历史性城市，凭它本身的条件，由于它历史悠久，巨大而丰富，比任何别的地方都保留着更多更大的文化标本珍品。”可惜当下大城市最为人诟病的是“千城一面”，城市过快的发展形成了“城中村”，而资本的力量却容不下这些“村子”，甚至连“名人故居”也容不下，但是城市的发展却离不开博物馆，因为博物馆具有公共性和文化性，既可以被打造为地标建筑，又能成为市民的精神归属。政府对博物馆的建设向来毫不吝啬，尤其是为了拉动新城发展，纷纷将博物馆、美术馆、科技馆、图书馆等场馆进行集中设计与建设，此谓“文化搭台，经济唱戏”。

美国博物馆学家哈里森指出：“博物馆不再局限于一个固定的建筑空间内，它变成一种‘思维方式’，一种全方位、整体性与开放性的观点洞察世界的思维方式。”这种“思维方式”在当下已经得到了充分应用，尤其是在商业方面。在东京不过 1000 米左右长的表参道商业街上，却汇集了不少出自国际知名建筑师之手的“旗舰店”，其中有赫尔佐格设计的 PRADA 旗舰店、安藤忠雄设计的 Hills 旗舰店、伊东丰雄设计的 TOD's 旗舰店、妹岛和世 + 西泽立卫设计的 Dior 旗舰店、青木淳设计的 LV 旗舰店……这些建筑争奇斗艳，与顶级品牌交相辉映，当之无愧地成了时尚的代言人。而建筑大师福斯特在世界各地为苹果手机设计的专卖店，俨然就是一座座博物馆；扎哈 · 哈迪德为香奈儿设计的流动艺术展览馆更是刮起了一阵旋风；上海 K11 与北京侨福芳草地将艺术展览与商业混搭的模式也都取得了极大的成功。当下国内开发商建造的“售楼处”无不彰显着自己产品的尊贵性和人性化。无论建筑形式的独特性、材料的考究性、空间的艺术性、产品展示的专业性还是建造的完成度都可谓匠心独运。如果不考虑其销售功能，简直让不少博物馆黯然失色。电梯厅空间也被商家当作了展示空间，只是越来越密集的广告让人感到窒息。新建的博物馆基本都配有文创商店、咖啡吧、餐厅、书店、剧院、教育培训等服务功能，这些设施为观众提供了细致入微的服务，甚至一些新款汽车和时装也会利用博物馆举办新品发布会……这些何尝不是另一种商业运营呢？其实博物馆对藏品的征集、展览、保管和研究，以及日常的运营也都离不开经济的支撑。

个人生活与镜子密不可分，无论实体的铜镜或水银镜，还是以他人和历史为镜。传统的博物馆可谓一个国家和民族历史与文化的镜子，所有博物馆加起来就是整个地球文明的镜子。镜子特点是能客观地反映物象，然而多个镜子的相互映像就成了万花筒。这“光怪陆离”虽然被局限于“筒”中，但是仍让人目眩神迷。在当下的信息时代，我们已经离不开屏幕。屏幕中的映像、信息和镜子很不一样，它们是流动的、即时的、矛盾的、相互覆盖的。观看屏幕的人既被动地接受着来自屏幕的信息，也主动地选择和上传着自己的信息。人们似乎变得无所不能，然而完全透明的感觉却让人茫然无措。未来的博物馆又将会是什么样子？它们应该离不开屏幕，甚至化身为屏幕，而且展品、观众、信息乃至博物馆自身都是流动的，未来的博物馆就是人类为自己建造的超级“异托邦”。

齐格蒙特·鲍曼在《作为实践的文化》中写道：“世界和人类生存方式是一项有待完成的任务，而不是预先给定和不可改变的。”面对这不确定和瞬息万变的流动，我们将何以安心？又将心安何处？对马可·波罗来说，元大都就是个博物馆；对航天员来说，火星就是个博物馆；而对普通人来说，家就是最温馨的博物馆。未来，博物馆不仅是人类文化定位的坐标点，也是文明创新的发动机、思想解放的催化剂、公众交流的会客厅以及心灵栖息的自由港。

2022.12.08

南京博物院的用地变迁与文化建构

南京博物院（以下简称“南博”）的前身是国立中央博物院，由中国现代文化先驱蔡元培先生等人于1933年倡导建立，是国家投资兴建的第一座大型综合类博物馆。1935年，在杨廷宝、童寯等十多位知名建筑师参与的激烈竞赛中，徐敬直的方案脱颖而出，其后他在梁思成先生的指导下完成设计，这一过程体现了当时中国建筑界的高水平竞争和合作精神。

南博是中国近现代建筑史上重要的案例，筹建以来的文件档案保存相对来说比较系统完整，其中谭旦冏先生1960年出版的《中央博物院廿五年之经过》记述最为完整详细。近些年来，陆续有高校研究生和专家学者从不同角度对南博进行了分析研究。其中，南京大学研究生刁炜、南京师范大学研究生李霄、南京艺术学院博士生杜臻等人的学位论文均以南博为研究对象，分别对博物院的用地变迁、发展历史和体制管理进行了系统的分析研究。东南大学李海青老师和南博倪明副院长对博物院的筹建过程进行了研究，指出该作品是徐敬直等第一代中国建筑师尝试将“民族性”与“现代化”相结合的一次可贵尝试。学者徐坚、徐玲在其著作中分别从早期中国博物馆史角度和近代中国公共文化角度对南博进行了分析研究，学者赖德霖在其《设计一座理想的中国风格的现代建筑》一文中，对梁思成中国建筑史叙述与南京博物院辽宋风格设计进行了详细的分析梳理和严谨论证。2018 年李再中先生出版的《朵云封事》则从比较个人化的角度记述了退居中国台湾的博物院筹建者的故事。总体而言，这些研究更多地聚焦于新中国成立之前，尤其是从博物院的筹建到抗战爆发这一关键时期，为我们理解博物院的历史背景提供了宝贵的视角。在 2015 年第 9 期的《建筑学报》上专题刊登了关于南博二期工程设计创作的学术交流会纪实、设计主创程泰宁院士的访谈和主要设计人王大鹏的设计札记。

《建筑学报》2022 年第 3 期李海霞等人发表了论文《建构一座文化圣山——简论南京原中央博物院建造过程中的一份未竟方案》（以下简称为“《建构》”），文章“通过近期南京博物院所发现的一份未实施的规划方案，展示了设计者对于‘着意我国固有建筑之美德而开始以中国建筑之部分应用于近代建筑’这个问题的更全面的思考”。据相关史料佐证，似乎这个未实施规划方案的筹划极有可能有中国营造学社成员梁思成、刘敦桢等人的参与。该文论述基于新发现的三张博物院总地盘图展开，弥补了这个时间段博物院设计研究的空白，作者从中解读和推断出博物院筹建者在 1948 年前后有着更为宏大的构想，曾经试图通过全新的规划来“建构一座文化圣山”。

然而我通过调研还发现了日期为 1947 年 6 月的博物院总地盘图、1953 年国营 714 厂拟建单身宿舍地盘图、1957 年南博总体规划图（申请保留基地图），将这些不同时间段的地盘图拼合在一起解读，《建构》一文对“未竟方案”的推论似乎难以完全成立。笔者将从博物院用地变迁历史、总地盘图解读和博物院建筑文化建构三个方面进行分析阐述，以期与原文相商榷。

（一）博物院的用地变迁历史

1. 博物院的选址及征地

国立中央博物院筹备处经过多次磋商，在 1935 年 4 月 4 日正式划定半山园旗地一百亩作为院基。由于博物院分为人文、自然、工艺三馆，所征百亩面积并不足以分配，而其基地西侧为中央图书馆馆址，因为地势面积过于狭长，为营造带来诸多困难，所以中央图书馆另觅馆址，故博物院筹备处于 1936 年 4 月申请征用中央图书馆馆址的九十三亩三分三厘八毫九丝用地，用于补充半山园旗地一百亩用地为将来扩充建设之用，5 月得到回复准予照办，随即准备钱款送至南京市地政局办理征收手续，于民国二十六年（公元 1937 年）2 月接受管业。

1935 年 4 月，国立中央博物院方案竞选时正式征地仅为一百亩，并且遗族学校园艺场也不在一百亩用地范围内，基地的不规则平面成了设计师们最大的障碍与限制。徐敬直的方案之所以能在众多方案中脱颖而出，最大的一个原因是对场地限制的恰当处理——“在总平面布局上，作者对不规则之‘菜刀形’地址，颇能超出其困难的限制而驾驭之……”在新中国成立前，中央博物院筹备处还曾多次向遗族学校交涉接收或购买其位于中山门内的土地，但未能实现。

2. 博物院用地之变迁

1950 年 3 月 9 日，经文化部批准，国立中央博物院正式更名为南京博物院。1951 年 4 月，时任博物院副院长的曾昭燏撰写了《一份有关南京博物院发展规划的报告》，希望接收位于中山门内原国民革命军遗族学校的22亩用地。1952年，政府部门将此地拨交南京博物院。然而1953年，南京国营714厂征用了原属于中央图书馆的部分用地，并在基地上做了整体规划。南博陆建芳所长推测："大概是因为抗日战争与内战的影响，南京博物院并未实际拥有此用地，实际拥有的土地仅为最初的100亩，加上后来增补的遗族学校的22亩土地，而原中央图书馆馆址的土地权属问题一直搁置。"

1956年，由于海军军事学院扩建需要，征用了南博主体建筑北侧的半山园宿舍土地约6708平方米（约10.06亩），后经协商，由海军军事学院代征同样面积大小的土地进行置换，置换的土地位于南博主体建筑的西侧、国营714厂宿舍区的南部，面积约7000平方米（约10.5亩）。

南博在1956年还做了一版12年的远景规划设计，后因海军军事学院的扩建与远景规划中的福利区有冲突，南博重新进行了规划，并绘制了申请保留基地图纸，在1957年向南京市城市建设局申请保留发展用地。结果得到批复意见为："1. 要保留的应该是博物院本身的发展用地，可以在提出根据后研究；2. 福利住宅用地毋须保留。"随着半个多世纪的变迁，及至2006年二期工程启动设计时，南博用地红线图范围内面积为67273平方米（约合100.9亩，此面积不包括红线西侧的置换的职员住宅区用地）。

（二）对总地盘图的解读

1. 为筹建宿舍和用地确权而规划的总地盘图

从前文对博物院用地变迁的梳理可以看出，博物院应该从来没有真正地拥有过西侧原中央图书馆的用地，然而《建构》一文新发现的这三张总地盘图的真正意图是什么呢？我以为这几张总地盘图主要目的是筹建职员宿舍和对用地进行确权。

我从南博了解到，还有一张日期为 1947 年 6 月的总地盘图，这张总地盘图和 1947 年 7 月那张最大的变化是规划的职员宿舍在总图上位置以及栋数有很大不同。其中 6 月那张宿舍位于用地西北角，宿舍有四栋，而 7 月的总图上宿舍位于用地东北角，宿舍只有三栋。1948 年 1 月的总地盘图相对 1947 年的来说规划布局变化很大，通过新增的展馆、广场以及“纪念物”将整个用地撑得很饱满，不再像之前的总地盘图那样空空荡荡，这张图上东北角的三栋宿舍打上了和人文馆一样的斜线，表示房子已经建成。1955 年 3 月这张总地盘图和 1948 年 1 月的规划基本一样，只是线型表达不同，还有在之前建成的三栋宿舍北侧又规划了三栋宿舍，并且注有“新建宿舍 331.1 平方米”字样，及至 1957 年总规划图中，1955 年总地盘图东北角的宿舍楼都没有了，而在用地西侧出现了四栋宿舍。

对于这些总地盘图上宿舍的变化，南博院史有较为详细的文字记载：1947 年下半年，因当时迫切需要，在现历史馆后大楼的后面建职员眷属宿舍三栋；1948 年又加造厨房及餐厅一座；1956 年，因海军学院扩建，征收南博半山新村职工宿舍地块 23.49 亩，南博收回院西侧中部靠近清溪河由房管局代管出租的 11.72 亩土地（现在的家属院），作为移建宿舍之用，在此期间为解决高级知识分子的居住问题，又于 1956 年 11 月兴建小楼，1957 年 5 月完工。这段文字的描述与不同时期总图上宿舍的变化基本一致。

按理筹建职员宿舍只需要布置好宿舍这部分楼栋即可，没有必要再做整体规划，而且还做出完全不同的规划方案。我认为这些总地盘图在筹建宿舍的同时另外一个更重要的目的就是为博物院的用地进行确权。1947 年 6 月的总地盘图没有将属于遗族学校的用地区分出来，而在同年 7 月的总地盘图中则用虚线将遗族学校用地进行了区分示意，1948 年 1 月的总地盘图又没有区分遗族学校的用地，并且在场地边布置了界碑一样的“纪念物”，这样的前后不一致显然不是设计师的疏忽，而应该是有意为之。遗族学校的用地直至 1952 年才正式划拨给博物院。博物院不希望因为战争影响和政权交替而失去那些可能属于自己的用地，从而通过总体规划在为未来发展争取更多的空间。1957 年总规划图的副标题是“申请保留基地图”，图上对希望能保留的基地打上了斜线进行区分，结合 1956 年南博用地范围示意图来看，此时的博物院力图争取的应该是西南角那块 40 多亩的农地。然而，这块用地在 1978 年被江苏省旅游局征用，1991 年中国中旅集团牵头在这里投资建造了一座超高层酒店，1998 年酒店落成开业，巨大的体量对博物院地段的整体风貌及城市空间产生了极大的影响。

2. 对总地盘图规划方案的解读

《建构》一文作者将新发现的总地盘图称为“未竟方案”，并且进行了详细解读和推断，此处不再复述。这些总地盘图从设计专业角度来看显得过于概念化和仓促。我对这几份总地盘图予以分析解读：1. 1947 年 6 月和 7 月在很短的时间内出了两版总地盘图，除了规划的宿舍有调整外，还有就是 6 月份的图中在遗族学校位置布置了农业馆，而在 7 月的图上将遗族学校的用地用虚线进行了区分，并且注有“遗族学校收用地”的文字，存在着明显的矛盾。2. 1948 年的总地盘图对展馆、纪念物以及建成的宿舍轮廓用红线做了勾勒，这可能是为了强调这些建筑存在的重要性和对用地的占有性。3. 1955 年的总地盘图除了建成的房子轮廓用实线描边外，规划的展馆、纪念物和道路广场则都用虚线表示，虽然没有图例说明，但是明显可以看出是未实施的规划示意。通过前文分析，1953 年 714 厂已经征用了原属于中央图书馆的部分用地，这个总地盘图就没有了存在的基础，不可能如《建构》一文推断：“说明直到这一时期，还有实施这一计划的愿望。”4. 1955 年的总地盘图将所有建筑集中规划在用地北侧，而将南侧近一半的用地作为空地处理，这样的整体布局对观众参观体验和交通组织等都显得不合理，并且三个大殿呈“品”字形布置，出入口分设在基地东西两侧，行为和视觉的对象主次不一致会导致观众无所适从。5. 1948 年的总地盘图上三个大殿的屋顶都是按单檐庑殿进行表达的，而《建构》一文作者模拟的立面图和鸟瞰图却将中央大殿绘制成了重檐庑殿，两侧的大殿则按单檐庑殿绘制，这样推测似乎不妥。

这些总地盘图没有正式图框和任何建筑师签字，制图表达都很概念化，尤其在 1948 年这么大手笔的规划起码要经过筹备处开会审议，而这些都没有留下任何正式记录。“抗战结束后……除了完成未建完的原（南京）中央博物院工程外，还设计有原（南京）丁家桥中央大学附属医院门诊部、原（南京）中央博物院宿舍、原（南京）馥记大厦等项目。”黄元炤对兴业建筑事务所的工作进行过详细梳理研究，这个“未竟方案”

兴业建筑也应该没有存档，倒是对博物院宿舍的设计事宜有所记录。

（三）博物院建筑的文化建构

1. 新中国成立前博物院建筑的文化建构

西方现代博物馆是文艺复兴时期人文主义、18 世纪启蒙运动和 19 世纪民主制度的产物。国立中央博物院筹建于 1933 年，在当时的社会背景下可谓应运而生。蔡元培先生等人当年筹建博物院的目的是："汇集数千年先民遗留之文物，及灌输现代知识应备之资料。为系统之陈览，永久之保存，藉以为提倡科学研究，补助公众教育。"博物馆建筑是博物馆重要的物质载体，无论展藏内容还是建筑本身都是文化与文明的集中代表和体现，作为中国筹建的第一座大型现代化博物馆，中央博物院无疑需要充分体现出国家意志与民族文化特质，在此背景下，方案征选章程中对建筑形式做了明确要求："须充分采取中国式之建筑。"如何在方案设计中体现"中国式之建筑"风格？参与博物院竞标的建筑师给出了各自理解的答卷，所呈现方案的建筑形式差别还是比较大的。

无独有偶，1931 年日本筹建东京帝室博物馆（现为东京国立博物馆），当时的方案征集文件要求："样式选用以日本趣味为基调的东洋式，并且需要与内容保持协调。"这个要求既明确了建筑风格，也希望建筑风格能与藏品气质相吻合，然而这个强制性的要求却遭到了日本建筑协会的反对，甚至发表了拒绝应征的声明文章。渡边仁提交的"帝冠式"风格方案与前川国男的现代主义"白盒子"方案形成了激烈的冲突和争议，最后实施的是渡边仁的“帝冠式”风格方案。虽然现代博物馆对于日本和中国而言都可谓舶来品，但这也是近现代社会文明发展的必然产物，博物馆采取什么样的建筑风格来呈现自己的国家和民族文化就显得至关重要，对于当时的东方国家来说处于两难境地——既然已经接受了这个舶来品，何不连同展馆建筑风格也都“全盘西化”？然而博物馆毕竟不同于新兴的“火车站”，关乎着国家和民族文化如何恰当地呈现。

广为人知的是梁思成先生将博物院中标方案的风格从明清样式改为了辽宋风格，既然要追本溯源，为什么不采用唐代风格？尽管梁思成先生认为唐代是中国建筑的成熟时期，然而作为一个接受过现代高等教育的学者，在没有发现唐代建筑实物遗存之前，他没有将博物院风格凭空想象或者推断改成唐代风格，而是参照当时已经发现的蓟县独乐寺山门（公元 984 年重建）形式和做法，再依据《营造法式》的规定，从而“科学合理”地将博物院方案改为了辽宋风格。“它的建筑语言源于中国的豪劲时代，但所有造型要素又都经过西方建筑美学标准的提炼和修正……这栋建筑还是梁思成作为一名民族主义的知识精英对于现在中国文化复兴所持理想的一种体现。”

博物院追本溯源的建筑风格何以会被梁思成先生称作“中国现代建筑之重要实例”？这应该是因为博物院建造采用了当时很现代的钢筋混凝土材料，并且满足了现代博物馆的使用功能。几乎所有对博物院建筑的研究都聚焦在大殿建筑上，其实大殿功能更多是礼仪性和象征性的，面积仅占一期工程的十分之一左右，大量实用性建筑只是带有披檐的平屋顶建筑，如果大殿直接采用木结构建造，从造价和耐久性上来讲应该比钢筋混凝土性价比更高，但如此一来建筑的“现代化”就没有了着落。梁思成先生对此应该有着清醒的认识，尽管他是中国建筑史研究的奠基者，并且调研测绘了大量的古建筑，但他自己平生设计建造的建筑却鲜有“复古建筑”，相反大多数建筑形式都很简洁现代。《建构》一文提到在博物院“待整理文献”中发现了一份梁思成、林徽因 1947 年设计的北京大学孑民纪念堂图稿，这个方案形式很现代简约，似乎更符合柯布西耶提倡的新建筑要素。

梁思成先生在同时期创办清华建筑系时也是大力倡导现代建筑理念，很难想象他在这个时候会继续沿袭 1936 年的辽宋风格来设计“未竟方案”，何况他在 1937 年已经发现并测绘了唐代的佛光寺。

2. 新中国成立后博物院建筑的文化建构

由于时局和政权的巨变，博物院的“总地盘图”虽然成了真正的“未竟方案”，但是博物院对文化建构并没有止步不前。新中国成立后博物院争取了原属于遗族学校的 22 亩土地，并且还通过总体规划试图争取到更多的土地，试图为博物院的远期发展预留出空间。1952 年 3 月，博物院聘请杨廷宝、刘敦桢、童寯等人为建筑委员会委员，作为博物院未竣工事项的顾问专家，同年七月大殿铺琉璃瓦铺设竣工，只是至 1990 年代这段时间博物院的建设和发展都比较缓慢。

1989—1994 年，南博邀请潘谷西教授先后设计了四层文物库房（面积约 3500 平方米）和文物中心（面积约 350 多平方米）。1991 年，南博启动了新一轮的总体规划及新建展厅设计招标，江苏省建筑设计院中标。艺术馆（面积约 1.25 万平方米）于 1994 年动工，1999 年开馆投入使用，这是近半个世纪后南博最大规模的一次规划与建设。无论潘谷西教授的设计还是江苏省建筑设计院的方案，在建筑造型、色彩及风格上都与博物院现有主体建筑保持了协调统一，这样处理也是对现有建筑及环境的尊重。而这个时期设计建造的陕西省历史博物馆采用了仿唐风格，上海博物馆、河南省博物院、山西省博物院的建筑形式则是取自“斗”“鼎”等文物器皿造型的意象。这些展馆建筑代表着那个时期建筑师对博物馆的理解与文化建构，它们都打上了明显的时代烙印。

2006 年，南博二期工程启动招标，由于场地条件和现有建筑的限制，加上建设规模和投资的调整，南博筹建处在长达两年多的时间进行了好几轮国际、国内方案竞标，先后征集了 20 多个方案。这些方案既有国内老中青年建筑师的作品，也有国外设计机构的方案，它们代表着这个时代不同身份、不同年龄和不同文化背景的建筑师对博物院场所环境、历史建筑以及博物馆发展等的思考和应对策略，遗憾的是，这些设计对处理新老建筑的关系、在诸多条件限制下满足博物院的发展需求都没有给出理想的解决方案，这导致方案征集持续了两年多时间。

在 2008 年最后一轮竞标中，程泰宁院士团队的方案胜出并成为最终实施方案。该方案基于“补白、整合与新构”的理念展开。首先，方案将新建体量最大的建筑布置在了场地西北角，这样尽可能提供了更多的使用空间，又不至于造成对老大殿的压迫感。其次，设计拆除了 1990 年代建造的艺术馆月台及两翼凸出的局部体量，并且将其外立面与新建建筑进行整体设计，这样无论在空间上还是在建筑的时态上都突出了老大殿的地位。设计最大的一个创意是将1930年代建造的老大殿整体抬升3米，这样既突出、强化了老大殿的主体地位，又对功能、空间、场地环境及交通流线的整合起到了至关重要的作用，还使得老大殿一层原来只有2.2米净高的空间得以真正使用起来，该工程还是目前国内最大的集顶升、隔震、加固于一体的文物改造工程，如此一来也使得老大殿的使用寿命得到了极大的延长。

新馆建筑外形简洁方正，在处理手法上既没有采取特别现代的形式、材料与老大殿形成新老互衬，也没有走复古建筑的老路，新旧难以区分，而是采取了较为克制折中的处理手法。建筑体量转角以南博标志为母题的镂空石雕，背后是空调通风口；顶部竖条状铜板形似“铜筒”，形式、色彩和老大殿的琉璃瓦肌理很协调；艺术馆与历史馆立面“垛口”式的细节处理与中山门明代城墙遥相呼应，墙面干挂石材拼缝也与城砖的砌法异曲同工，展馆室内的采光顶棚的形式也与老大殿的藻井形成呼应，“垛口”式的处理也延续到了中庭的栏板设计上。总体而言，新馆设计既有现代建筑由内而外、形式简练的特征，也有古典建筑法度严谨、克己复礼的内涵。这与20世纪30年代老馆基于宏大历史叙事的立意不同，更为关注具体的历史环境提示。二期工程完成后，博物院呈现出了焕然一新的精神面貌，但是老大殿的主体地位和历史感却有增无减。

改扩建后的南京博物院总建筑面积达8.45万平方米，呈“六馆一院”的整体格局。新增的非遗馆、民国馆、特展馆和数字化馆功能充分体现了博物院发展与时俱进的特点。除了常规的展陈、收藏、研究等功能外，博物院还结合展馆与场地自身特点设置了少儿特别展厅、专题图书馆、老茶馆、非遗剧场、咖啡茶座等文化休闲功能，并且可以在夜间闭馆后单独对外开放，从而更好地服务于市民，这也完全符合新博物馆学主张的“从物到人”的理念。

（四）结语

博物院自筹建以来的用地变迁、历史发展和文化建构，不仅展现了博物院与城市发展的紧密联系，也彰显了几代人对文化传承与创新的执着追求，成为中国博物馆和博物馆建筑现代化历程的一个缩影。

2013 年 11 月，博物院经过改扩建后重新开放，参观人数从改扩建前的每年 60 多万激增至 2019 年的 416 万，这一显著增长不仅反映了公众对文化的需求，也对博物院的运营管理提出了新的挑战。观众的成倍增长并不只是简单的数字变化，这对博物院的交通组织、后勤服务以及展览陈设等都提出了新的挑战。近两年博物院利用大数据对观众和城市的旅游贡献度进行了统计分析和研究，这为博物院的运营管理工作提供了参考数据和依据。2023 年是博物院成立九十周年，从二期工程竣工来算才整十年，作为一个展馆可谓方兴未艾。我们对博物院的研究也应本着与时俱进的态度，而不只是当作过往的历史来研究，并且很有必要进行跨学科研究，而不仅只是从博物馆学、历史学、社会学和建筑学角度进行分别研究。希望更多的有识之士能加入博物院的研究中来，也呼吁博物院能设立院史专题陈列厅，从而让更多的人了解博物院的前世。

2022.10.06

与古为新——台湾博物馆建筑风格演变

现代博物馆是文艺复兴时期人文主义、18 世纪启蒙运动和 19 世纪民主制度的产物。工业革命、城市化浪潮以及全球化都对博物馆的发展起到了推动作用。现代博物馆随着现代社会的发展而逐步演变和完善。博物馆在中国是舶来品，中国的博物馆从诞生之日起就担负着重塑民族和国家文化形象的重任，最终实现“中国化”与“现代化”的双重建构。从 1905 年的南通博物苑算起，历经一百多年的发展，截至 2023 年底全国博物馆总数达 6833 家，排名全球前列。

（一）日本占领时期博物馆的萌芽

1885 年清政府在台湾设省，拉开了台湾近现代化的序幕。然而由于甲午战争、解放战争的影响，台湾的政治制度和经济文化发生了天翻地覆的变化，台湾博物馆的发展受社会变革影响变得更为特殊和复杂。台湾最早的博物馆创立时间（1908 年）和南通博物苑差不多，博物馆一百多年的发展见证与记录了台湾社会现代化的曲折过程，这些博物馆建筑风格也都打上了明显的时代烙印。

台湾博物馆是台湾创建最早的博物馆，它创立于 1908 年

5 月，前身是日本占领时期“台湾总督府职产局附属纪念博物馆”。当时日本殖民政府为纪念台湾南北纵贯线铁路全线通车，于 1908 年 10 月设置“台湾总督府博物馆”。1915 年博物馆的新馆在台北新公园内落成启用，成为日本殖民政府在台湾建造的公共建筑代表作之一。建筑形式采用了法国古典主义风格:中轴对称、多立克柱式、三角楣、中央穹顶，庄严而厚重的形象犹如一座古典的神庙或者教堂，其展示内容以地质、矿物、植物、动物、原住民、历史方面的收藏为主，另包括林业、农业、水产、工艺及贸易为辅，更为注重博物馆的教育作用。

日本自 1868 年明治维新以来，在国内建立了众多博物馆，典型的有国立科学博物馆（1877 建成）、奈良帝室博物馆（1894 建成）、京都帝室博物馆（1895 建成）、东京帝室博物馆表庆馆（1908 建成）等。由于“脱亚入欧”的政治主张导致日本社会全面西化，这些博物馆都采用了典型的欧式古典建筑风格。日本在台湾殖民初期，也将这种建筑风格带到了台湾，台湾博物馆的欧式建筑风格就是这个时期的写照。

1928 年，京都艺术博物馆落成，这座博物馆则采取了日本传统的和风建筑风格。1931 年，东京帝室博物馆（现东京国立博物馆）开始筹建，最后实施的是渡边仁的“帝冠式”风格方案。渡边仁提交的“帝冠式”方案与前川国男的现代主义“白盒子”形成了极大的冲突和争议，结果是“帝冠式”方案建成。日本博物馆建筑风格的变化是由于一战使欧洲国家受到重创，现代主义建筑刚兴起不久，加之日本综合国力上升和民族主义兴起。1931 年，军国主义发展至顶峰。日本侵华战争爆发前后，日本担心台湾在战争中倒戈，认为需要对台湾人加强思想控制，在台湾推动“皇民化运动”，通过神社建筑的大批建造等方式移植日本文化，同时压制台湾固有的传统文化。高雄市历史博物馆（1939 年 9 月建成，前身为高雄市政府，1998 年改建为博物馆）建筑风格也采用了日本传统的和风建筑风格，这个时期日本不仅在其国内博物馆上进行着“东洋式”的建筑风格实践，而且也将此建筑风格输出到了中国台湾。

（二）中华文化复兴运动时期博物馆的兴起

1949 年，国民党政府败退台湾，随后在台湾掀起了中华文化复兴运动，这对博物馆建筑的风格颇有影响。1956 年、1959 年建成的艺术教育馆和科学馆，其建筑风格带有明显的传统建筑符号，被视为对“中国固有式”建筑风格的继续探索。北平故宫博物院与中央博物院筹备处被迁至台湾，它们很长时间“隐居”在台中吉峰山下的北沟村，起初文物不对外开放，后来在外界压力下，采用三栋临时建筑作为展览空间，之后又有各处的借展事宜，尤其是 1960 年的对美国的借展，产生了广泛的影响。1960 年，“台湾当局”为了响应社会各界需求、凸显中华文化传承以及配合观光旅游事业，决定筹建台北故宫博物院。当时有四个团队参加了博物院的方案竞赛，王大闳提交的方案尽管获得了第一名，但是并没有成为实施方案，因为筹建方认为这个大量玻璃外墙的方案过于现代，与“故宫”的气质不相符，多年后李在中先生也认为“建筑物本身所能散发出来的中国传统文化气息严重不足，与馆内的展品性质没有丝毫交集”。博物馆建筑如何能体现中华文化传承才是最高决策层所关注的，而不是建筑师重视的风格与空间。台北故宫博物院最终采用了黄宝瑜的设计方案，强烈的中轴线营造出庄严、神圣的感觉，建筑形制上具有北京紫禁城午门的语汇，平面上模仿中国古代五室制的明堂，如同“器”字。无独有偶，1973年落成的台湾历史博物馆新馆也采用了典型的明清式大屋顶建筑风格，和 1933 年建成的上海市政府几乎“如出一辙”。这个时期，“台湾当局”一直致力于在重要公共建筑形象上塑造中华文化的正统性。除了博物馆建筑风格外，台北中山纪念馆、中正纪念堂等建筑的风格选择也是一脉相承。

1980 年代起，台湾建筑业受到资本主义及商品化的冲击日增，现代主义建筑所产生的许多弊病受到抨击。“以后现代主义风格为主体、意图寻找与中国大陆或中国台湾的联结，成为建筑发展主流。建筑风格也见到台湾传统建筑语汇，被大量转用到商业与民间建筑上，可视为一种对符号与道统的破解与下放。” 1983 年由高而潘设计的台北市立美术馆建成开放，这是台湾第一座以展览现代艺术为主的美术馆，尽管设计以传统四合院为概念，但白色体块穿插的造型却是特别现代。1985年，汉宝德设计完成了“中央研究院”民族学研究所博物馆。该博物馆位于“中央研究院”内，在建筑的风格、颜色、空间和细部做法上极具闽南民居建筑特点，是对台湾在地文化的思考与表达。

（三）戒严解除后博物馆的多元发展

1987 年，随着台湾“戒严”的解除，文化、经济和思想领域迎来了突破性的发展，变得更加自由开放。这一变化也影响了建筑界，使其进入了一个多元化的新时代，台湾博物馆的建筑风格随之发生了显著变化。

1988 年台湾美术馆建成开放，建筑和雕塑公园相结合，风格现代简约，外表采用石材饰面。1992 年奇美集团创办人史文龙创建了奇美博物馆，该博物馆旨在通过融合西方文化的精华激发文化复兴，因此博物馆采用了欧式古典建筑风格。1997 年台湾科学工艺博物馆落成开放，这是台湾第一座应用科学博物馆，以收藏及研究科技文物、展示与科技相关主题、推动科技教育暨提供民众休闲与终身学习为其主要功能。2001 年十三行博物馆落成，其建筑的设计理念来自考古发掘及先民乘船渡海来台的意象，三组不同形态的建筑群寓意着山与海、过去与现在，这也是北台湾第一座考古博物馆。

2004 年，由姚仁喜设计的兰阳博物馆建成，建筑师以“基地就是博物馆”为设计理念，建筑造型是将“单面山”的几何形体化为三角锥的建筑体量，模仿乌石礁挺立于大海中的意象，把整个建筑插入基地当中，建筑形体虚实交错，隐喻礁石因风化产生的碎裂缝隙。在选材上，选取宜兰当地特有的石材，分别加工成四种不同质感，运用于建筑各处。展示内容以宜兰当地的植物、动物、人、当地风俗等为主，展示空间自由开放，融合了许多的现代化元素。建筑自身的风格不再是建筑师唯一关注的重点，立足本土、延续文脉成了设计探索的方向。

2010 年台北举办国际花卉博览会，其中花博会的三个展馆由台湾九典联合建筑师事务所设计，方案对地景与环境处理均特别细腻，建筑线条完全迁就新生公园原有的绿树，让建筑量体隐藏于绿地之中，看起来就像是从地上长出来的建筑，也是台湾首件“将设计与研究整合得宜，呈现最完整绿色建筑指标的作品”，设计荣获台湾建筑奖一等奖。

2011 年，由简学义设计的台湾历史博物馆开馆，设计从建筑自身到展览内容都多方位地体现出多元文化融合的痕迹。在建筑造型上，隐喻地表达了“鲲身”“渡海”“云墙”“融合”四个主题；在建筑材料与工艺上，都很注重传统与现代的融合，如台湾代表性的红砖与现代金属材料的结合；在建筑外部环境上，以“历史公园”作为博物馆的背景，并将台湾的水系、植物、动物等元素聚在一起，与建筑相辅相成，呈现出更加鲜活的台湾历史面貌。

2013 年亚洲大学现代美术馆开幕，由日本著名建筑师安藤忠雄设计。建筑主体由清水混凝土与帷幕墙构成，以正三角形为设计基本元素， 三个正三角形楼层错落堆叠成不规则的无数个三角形，平面错落平移而产生了若干天井空间和户外平台。因为建筑处于地震带，美术馆内的柱子由 V 形钢架构造而成的空间及帷幕窗景都呈现三角形。V 形钢架支撑凸出的悬臂下部空间，则形成“骑楼”空间，室内外空间相互渗透，体验独特。

2014 年台湾海洋科技博物馆对外开放。该博物馆建筑的前身是当时亚洲最大、设备最新的火力发电厂。1981 年电厂关闭后就淹没在荒草之中，但是原厂房建筑被基隆市定为历史建筑。博物馆建筑设计很好地处理了设计与技术的双重难题，保留了部分老厂房原有的斑驳风貌，并且与现代装饰相结合，给人以时空对话之感。

2015 年 12 月，由姚仁喜设计的台北故宫博物院南院开馆。“博物馆建筑以中国水墨画的浓墨、飞白与渲染三种技法，形成实量体展示空间及文物库房、虚量体公共接待空间与穿透连接空间，象征着中华、印度与波斯三股文化交织出源远流长而多元的亚洲文明，契合‘台北故宫博物院南院 - 亚洲艺术文化博物馆’宗旨。”这是网上关于该博物馆的设计理念介绍。然而从建筑形态上很难解读出这些寓意，它给人更多的感受却是一座当下流行手法的现代建筑。无独有偶，2005 年日本九州国立博物馆建成，其主题为“从亚洲历史的观点看日本文化的形成”，整个建筑极具现代动感，巨大的屋盖形似波浪，与周围的山峦相融合，呈现出柔和优美的曲线，其主题为“从亚洲历史的观点看日本文化的形成”，所以民族符号和传统文化被刻意弱化乃至隐去。

2016 年 8 月，中台世界博物馆落成，该馆由中台禅寺惟觉长老创办，目的是将佛法艺术化。建筑主体外观如唐代长安古城，馆藏珍品十分丰富，以典藏与展览佛教造像和造像碑，以及西安碑林博物馆赠予的 1200 余套拓片为特色。受佛教文化的影响，台湾还建成了不少很有影响力的宗教建筑，如佛陀纪念馆、水月禅寺等建筑，这些建筑在某种程度上可以看作另一种类型的博物馆。

（四）全球化背景下对博物馆与文化的反思

2003 年台北故宫博物院举办了“‘福尔摩沙’：17 世纪的台湾、荷兰与东亚”特展。这个展览隐含了两套历史观或再现模式，一套是台北故宫博物院自圆其说的“台湾的诞生”论述，另一套则是荷兰东印度公司的东亚探索之旅论述。该展览引起了很大的争议，原住民对展场原住民文物的缺乏特别不满，也对“台湾的诞生”之说很不以为然。他们认为这个展览既忽略了 17 世纪当时原住民的生活风貌以及更久远的原住民族历史，又有汉人沙文主义之嫌，也相对淡化了荷兰人对原住民的剥削。这值得我们反思和追问：博物馆到底是谁的博物馆？策展的权力和诠释权握在谁的手上？面对这些深层次的问题，博物馆建筑的风格演变相对来说只能算是表象。

纵观台湾博物馆建筑风格的演变，从日本占领时期的欧式、和风印迹，到中华文化复兴运动时期的“大屋顶”风格，再到后现代主义和多元文化融合的探索，每一次变化都是对当时社会政治、经济和文化背景的反映。随着现代化的推进，建筑风格经历了从国际式到后现代、解构式、地域化等多元化发展，建筑形式不仅仅建筑师个性与思想的表达，同时也受到了背后权力和资本的影响。

在全球化背景下，博物馆的角色扩展为文化交流、教育推广和社区参与的平台，这要求博物馆建筑在设计上更加注重可持续性和社会包容性，以适应多元文化背景的观众。台北故宫博物院南院的设计与展览便是这种趋势的体现，其建筑和展览方式试图与亚洲其他文化进行对话和融合。此外，博物馆建筑的国际化趋势愈发明显，如日本九州国立博物馆的波浪形屋顶，不仅与自然环境相融合，也象征着文化与历史的联系。技术创新和数字化展示成为新焦点，信息技术的发展使得博物馆能够利用数字化手段增强展览的互动性和教育性，对建筑的空间布局和设计提出了新的要求。

展望未来，中国台湾博物馆建筑预计将继续朝着多元化和国际化发展，更加注重可持续性和互动性，同时融入本土文化元素，展现中国台湾独特的文化身份和历史脉络。我们期待中国台湾博物馆建筑能够继续探索和创新,成为连接过去与未来、本土与全球的重要文化枢纽，通过建筑的语言讲述中国台湾的故事，为全球文化交流与理解贡献力量。

2024.7.18

邬达克与上海的轮廓线

（一）死里逃生的中尉

1918 年 10 月 26 日，一名瘸腿的匈牙利中尉死里逃生后在上海滩登陆。他身无分文，仅携带一张假的俄罗斯护照。他希望能在上海找到临时的绘图工作，以赚取回家的船票钱。为了拼写方便，他把自己名字改为“邬达克”。只是他没想到 1947 年自己才离开上海，他更没有想到自己先后在上海设计建成了百余幢建筑，其中大光明电影院被称作“远东第一电影院”，国际饭店近半个世纪保持着上海乃至中国第一高楼的记录。如今他设计的项目有 32 个被列为国家重点保护建筑或者上海市优秀历史建筑。

我大学毕业后才知道“邬达克”，作为建筑学毕业生，我对此感到羞愧。七八年前读了《与邬达克同时代——上海百年租界建筑解读》，算是对他有了较为全面的了解，我不止一次跟人聊起“邬达克”，没有想到不少建筑学专业毕业的朋友也是一脸茫然，我则眉飞色舞地给他们讲这位读大学前就拿了木匠、石匠和泥瓦匠证书的传奇建筑师的故事，其中不乏颠三倒四、以讹传讹的内容。

最近陆续研读了一些关于邬达克的文章和专著，由于作者生活背景和研究方向不同，加上他们获取资料的途径、文笔格调和个人趣味也大不一样，呈现的邬达克可以说是同而不和。一部经典著作可以让人反复阅读，一座经典建筑也是如此，不同的时代中总有一些人会心有灵犀，时空对他们不再是距离与阻隔，而是交流与对话的平台和媒介。还是回到原点，到底谁是邬达克呢?

（二）邬达克其人

拉斯洛·邬达克（Laszlo Hudec）生于 1893 年，出生地班斯卡·比斯特里察当时属于奥匈帝国，那是匈牙利人和斯洛伐克人杂居的一块地方（今属斯洛伐克）。按民族而论，他是匈牙利人。1918 年，奥匈帝国解体后，斯洛伐克与捷克组成捷克斯洛伐克，以出生地而论，他应该是捷克斯洛伐克公民。但在战后流亡途中，他成了一个没有国籍的人。

邬达克的父亲从事建筑设计和工程施工，他十七岁读大学之前一直在协助父亲工作，他在文章里写道：“我与社会的接触得益于我的父亲，实际上从九岁起他就开始让我实践工作。我十三岁时，在三年级考试期间，父亲派我去采石场订购石头，要求在一定价格和条件下签订合同，或者谈判以获取更优惠的条件。我不知道我能不能完成这一切，但父亲要我这么做，我就不得不这么做。他把我们抚养长大，让我们不惧怕生活，期望我们做到最好。”尽管他最喜欢的是神学、哲学和考古，他曾希望自己能成为一位牧师，但是迫于父亲的压力和身为长子的责任，他按父亲意愿报考了匈牙利皇家约瑟夫理工大学（今布达佩斯理工大学）的建筑学专业。

邬达克还是个语言学天才，除了母语匈牙利语，他大学毕业时已熟练掌握斯洛伐克语、英语和德语，在战场上和被俘期间，他又先后学会了波兰语、乌克兰语和俄语。正是这种超群的学习本领使得他被俘后死里逃生成为可能。邬达克的学习没有止于书本和学校，他工作后多次长途旅行，绘制了许多建筑速写，拍摄了大量照片，并且他到上海后还通过不同渠道订阅欧美的建筑期刊，及时了解和学习世界建筑发展新动向。在1930年代晚期，当上海建筑业不再景气时，他又潜心学习匈牙利历史、新教神学和基督教考古学。

大学刚毕业，他就赶上了第一次世界大战爆发。他被征召入伍，在军队里负责设计修筑工事、绘制地图。因作战有功，获得一枚勋章，后担任指挥连长。1916年6月他受伤被俄国哥萨克骑兵俘虏，由于一战和俄国局势瞬息万变，他多次面临死亡的威胁。俄国遣返战俘的火车因交战而受阻，他溜下火车在一个叫希洛克的小镇隐藏下来，谎称自己是一名波兰工程师。由于他主持设计了适合冻土层的桥梁和轨道路基有功，被委任为主任工程师。他从一个醉汉手里买了一本护照，贴上自己的照片，并且伪造了证明自己身份的若干文件。在面临被捷克军团处决的关键时刻，他跳下小火车，冒着呼啸的子弹逃亡到哈尔滨。然后跑到大连，再坐船到上海。

作为一个国籍不明的外国人，身份的困惑始终缠绕着他。邬达克写道："无论我走到哪里，我总觉得自己是一个外国人或者异乡客，一位'飞翔的荷兰人'，四处为家却又没有一个真正的家或住处。无论何时我回到匈牙利和上匈牙利的家时，我总是为自己竟然那样像一个陌生人而感到震惊。时间隔得越久，差距就越远。” 1941 年之前，他一直在为自己的国籍而伤透脑筋：“我到底是匈牙利人还是斯洛伐克人，我不知道，也不愿意去想。因为我无法把自己撕成两半，就像我的祖国被撕开一样。我将永远是原来的自己，在原来的匈牙利，没有人会问我是匈牙利人还是斯洛伐克人，所以两个都应该是我的祖国。”从出生至 1918 年，他的国籍是奥匈帝国；1918—1921 年他被俘和逃亡时，持假冒的俄罗斯护照；1921—1941 年持捷克斯洛伐克的护照（因父亲去世，1921 年他回欧洲奔丧时办理了捷克斯洛伐克护照）；1941 年初他拿到了遣返文件和盼望已久的匈牙利护照，可惜匈牙利于同年六月加入轴心国阵营。二战后他还托妹妹在家乡购买土地，结果被匈牙利新政府没收，他于 1948 年定居美国，三年后正式加入美国国籍。

由于国籍的长期不确定，加之在两次世界大战中匈牙利都是战败国，使得邬达克的身份终究有些微妙，亦导致其法律保护的缺失。所以，邬达克在上海行事谨慎，与各方人士和组织机构都能很好地沟通合作，亦得到了大量华人客户的信任和认可。加上他的无比勤奋和杰出才华，最后在上海成就了一番大事业。

其实，在那些风云突变的岁月里，他还是一个挺身而出的救难者。1920 年邬达克在上海刚站稳脚跟，就协助逃亡的战俘（邬达克中学老师的两个儿子）顺利抵达上海，继而回家。1942 年，邬达克被任命为匈牙利驻沪荣誉领事，利用这个身份他冒着被日本法西斯迫害的危险，挺身而出帮助了不少匈牙利犹太人以及来自欧洲其他国家的犹太难民。

1951 年邬达克申请加入美国国籍时，美国人做过详细调查，厘清了他的政治取向："充分的证据表明，邬达克先生在担任上海匈牙利领事期间尊重犹太人，并以此公开反对所谓的匈牙利法律，他努力保护所有匈牙利裔的犹太人，哪怕他们并不持有匈牙利护照；正因为他的努力，轴心国的代表对匈牙利上海区没有产生影响，尤其是在太平洋战争爆发以后；尽管个人冒着风险，他从人们的利益而非为日本所控制的国籍角度出发为其求情；邬达克先生如此行事是受匈牙利宪法精神和人类尊严法的驱使。"

（三）作为建筑师的职业生涯

邬达克最广为人知的还是他的建筑师身份，他设计的作品几乎都在上海，项目类型包括住宅、公寓、医院、学校、宾馆、教堂、办公楼、电影院、俱乐部、发电厂、啤酒厂等，而且建筑风格既有西方古典主义的，也有折中主义的，还有 Art Deco 装饰风格，当然也有功能主义和具有表现主义的现代风格。他设计的建筑从风格形态来说可谓一部世界建筑简史，但是他没有设计过现代主义建筑那种纯正的白色几何体，即使他后期设计的被誉为"前卫现代"的几个作品也是不见棱角的，尤其是大光明电影院和吴同文住宅还运用弧形元素使得建筑柔和舒展而具有未来感。

也许是他小时候受父亲的影响，所以他特别重视建造环节，对建筑材料的运用也非常得体到位。"我讨厌灰色的建筑"——因为他认为建筑色彩和材料的平衡是重中之重，所以他的作品多姿多彩，完全不像同时代建筑大师的作品那样纯粹和具有一脉贯之的特性。与邬达克合作关系密切的普益地产公司在宣传语中写道："如果有新的需要，在建造过程中有没有可能再修改设计呢？""当然可以，先生。普益地产的建筑师邬达克先生很高兴满足您的任何需要。"你如果对这些说法持怀疑态度，那看看邬达克自己是怎么说的："有些人想要一座房子，有的人则想要家具和室内设计，我不过为他们绘制想法罢了。如果客户不高兴，我可以重新再画，一次、两次，甚至一百次都行，但是我不会在施工图上花费太多时间……最关键的不是形式，而是你所用的方法。只有新材料会带来新的形式，而新的任务会催生新的材料和想法，但是住宅建筑永远都是这样：它必须有魅力，而房间必须舒适而亲切。"

邬达克在设计中对新材料和新技术的应用尤为显著。他在 1925 年设计建造的宏恩医院不但充分考虑了上海气候环境对病人住院的影响，还使用了中央空调，这比美国第一幢全空调办公大楼（米拉姆大厦）还早三年。1934 年建成的国际饭店地基系统是从德国进口的，还应用了当时德国研发的特种高强合金钢，使得整个建筑重量减轻了 33%，造价节省了 20%。国际饭店还设置了高速电梯、弹簧地板，并且十四层餐厅的屋顶可以电动开启，可以让客人在月光下就餐和跳舞。邬达克除了设计师身份还参与投资开发了诸如辣斐电影院、达华公寓等项目，他对项目的定位和投资回报有着深刻的认识，国际饭店的业主因为他的建议将这个项目功能从公寓改成了宾馆，事实证明邬达克的判断和建议是完全正确的。

邬达克是一个精明能干的职业建筑师，但绝不是今天被大家称誉的"国际建筑大师"，我想他一定不会在意自己是不是所谓的"国际大师"，因为他生前对柯布西耶、密斯、赖特等大师的建筑作品颇为了解，旅途中也有实地参观感受，他对赖特的作品评价不高："觉得赖特总是坚持己见，强迫那些最后实际在建筑里居住的业主们接受他的口味。"

邬达克设计建造的众多建筑中，在我看来最具有创造性和魅力的当属大光明电影院，对复杂的场地以及功能流线处理得当，造型刚柔相济。电影院场内共有座位近两千，还设有咖啡厅、弹子房、舞厅等功能，还采用了中央空调系统，并且是亚洲第一座宽银幕和立体声电影院，1933 年建成就被称作"远东第一电影院"，1939 年还在全国率先引进了同声翻译耳机设备。

在设计大光明电影院前，邬达克已经设计了两三座电影院。他在 1931 年还发表了一篇《谈谈电影院之建筑》的文章。他在文中写道："电影院院建筑当下有下列多项之惨败，若外观之不雅，内部装饰之不妥，灯光之不足，声浪之模糊等，此皆因建筑师对于该项工作学识不足之故……电影院事业及其神秘技术乃古时所无，何须伪饰以古典式之威仪。现代既于技术上有惊人之进步，当能产生其时代性建筑样式，即吾人之所谓'维新派'是也。此为近时生活、建筑及嗜好上剧变至所应得之结果。"文章虽然不长，但是从各方面对电影院建筑进行了深刻阐述，许多观点至今看来仍值得深思。

1935 年，西班牙的建筑杂志对大光明电影院的评价如下："这家新电影院既不在欧洲，也不在美国，而是在亚洲，在中国。他证明这个国家建造的高水准电影院，可以与欧洲电影院相媲美。上海大光明电影院的布局和装饰是如此现代，跟欧美的设计并无二致。其外观具有在欧洲随处可见的现代主义痕迹。

巨大的水平和垂直元素创造了令人惊讶的几何效果……在我看来，大光明电影院的外表并不是一种特殊的品位，在许多国际展览中也时常能见到它，但是如果我们把大光明电影院看作一幢通过宣传其功能来提高自身公共性的建筑的话——尤其因为它是一个休闲娱乐场所，它是我见过的最优秀的案例。”

新中国成立后，大光明电影院经过五六次改造，2008 年为满足现代需求，投资 1.2 亿人民币进行了修复。翻修一新的电影院功能形成“一大加五小”的放映格局，其中大厅、进厅和休息厅参照当年设计顶面全部采用 24K 金箔铺设，进厅和休息厅则全部采用铜质花饰扶手，颇有十里洋场的感觉，修复改造后的电影院运行至今，颇受观众好评。

（四）邬达克和他的时代

邬达克的时代正是现代主义建筑迅速崛起的年代，可是邬达克的设计很大程度上却回避了这种潮流和趋势。这一点应当如何去理解?

1920 年代，邬达克立足上海之初，自开埠以来植入的欧陆古典和新古典风格已经奠定了一种审美趣味，外滩的经典建筑业已建成大半。而现代建筑即使在欧洲也是方兴未艾，面对横空出世的现代主义，每个地方的反应不大相同，在欧洲这种趋势是内在自发的，而上海这样的城市显然不具有那种原始土壤。但是作为五方杂处的移民（包括大量外国人）城市，上海形成了兼容并包、趋时求新的海派文化精神，这为邬达克及其同时代建筑师的创作提供了广阔的舞台。

邬达克早年之所以回避采用现代建筑风格，还有自己的苦衷。他说："在这里你只能设计传统风格的建筑，因为任何现代的都会被视为德国风格，而那样设计就是自杀。"因为他那个时候才逃亡到上海不久，德国和奥匈帝国一战失败，他还拿着假的俄罗斯护照。

从出生年代来算，邬达克和第一代国际建筑大师基本算是同一代人，而且他出生和求学都靠近现代建筑的发源地。假如不是因为战争影响，他一直身处欧洲，将会如何设计？并且如何面对建筑的现代化？他还会像在上海那样"以客户需求为上帝"，将各种传统建筑风格都做遍了以后才运用具有表现主义的现代建筑手法来设计？现在来看大光明电影院、国际饭店和吴同文住宅算是邬达克最具代表性的作品，但是将其放在20世纪现代建筑历史中来看，它们并不会占据什么重要地位，也没有引领什么建筑潮流发展。时隔百年，我们该怎么来评判邬达克以及他在上海那个时代的建筑设计？

1921—1922年，邬达克在克力洋行竞标获取了中西女塾的设计建造资格，因为他的方案采用了符合客户要求的"学院派哥特式"风格。国外的杂志是这样评论这个项目："在上海建造这样一个建筑，一个14世纪风格的建筑……由一位20世纪的建筑师来操刀。而且这个建筑不仅要被20世纪的眼光打量，还要由一个生活习惯与西方建筑世界迥然不同的民族来使用，看上去是个几乎不可能完成的任务。解决方案之一是改良，但是这么做有损失历史建筑精神的风险。而这个项目特别棘手的是，一座世俗的哥特式建筑的高耸墙体和狭小开口是无法满足上海炎热气候的需要的。"

而邬达克在1935—1938年设计建造了极其现代的吴同文

住宅后，匈牙利的《空间与形式》杂志是如此评论的："这栋房子显然是远东和欧美生活方式的一个奇异混合体。它包含中国生活方式所需的一切，从祠堂到几个家庭套房，当然除此之外，它还包含一个酒吧，可以在此开办鸡尾酒会。有些人可能会批评设计师，既然他在中国，为什么不采用'中国传统样式'来建造，而是采用了欧洲特有条件下的独特样式。然而，这样的批评只不过反映了欧洲人无益的浪漫主义思想。那些这样想的人未能看到，今天的东方人有多么渴望西方的生活方式，但同时也坚持自己古老的生活方式。他们不能要么全旧，要么全新，新旧都有其价值所在。因此，一种独特的中西融合得以形成，这种形式之美是有据可循的，就像中国女人，尽管思维和习惯已经非常欧化，但还是受到中国古典服饰审美的独特吸引，通过拥抱西方时尚，这种审美今天已经实现了真正的复兴，并且创造出一种无与伦比的摩登样式。在我们同胞的作品中，同样的情绪和努力吸引着我们，我们相信他们完全抓住了今日中国人之所需，因此可以非常完美地满足客户的愿望。为客户的需求寻找一种空间和艺术形式，以最好地表达其个性，这就是对建筑师的最终召唤，或者说是其使命的更高境界。"邬达克显然很认可这些观点，他在给杂志主编的信中写道："您对于我及我的作品洞察如此之深，简明扼要，极尽赞美之词，对当地的情况描述到位，令我对您满怀真挚的敬意。"

旁观者清，前面国外两篇针对邬达克不同时期作品的评价可谓入木三分，并且对东西方建筑文化与新旧生活方式的碰撞与融合有着深刻的认识。其实邬达克不仅仅关注着建筑风格的变化和运用，他对建筑所处地域的气候环境也特别敏感。另外他在上海工作伊始一直对当时最先进的设备、技术和新材料应用保持积极大胆的尝试和运用。他认为这种与建筑风格貌似无关的新的设备、技术和材料，其实更从本质上代表着一个时代的进步与精神，也从内及外地影响着建筑的风貌和品质，最终将为建筑打上不可磨灭的时代烙印。

20 世纪 30 年代，有五十多位中国建筑师在国内从事建筑设计，其中大半是留洋归国的。如果仅从对城市建设贡献层面来说，邬达克远在他们之上。是这些华人建筑师技不如人，还是英雄没有用武之地？实际原因都不是这些，而是他们大多数人的创作背上了“传统文化”和“民族精神”的包袱，多少人终其一生都在其中困惑和挣扎。

当年的上海显然不是现代建筑的发源地和运动中心，但是因为众多国家文化的碰撞和交融，建筑形式和使用需求也是五花八门，加之全球经济、文化和气候等因素的巨大差异，各地发展水平也很不相同，“边缘地区”的建筑现代化具有很强的复杂性与多样性，从而使得现代建筑才不至于失去创造力，僵化为某种稳定的风格样式。上海外滩的经典建筑从专业层面来看几乎没有任何创新之处，更谈不上引领现代建筑运动潮流，但令人吊诡的是，这些老建筑已经完全融入了这个城市与文化，并且成了上海不可替代的形象代表，从诞生至今产生了强烈而持续的影响。

（五）邬达克与他眼中的中国

尽管一开始邬达克是不得已逃亡到中国的，而且他一直不适应上海的气候，但是他在上海前后工作了三十年。他所服务的大多是中国客户，他的员工一半左右是中国人，而且项目的施工建造基本都是由中国人完成的。他还与中国政界的高层人物有所来往（孙科曾对他施以援手，1930 年他将建成尚未使用的自宅低价卖给了孙科）。

他一直关注着中国的时局变化，关注甚至研究着中国人的生活习惯和文化，对中国遭遇的不幸他充满了同情："如果中国是强大的，这一切都不会发生。但是中国人最大的敌人是他们自己，当处于高层的人是小偷，年轻人就只能是口头爱国者而无法自我牺牲——所以我们不可能谈论民族主义的发展。多少条人命白白牺牲，苦难深重，尤其是在普通民众之间。百万富翁容易度日，普通民众备受煎熬……"

他试图说服他的外甥来中国定居，还鼓励侄子从中国学术世界中找到认同："你一定知道我多么强调把匈牙利和中国文化紧密联系在一起，通过教堂来连接将最为成功，就像法国人在中国所做的。这样的文化关联还跟经济要素联系在一起，这对我们国家可并非不无裨益。因此，你们牧师可以成为经济使者……你们知道很多匈牙利和中国文化所共享的事情吗？中国历史学家认为匈牙利部落是西迁后定居在我们家乡的蒙古部族。很多年前，当第一位匈牙利传教士抵达中国时，中国学者用这样的话欢迎他们：'你回到了你的故乡。'"

邬达克还撰写了一篇《中国拱桥》的短文，阐释了中国石拱桥的技艺是由本地建造发展起来的，而不是模仿意大利的传统形式。他在文中写道："他们勤勤恳恳地遵循'忠于建造'的原则来发展，从不尝试用没有感觉的装饰来模糊或隐藏结构部分的原则，把装饰降格为第二要素——这些都是对建造者的高度赞誉。作为一名每天都会接触中国实际建造者的建筑师，我深信，相对于理论探索，中国拱桥根本不需要通过外国案例来发展……他们最后一个阶段的发展达到了真正理性的建造和功能化的设计。它们是真正可以称之为现代的：用最少的材料、人工和努力实现其目标……今天很多建筑师可以从中学到如何尊重建造，如何在真正意义上实现现代。”

邬达克对中国人和中国文化的关爱并没有只停留在思考上，1936 年慈善机构捐建圣心女子职业学校，他义务为这座学校做了设计。

（六）不辞而别，带走的和留下的

1947 年初，邬达克被软禁，因为他作为匈牙利荣誉领事期间，匈牙利政府追随德日法西斯，这种官方职务在战后自然会引起关注。于是，他贿赂官员再次逃亡。为了不引起怀疑，在临走的前一天晚上他还和朋友在俱乐部聚会，并且让妻子照常和一帮女友打牌。是年二月，他举家离开了上海，乘坐波尔克总统号邮轮前往瑞士。离开时他竟然带走了自家的房门。这是多么的令人伤感与唏嘘，人们经常说上帝在关上一扇门的同时会为你打开一扇窗，而邬达克在漂洋过海的逃亡中却带着自己的“家门”！邬达克的小儿子与母亲晚年生活在加拿大，他在当地建造了一幢与上海番禺路旧居风格相似的别墅，竟然还把父亲从上海带出来的房门安装了上去……

邬达克离开上海时还带走了他的绘图桌，也许是为了纪念，也许还想着重操旧业，只是当他 1948 年到美国后觉得自己依旧是个外国人，他被这个国家巨大的尺度和奢侈的生活方式震惊到了："所有的一切都是那样的宏伟，没有一样东西是为个人或为自然设计的……这里所有的东西都是不可思议的高度物质化，不过在精神上却不及传统美好的欧洲。"他应该清楚地意识到属于自己的时代和舞台已经远去，直至临终他未再设计建成一幢房子。

好在夙愿未了，他如愿以偿参加了梵蒂冈圣彼得墓的考古发掘工作："我像只鼹鼠一样手脚并用爬行在石棺之间，最后脑袋撞到了石棺盖上。"他还制作过幻灯片，做了题为《罗马圣彼得大教堂地下近期发掘》的报告。晚年他回归了自己的内心世界中，那是一种生命灿烂绽放后的冲淡与从容，他应该知道自己的生命将在他为上海留下的那些建筑中延续。

少年贝聿铭曾经在大光明电影院看电影、打台球，并且痴迷地看着国际饭店一层层建造起来，竟然还绘制了一张国际饭店图纸，从此立下了终生从事建筑设计的志向。2011 年 11 月，时隔八十多年后，已经成为国际建筑大师的贝聿铭在给匈牙利驻上海总领事馆文化领事的信中写道："邬达克的建筑过去是，现在是，并将永远是上海城市轮廓线的一抹亮色。"

2008 年 6 月，邬达克逝世五十周年之际，上海城市规划管理局与匈牙利驻沪总领事馆举办题为"建筑华彩——邬达克在上海"的展览，许多邬达克的建筑资料和他与家人朋友的来往信件被展出。

2010 年上海举办世博会，匈牙利和斯洛伐克两国分别各自拍摄了纪念邬达克的纪录片，并在上海大光明电影院、世博会场馆等处播放。

2013 年，邬达克曾经在上海番禺路 129 号的故居被修缮一新，作为“邬达克纪念馆”再度开放。

2018 年是邬达克抵沪一百周年、诞辰一百二十五周年、逝世六十周年，由上海市房屋管理局、上海市规划和国土资源管理局、上海市建筑学会主办，邬达克文化发展中心、邬达克纪念馆承办的“2018 邬达克年”系列活动在沪启动……

2019 年 3 月 30 日，一场名为“建筑师邬达克：班斯卡 · 比斯特里察 - 上海”展览在上海开幕……

2020 年国庆假期，我到上海参观邬达克设计的代表建筑。没想到武康大厦让那么多行人为之驻足流连，以至于交通堵塞，这幢公寓的设计并没有什么原创性，但是它具有一种超越了时空的魔力，优雅的轮廓和力量感让人怦然心动。我带着儿子还在大光明电影院看了一场电影，电影名字叫作《我和我的家乡》……

2020.10.08

中国建筑现代化进程中『饭店设计』的探索与启示

20世纪80年代初，改革开放伊始，随着涉外旅游和商务活动的激增，酒店需求迅速增长。然而，国内现有酒店在基础设施、服务和管理体系上与国际星级宾馆存在显著差距，无法满足旅客需求，促使了一大批中外合资与合作酒店的兴起。首批建造的酒店有北京建国饭店、长城饭店、上海华亭宾馆、虹桥宾馆、广州白天鹅宾馆、南京金陵饭店等，期间还有一批特色酒店也相继落地，如北京香山饭店、曲阜阙里宾舍、杭州黄龙饭店、西安唐华宾馆、福建武夷山庄、新疆友谊宾馆三号楼等。过去的四十多年是中国全面现代化的过程，建筑也不例外。如今这些早期建成的饭店基本上都成了中国20世纪建筑遗产。下文将对香山饭店、长城饭店和黄龙饭店予以比较分析，这不仅仅是因为它们的设计、建造时间接近，更重要的是它们既有着内在联系，还代表着中国建筑现代化之路上三个不同方向的探索。

（一）江南气息的香山饭店

1978年，贝聿铭先生受邀访华，北京市政府希望他在故宫附近设计一幢“现代化建筑样板”的高层旅馆，作为中国改革开放和追求现代化的标志。如此匪夷所思的想法，在当时却反映出整个中国社会对西方文明所代表的现代化的急切向往。贝聿铭拒绝了在故宫附近设计高层旅馆的提议，他希望能设计一个既不是照搬美国现代摩天楼风格，也不完全复制中国古代建筑风格的新型建筑。最终，他选择在香山设计一座低层旅游宾馆，这成了改革开放后首个由外国设计师在中国完成的作品。

“我体会到中国建筑已处于死胡同，无方向可寻。中国建筑师会同意这点，他们不能走回头路。庙宇殿堂式的建筑不仅经济上难以办到，思想意识也接受不了。他们走过苏联的道路，他们不喜欢这样的建筑。现在他们在试走西方的道路，我恐怕他们也会接受不了……中国建筑师正在进退两难，他们不知道走哪条路。”这是 1980 年贝聿铭在接受美国记者的采访时讲的话，当时中国的建筑师也许会进退两难，然而作为再次打开国门的政府却只能勇往直前。

1982 年香山饭店落成后引发了众多媒体持续而广泛的报道和讨论。截至 2014 年，仅在《建筑学报》上发表的关于香山饭店的座谈会、评论、设计研究、随笔等就多达 16 篇，至今还有相关研究论文在继续讨论。为什么一个饭店能引起这么持久不衰的讨论和思考？这应该是中国建筑现代化之路的复杂性和矛盾性所致，再就是贝聿铭个人的影响。对当时的中国建筑师来说，很难感同身受到贝聿铭当时所处的社会和文化环境：美国建筑界正处在现代主义和后现代主义的热烈讨论之中，贝聿铭正是在这样的一个背景下接手香山饭店的设计的。贝聿铭的传记作者迈克尔 · 坎内尔在谈及香山饭店时认为，“中国方面对香山饭店的反应不冷不热，这是由于理解上的差别太大，他们无法欣赏贝聿铭代表他们所取得的艺术成就”。他的观察有一定道理，但并不完全准确。事实上，中国建筑师对香山饭店在艺术上的成就给予了充分的肯定和客观的评价。当时的政府、大众和建筑师所不能或者说不愿理解和接受的是贝聿铭在香山饭店之后的文化意图——对西方现代主义建筑和现代化模式的反思和批判，因为我们改革开放的目的正是要拥抱这样的现代化。坎内尔显然无法体会到在当时的中国社会和贝聿铭所处的西方语境之间,在关于现代化的认识上所存在的巨大差距。

实际上在当时中国社会和建筑师也都没有准备好接受一个既不是现代风格又非传统形式的建筑，或如贝聿铭所说的“一种并非照搬西方的现代化模式”，何况香山饭店对贝聿铭设计生涯来说也是一种新的探索，所以会有建筑风格不适合北方、客房流线过长、选用材料要求太苛刻、工程造价太高等质疑和批评。如果说国人对贝聿铭的探索存在误会与误读，他的西方同行也一样存在着误会和误读——他们以为贝聿铭也加入了后现代主义建筑的阵营。多年后再看，完全不是这么回事，因为贝先生是在非常真诚地为中国建筑现代化探索一条可行的道路，他对民族形式的提取和运用也是建立在现代建筑系统化基础之上的，这远不是当时西方后现代主义建筑师对传统元素的拼贴、杂糅和戏仿态度可比。

贝聿铭在 1980 年谈创作时说道：“至于如何使高层建筑具有民族特色和风格的问题，我看世界上没有这方面的例子，有民族风格的都是老房子。”也许是出于这个原因他拒绝了在北京市内做高层现代建筑的探索，在香山饭店的座谈纪要里，他列举了心目中最美的两个城市——巴黎与伦敦，他认为它们和谐的秘密在于对建筑标准的严格控制，基于此，他建议北京市政府要做好城市规划，并控制好建筑风格的协调统一。

（二）全玻璃幕墙的长城饭店

尽管贝聿铭回绝了在故宫附近设计一座“现代化建筑样板”的高层饭店，但这遏制不了我们对“现代化”的追求。1980 年 3 月，紧邻东三环的北京长城饭店就开工建设，由美国的贝克特公司来设计，并于 1983 年底竣工试营业，建筑面积达 8.2 万多平方米。长城饭店外立面采用了全玻璃幕墙的形式，而且这也是中国第一栋全玻璃幕墙建筑。除此之外，装修工程还引进了许多新的建筑技术和材料，如比利时的玻璃幕墙、擦窗机、金属门，美国的卫生洁具、门上五金、吊顶吸音板，日本的电梯及自动扶梯，新西兰的地毯等。

长城饭店的设计具有典型的后现代主义手法，主体高层建筑是很现代的玻璃幕墙，低层建筑却采用石材墙面，屋顶被设计成中式风格的庭院，并且女儿墙呈长城“垛口”形式，寓意着酒店的名字，这是典型的后现代拼贴手法。室内中庭设计也采用了大量的中式元素来营造氛围，公共空间布置有喷泉、水池、花木和休闲茶座，还装有四部观光电梯，客人可直达八角形的屋顶餐厅，俯瞰城市风光。

“北京长城饭店从开业至今，曾有党和国家领导人多次下榻并参加外事活动，且圆满接待了美国前总统里根、布什，日本前首相中曾根等逾百位外国首脑、政要，以及近千万海内外宾客，以其高品质的服务而享誉五洲，赢得了国内外各界人士的信任和好评。”这是今天长城饭店官网上的自我介绍，在八九十年代，入住长城饭店绝对是身份与地位的体现，对国人来说更是现代与时髦的体现，长城饭店当时还被评为“北京市民最喜爱的建筑”。

截至 1992 年，在《建筑学报》上发表的关于长城饭店的文章也有 9 篇，只是这些文章更多是关于玻璃幕墙、吸音板吊顶、地下车库、人造水景、型料地板等技术应用和施工介绍，其中名为沈凤鸾的作者一人就发表了 4 篇文章。这些文章中有两篇与建筑设计关系密切，其中一篇题为《北京长城饭店设计手法上的一些特点》。文章分别从“地下室和公共部分的设计、抗震设计、标志设计、关于两个问题的一些看法（设计图的粗细问题、利用外资引进先进技术问题）”对长城饭店进行了系统全面的介绍，文章虽然没有涉及建筑设计手法和思想的探讨，但是对技术协调和施工管理等方面见解很深刻，譬如作者对施工图设计的看法和建议——“由施工单位和供应厂商画图，在不违背设计的原则下，加以补充……施工单位什么都要设计人员出图，反而限制了现场施工技术人员和广大技术工人力量的发挥，埋没了人才，堵塞了言路，对四化建设是没有一点儿好处的。”作者还认为“引进的新技术不是孤立的一项、两项，不是材料、设计、施工分着来，而是一系列成套地引进”。该文作者为刘导澜，网上对他的介绍很详细：“1945 年毕业于中央大学建筑工程系，曾任北京市建委总工程师，北京市第三、第六、第一建筑工程公司主任工程师，北京市建筑工程局副局长，市旅游局副局长兼总工程师，第十一届亚运会工程总指挥部副总指挥、总工程师，亚运村工程指挥部总指挥。”长城饭店的施工单位是北京市第六建筑工程公司，他作为主任工程师参与了施工建设管理工作。

1986 年 3 月，在长城饭店竣工营业两年多后，由北京建筑学术委员会组织，就“长城饭店建筑和保护北京古城风貌问题”召开了建筑评论和座谈会，发言不仅涉及长城饭店具体设计的得失，还谈到建筑与环境的关系，与保护古城风貌的关系，树立新的建筑观念，创造新的建筑风格可以避免复古主义重演等问题。这个座谈会除了布正伟和顾孟潮的发言外，讨论长城饭店具体设计的内容并不多，更多是在讨论新建筑如何与北京古城风貌协调的问题。大多数人认为建筑创作要解放思想，走现代化之路，当然也有一些人对如何保护“古城风貌”有所担心，陈志华和王贵祥认为新建筑采用什么风格不是主要问题，他们更强调在老城区应该从规划层面来限制新建筑的高度。

1993 年，北京市委领导提出“夺回古都风貌”，然而中国建筑界却刮起了强劲的“欧陆风”，罗马柱式与穹顶几乎一夜之间占领了中国大城市的街巷……四十多年过去了，今天中国的某些城市显然是“长城饭店”们的天下，我们因为大拆大建导致老建筑沉淀的文化和与之对应的生活消失殆尽，而大量快速、无序扩张的新城却变得千城一面，如果只从速度和效率来评价中国的城市化进程，那取得的成就还是令人惊叹的，只是鱼和熊掌如何兼得是需要我们思考的根本问题。

（三）悠然见南山的黄龙饭店

1982 年，作为浙江第一家合资管理的酒店——黄龙饭店开始设计。起初的方案是由设计过北京长城饭店的美国贝克特国际公司来完成的，也许是杭州的城市文化底蕴，也许是业主的定位要求，贝克特国际公司设计的方案没有像长城饭店那么“洋气”——方案布局尽管采用了中式的院落布局，甚至还有七八栋很传统的低层大屋顶建筑，而客房却采用了七八层高呈U字形布局的建筑，立面采用了竖条形虚实相间的开窗方式，体量巨大的客房和低层大屋顶建筑摆在一起显得不伦不类，这样的形式倒也符合西方后现代主义建筑拼贴的设计手法，而不是被我们误读的西方建筑师不了解中国文化所致，当然不了解也是一个原因，但应该不是真正原因——文化背景差异和时空的错位才是问题关键。投资方显然对这个“折中”的方案无所适从，所以又找来了香港建筑师严迅奇来设计，严迅奇因为当时在巴黎歌剧院的国际竞标中胜出而名声大振。从严迅奇提供的方案来看，他的设计和贝聿铭的香山饭店乍看极为相似，也许是他们从内心都有意为中国建筑寻求“一种非照搬西方的现代化模式”，只是由于黄龙饭店容积率要大于1.5（香山饭店只有0.3），用地也远比香山饭店要小，布局相对比较集中，并且客房需要做到六七层才能满足要求。

程泰宁先生牵头的本土建筑设计团队起初的身份只是“陪练”，因为在投资方看来“西方建筑师在五星级酒店喝咖啡的时间都要超过中国建筑师的画图时间”，现实的情形也的确如此，设计的手法和生活（功能）的体验不足是不争的事实，但是程泰宁对杭州城市尺度与人文环境的把握却是西方建筑师所不及的，他和团队经过多方案反复比较，最后推荐的方案采用了对建筑体量拆分重组的方式，并结合院落组织、地上地下空间处理，既满足了现代化酒店的功能需求，又营造了极具江南文化气息的空间意象，并且在此基础上很好地处理了建筑的外墙材料、窗户以及屋顶的形式与色彩的关系，最终达到了内与外的和谐，尤其是建筑与对面宝石山的呼应。在这次与国内外建筑师设计的交锋中，程泰宁先生的取胜显得十分自然，可谓以“虚”取胜——在城市环境中虚化主体、在建筑单体上虚化墙面屋顶、在庭院园林中虚化形式，而最终强化的是“意境”！“悠然见南山”是他为黄龙饭店主入口铭牌背面选择的诗句。黄龙饭店设计的成功得到了国内外同行的高度评价和认可。建筑落成后成为程泰宁先生的代表作之一，然而当时的投资方对方案团队设计经验“信心不足”，竟然在约定的签约仪式上放了鸽子，事后经过程泰宁和多方反复协调，最终和香港严迅奇设计团队合作完成了全部设计工作。

搜索“知网”上关于黄龙饭店设计评论的文章，竟然只有3篇，其中一篇还是设计者程泰宁本人执笔，尽管评论的文章数量不多，即使今天来看发表在《建筑学报》上的两篇文章还是很有阅读价值。程泰宁在《环境 · 功能 · 建筑观——杭州黄龙饭店创作札记》一文中详细介绍和解读了黄龙饭店的创作过程，不仅展示了自己的过程方案，还分析点评了严迅奇的方案，文章既从传统文化和城市环境大处来谈创新与立意，也从使用功能、交通组织、庭院空间等具体方面来谈操作和落地，最后发表了他对建筑“创新”的看法，全文堪称建筑创作“演示”的典范。

1988 年 7 月，中国建筑学会学术部和《建筑学报》在杭州召开了关于黄龙饭店建筑设计座谈会。程泰宁从设计创新、传统与时代感、创作与文化素质三方面谈了他在黄龙饭店创作中的感悟和思考，设计负责人详细介绍了设计过程，难得的是业主也从实际运营使用角度谈了对项目的看法，以张开济为首的十多位发言嘉宾充分肯定了黄龙饭店创作的成功之处，对于局部存在的问题也直言指出，让人能感受到那个年代大家对创作的真诚态度。

（四）三个方向的探索与启示

大约四十年前建造的这些饭店从参与建筑师角度大体可以分为三类。第一类是由境外建筑师团队直接设计，如北京长城饭店、南京金陵饭店，前者现在来看无论文化调性，还是空间品质都比较普通，而后者从各方面来看都很经典，这应该得益于香港巴马丹拿设计事务所（前身为公和洋行）长期在东南亚地区从事设计工作，对地域文化乃至经济发展水平都有深入的了解和实践经验，还有杨廷宝、刘树勋、童寯等我国建筑界大师也付出了不少心血。第二类是由有中国文化背景的华裔建筑师设计，如贝聿铭设计的北京香山饭店和陈宣远设计的北京建国饭店，这些酒店既有现代建筑的系统性特点，又充分利用了庭院和园林来组织空间，最后的效果具有东方文化情调。第三类则是由本土建筑师完成的设计，除了前文分析的黄龙饭店外，典型的还有广州白天鹅宾馆，由佘畯南与莫伯治合作设计，建筑采用现代材料，整体显得轻快而简约，并且把现代建筑的空间处理手法与岭南园林进行了巧妙结合；曲阜阙里宾舍由戴念慈设计，指导思想是现代内容与传统形式相结合、新的建筑物与古老的文化遗产相协调。设计采用传统的四合院组织空间，使用青灰砖、清水墙、花岗岩等地方材料，屋顶按当地传统格式与居民相仿，中央大厅的屋顶则采用新型的扭壳结构，外观是传统的十字屋脊的歇山形式，既减轻了屋顶的自重，又增加了室内空间和改善采光条件，从而使整个建筑消融在孔府的建筑群中，被誉为“不是文物的文物”；福建武夷山庄为齐康设计，采取“宜土不宜洋，宜低不宜高，宜散不宜聚，宜藏不宜露，宜淡不宜浓”的设计理念，并将传统民居风格与现代设施融为一体，建筑与自然景观浑然一体。西安唐华宾馆为张锦秋设计，对唐风、庭院与现代建筑进行了融合创新；新疆友谊宾馆三号楼为王小东设计，对新疆的民族文化和地域建筑特色进行了成功的转译与表达。

这些饭店设计在创作过程中实现了对传统文化的“创造性转化”和“创新性发展”，成为改革开放的对外展示窗口。它们证明了中国建筑现代化不应简单复制西方建筑，即使起初使用主要对象为外宾，也需要而应根据我国的气候、文化、经济和建设水平等实际情况进行本土化设计，尤其是在与发达国家存在显著经济和文化差异的情况。这些饭店除了建筑创作的成功外，还系统性地引进了现代化的管理制度，建立起了对饭店标准的评价体系和运营价格体系，并且能及时收到旅客的反馈意见，持续积累的经验又与设计形成闭环。今天来看中国的星级酒店设计、建设、管理与运营无疑是特别成功的，这些成功的案例也极大地丰富和扩展了现代建筑的内涵与外延。

塞缪尔·亨廷顿认为，冷战后的世界冲突的基本根源不再是意识形态，而是文化方面的差异，主宰全球的将是“文明的冲突”。21 世纪以来，全球的政治格局与经济发展波诡云谲，许多矛盾的确是由文化差异所导致的，以至于发展到了今天的“去全球化”态势。中国作为世界第二大经济体与发展中国家的代表，党中央提出“一带一路”倡议，对外开放我们不仅要引进来，还要走出去。“饭店设计”的探索是典型的“中国式现代化”的成功体现，取得的经验有助于我们走出去时能“积极有效”地与异域文化和文明交流对话，从而可以“共同打造政治互信、经济融合、文化包容的利益共同体、命运共同体和责任共同体”，这也充分体现了“坚定文化自信、秉持开放包容、坚持守正创新”的意义与价值。

2024.1.10

『4千米长』的近现代建筑发展史

（一）缘起

自 2006 年起，因参与南京博物院（简称“南博”）的二期工程设计及后续运营维护，我无数次步行于中山东路和长江路前往南博。从南博沿中山东路至新街口约 4 千米，从长江路西端至南博也约 4 千米。这两条路在地图上呈 Y 字形，交会于江苏省美术馆新馆。在这段不算长的距离有六朝遗址、明城墙、明故宫、两江总督府、总统府等众多历史遗存，也有诸如六朝博物馆、南京博物院、南京图书馆、江苏美术馆新馆、中国第二历史档案馆等重要文化建筑，还有南京航空航天大学这样的著名高等学府，更有大量的商业、办公、居住建筑。放眼全国乃至全球城市，在如此跨度上，恐怕罕有这么丰富的建筑文脉，这里堪称一部活着的中国近现代建筑史。

（二）初步梳理长江路和中山东路上的重要近现代建筑

长江路在明清时期称为大仓园。1927 年国民政府定都南京，办公地点设在原来的两江总督府。1930 年拓宽路面，取名国府路，南京沦陷期间改名为维新路，1945 年以后又改名为林森路，1949 年最终定名为长江路。

长江路从西往东有南京文化艺术中心、国民大会堂旧址、国立美术陈列馆旧址、江宁织造府博物馆、南京 1912 步行街、南京图书馆、总统府、江苏省美术馆新馆、六朝博物馆、梅园新村纪念馆等一系列文物古迹和近现代建筑景点。

中山东路兴建于 1929 年，是从下关中山码头到中山陵迎陵大道的一部分。修路时对明城墙的朝阳门进行了改造，并改名为中山门。中山大道是中国第一条现代化的城市干道，两旁种植的高大的法国梧桐，至今仍是南京的城市形象代表。

中山东路从西往东的主要建筑有金陵饭店、德基广场、交通银行南京分行旧址、浙江兴业银行南京分行旧址、中央通讯社旧址、国民政府财政部旧址、国民政府中央广播电台旧址、孔祥熙公馆、南京图书馆、中央饭店、南京军区总医院（中央医院旧址）、熊猫电子集团、新世纪广场、长发中心、钟山宾馆（励志社旧址）、中国第二历史档案馆、国民党中央监察委员会旧址、南京航空航天大学维景酒店、南京博物院（中央博物院旧址），其间还有明故宫遗址公园、西安门遗址公园、午朝门公园和中山门等历史遗存。

（三）发展历程：从“中国固有式”到“中国式现代化”

1927 年，国民政府定都南京，发布了《首都计划》，旨在对南京进行现代化建设，其中对建筑形式做了明确规定：“中国固有之形式为宜，而公署及公共建筑尤当尽量采用。”在当时，影响公共建筑风格形式的主要因素不仅仅是建筑的视觉效果，更是历经两千多年的社会体制变革后，新兴的政权如何通过首都建设来塑造国家和民族形象，从而“发扬光大本国固有之文化"。一百年来，几代建筑师在不同时代面对如何处理建筑的传统性与现代性，分别给出了自己的理解与解答。

杨廷宝是中国第一代现代建筑师的杰出代表，他 1929 年设计的中央医院采用了中西合璧的设计手法，但只在局部装饰手法上体现了一定的民族形式；1935 年设计的中央博物院则是“辽宋”风格，只是总体布局相对不佳；1936 年建成的第二历史档案馆和 1937 年竣工的国民党中央监察委员会，采用了明清“大屋顶”的传统形式；及至 1948 年设计的中央通讯社采用的是简约的现代风格。只针对中山东路上杨廷宝设计的五六个项目而言，其风格变化就特别大，这既是他作为一名职业建筑师与时俱进的应变能力的体现，也是他对现代建筑认识和思考的结果。童寯 1932 年设计的首都饭店采用了简洁的现代风格——平屋顶、阳光中庭、露台花园。1934 年，他和赵深、陈植一起设计了国民政府的外交部大楼，不同于杨廷宝设计的重檐歇山顶方案，童寯方案的平面设计与立面构图基本采用了西方现代建筑手法，经济实用，又兼有中国传统建筑的特点和细部，被誉为中国新民族建筑形式的典范。1935 年，他设计的中央博物院方案却又回归到典型的传统建筑形式，这在他一生的建筑作品中比较罕见。

奚福泉设计的中央博物院方案，风格现代简约，只在局部采用了传统建筑符号作为点缀装饰。1936 年建成的国立美术陈列馆几乎就是中央博物院方案的翻版，而他在 1934 年设计完成的上海虹桥疗养院外观更加简洁，更多是从病人对阳光的需要和避免视线干扰等角度来进行设计的，这也许在很大程度上得益于他所受的大学教育：他 1929 年毕业于德国柏林高等工业大学，应该深受“包豪斯”教育理念的影响。

尽管《首都计划》对公共建筑形式有明确的要求，但并没有被严格落实，如 1929 年姚彬将国民政府的门楼（后来的总统府）设计成了典型的欧式风格，但是同年由范文照、赵深设计的励志社则是典型的“中国固有之形式”，同年建成的中央饭店由于是民间私人筹办，从商业运营考虑，又采用了西方折中主义手法。1930 年，虔炳烈留学时的毕业设计为巴黎大学城的“中国学社”典型的传统民族建筑形式，很符合“中国固有之形式”，然而他 1935 年设计的子超楼却是非常简约的现代建筑形式。1935 年竣工的交通银行南京分行采用了典型的罗马古典复兴建筑风格，而 1937 年建成的浙江兴业银行南京分行则采用了简约的现代建筑风格……

南京在新中国成立后发展比较缓慢，但随着改革开放，中山东路和长江路上的建筑开启了新一轮的现代化进程。1983 年 10 月，由巴马丹拿事务所设计的金陵饭店开业，作为中国首家自主管理的大型现代化酒店，它拥有中国首个高层旋转餐厅、首部高速电梯和首个高楼直升机停机坪，主楼曾是中国最高建筑；1991 年，齐康院士带领许以立、孟建民、曹斌、仲德崑设计完成了梅园新村纪念馆；1998 年紧邻南京博物院的希尔顿酒店（现在为维景酒店）建成；2002 年，由高裕江主持设计的南京图书馆建成；2006 年，由新加坡泛亚集团开发、李高岚设计的南京新世纪广场建成，曾经是江苏第一高楼；2006 年，由维思平主设计师吴钢主持设计的长发中心建成；2010 年，由德国 KSP 设计的江苏美术馆新馆建成开放；2013 年，由吴良镛院士主持设计的江宁织造府博物馆落成开放；同年，由程泰宁院士主持的南京博物院改扩建落成开放；2014年，由美国贝氏建筑事务所设计的六朝博物馆建成对外开放……

这些新的建筑既有多层的文化建筑，也有高层、超高层的酒店和商办建筑，设计者既有境外的著名事务所，也有国内的院士和中青年建筑师，建筑风格也是丰富多元，它们既对民国时代的建筑文脉进行了延续，又极大地增强了城市的文化氛围和现代感。每个时代虽然都有属于自己的主旋律和思潮，作为个体的建筑师身处时代大环境中，难免会受到影响，但是具体到每个建筑师和每个项目却未必都是整齐划一的，历史也正是因为存在个体差异而丰富多彩。

习近平总书记在文化传承发展座谈会上讲话指出："中国式现代化赋予中华文明以现代力量，中华文明赋予中国式现代化以深厚底蕴。"中国式现代化是赓续古老文明的现代化，而不是消灭古老文明的现代化；是从中华大地长出来的现代化，不是照搬照抄其他国家的现代化；是文明更新的结果，不是文明断裂的产物。中国式现代化是中华民族的旧邦新命，必将推动中华文明重焕荣光。长江路和中山东路上的经典建筑都走入了历史，它们是"中国式现代化"的践行者和忠实记录者，值得我们进行批判性的学习。

（四）案例剖析：从中央博物院到南京博物院

1933年，在蔡元培的倡议下，国立中央博物院筹备处成立，中央博物院也是第一座由国家筹建的大型现代化博物馆。《国立中央博物院建筑委员会征选建筑图案章程》中对建筑风格要求为须充分采取"中国式之建筑"，这和《首都计划》中的表述还不大一样，不再强调“固有”形式。这样的改动应该是梁思成用心良苦所为，因为他是筹备处聘请的建筑委员和顾问建筑师。1935 年 9 月，国立中央博物院建筑委员会邀请了杨廷宝、童寯、徐敬直、奚福泉、陆谦受、虞炳烈、董大西等十三位建筑师设计竞标图，对于如何在方案设计中体现“中国式之建筑”风格，参与竞标的建筑师结合每人自身的理解，提交了形式多样的方案。

徐敬直的方案中标，其最大的特点不是建筑风格，而是对传统中轴线的创造性转换，既化解了菜刀形场地的制约，又兼顾了形象和功能的关系，后在梁思成的指导下将大殿原设计的“明清”样式改为了“辽宋”风格。赖德霖在《设计一座理想的中国风格的现代建筑》的长文中对此做了详细的考证分析和论断，大殿的造型要素来源既有田野调查的实际案例，又以《营造法式》为参照，这充分体现了梁思成建筑史研究与写作对“科学性”的追求。梁思成 1944 年在《中国建筑史》最后一章写道：“至若徐敬直李惠伯之原中央博物院，乃能以辽宋形式，脱身于现代结构，颇为简单合理，亦中国现代化建筑中之重要实例也。”

1950 年，中央博物院更名为南京博物院。1952 年，博物院聘请杨廷宝、刘敦桢、童寯等人为建筑委员会委员，作为博物院未竣工事项的顾问专家，同年 7 月大殿琉璃瓦铺设竣工。1990 年，南博启动了新一轮的总体规划及新建展厅设计招标（之前还请鲍家声、黎志涛等建筑师做过概念方案），江苏省建筑设计研究院中标，新设计的艺术馆采用了传统的盈顶建筑形式，于 1999 年开馆投入使用，这是近半个世纪后南博最大规模的一次规划与建设。

2006 年，南博开启了新的一轮提升改造。起初由于投资定位和现有环境限制，筹建处在长达两年多的时间，先后进行了多轮国内外的方案竞赛，征集了近 30 个方案。国外的建筑师参与设计，使得业主可以从不同文化和视角来审视南博的历史价值；而国内不同年龄段建筑师的参与让南博的提升改造具有了更多的可能性探索。然而由于新老建筑关系以及在诸多条件限制下，应征方案对文化传承与创新的回应都不够理想，提升改造迟迟未能有效推进。

直至 2008 年 8 月，程泰宁院士团队的方案胜出并成为最终实施方案，该方案基于“补白、整合与新构”的理念展开。所谓“补白”，就是综合考虑场地既有条件限制，将新建体量最大的建筑布置在了场地西北角，如此既能提供更多的使用空间，又能减少对老大殿的压迫感。面对功能布局、交通流线、新老建筑空间与形式、展览与休闲等大量繁复的要求与问题，设计提出“整合”的应对策略，通过系统性的设计，最终形成了“一院六馆”的格局。设计基于南高北低的现场条件，大胆提出将 20 世纪 30 年代建造的老大殿整体抬升 3 米，此举不仅强化了老大殿的主体地位，更对“整合”起到了至关重要的作用。由于老大殿建造于 80 年前，当时基础没有采取有效的抗震措施，加之年代久远，此次抬升是集顶升、隔震、加固于一体的文物改造工程，使得老大殿使用寿命得到了极大延长。加之新技术、新材料的综合运营，经过提升改造后的南博老大殿地位更加突出，整体又焕然一新。总体而言，新馆设计既有现代建筑由内而外、形式简练的特征，也有古典建筑法度严谨、克己复礼的内涵。与 20 世纪 30 年代老馆设计基于宏大历史叙事的立意不同，建筑师更为关注具体的历史环境氛围。二期工程完成后博物院呈现出了焕然一新的精神面貌，但是老大殿的主体地位和历史感却有增无减。

（五）创造性转化与创新性发展

文丘里在《建筑的复杂性与矛盾性》中写道：“一个建筑物的复杂性和矛盾性对于环境的整体性来说，有其特别的意义：它的真谛必须体现在整体性或其相关含义中。它必须体现出复杂的兼容性的统一，而非简单的排他性的统一。”一个建筑尚且这样，对于南京这样有着悠久历史与深厚文化沉淀的城市而言，就更是如此了，4 千米长的近现代建筑群既是历史文化丰富多样的体现，也是建筑的复杂性与矛盾性的集中反映。

拉长时间，将中山东路和长江路上的建筑放在历史长河中来看，它们绝大多数无疑都是很成功的，且至今仍有影响，这是历史留给我们无价的物质和精神遗产。近现代以来，中国作为后发国家，在现代化进程中不但需要“拿来主义”精神，更需要秉持“创造性转化与创新性发展”战略思维，中国城市的发展并非简单复制欧美国家，而是需要实现创新性与包容性，最终探索出属于自己的现代化之路。此外，我们还需要借助国家“一带一路”倡议的机遇，走出去与其他国家和民族进行对话交流，输出自己的文明与价值观，从而“共同打造政治互信、经济融合、文化包容的利益共同体、命运共同体和责任共同体”。

2024.3.08

走向新时代的工业建筑设计

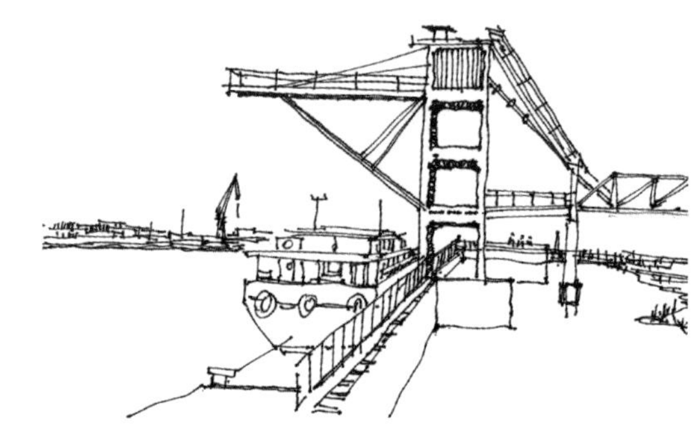

（一）缘起垃圾焚烧发电厂设计

随着我国城市化进程的急速发展，越来越多的人享受着城市带来的舒适与便利，但是我们也面临着诸如雾霾、内涝、垃圾、拥堵等城市问题。前些年全国针对垃圾要不要焚烧进行了大讨论，正反两方的观点针锋相对，各有其理。然而，随着城市人口的急剧增长，产生的大量垃圾以及垃圾分类和精细化再利用的难以及时落实，导致城市垃圾填埋场日益紧张。市郊堆积如山的垃圾使得焚烧垃圾不再是一个选择问题，而是成了解决问题的关键。

近几年不少城市纷纷建起了垃圾焚烧发电厂，在建造过程中也引发了不少冲突与纠纷。由于项目前期的争议，政府部门对发电厂的建筑外观提出了特殊要求：其外观需避免给人留下传统发电厂的印象，以减少市民的反感。如何去工厂化成了不少垃圾焚烧发电厂方案设计面临的挑战。我工作以来一直从事民用建筑设计，由于种种机缘在 2010 年主持设计了一座大型服装厂，近几年又跨界主持设计了十余座垃圾焚烧发电厂的建筑方案。对工业建筑，尤其是垃圾发电厂这个新兴行业认识也许不算全面和深刻，但是一路走来还是颇有感触。

（二）限制中的自由

2012年，杭州市政府规划在西郊筹建一座大型垃圾焚烧发电厂（当时据说算是亚洲最大），在前期可研立项阶段引起了周边居民和开发商的强烈抵制，加之当时房价下行，买了房的人以此为由闹着退房。因为项目前期的风波，政府部门对发电厂的建筑外观就有了非同寻常的要求——外观上要避免给人留下普通发电厂的印象，以免引起市民的反感。做工业建筑设计的建筑师做了好多个方案比选后各方仍不满意，机缘巧合下我作为主创做了杭州九峰垃圾焚烧发电厂的建筑方案设计。

项目基地位于余杭区中泰乡九峰村的一片山坳，在群山环绕中发电厂的用地显得极为刺眼——这里是一座废弃的采石场，裸露的岩石在茂密的植被反衬下如同大地的伤口。如何在满足发电厂自身功能外，还能对这个伤疤予以缝合和慰平是设计需要直面的问题。方案设计通过对发电厂功能体块的高低组合，将管理办公、参观教育等功能整合在一起形成主厂房的“基座”，主厂房立面采用挺拔的竖线条与水平舒展的空中绿化相交织，消解了发电厂巨大的体积感，层层退台的员工宿舍和食堂，山坡梯田式的垂直绿化，利用发电工艺必需的冷却水组织成景观水池，最终的发电厂建筑与群山一起呈现出“层峦叠嶂”的意境。本以为这个发电厂设计只是一个偶然的机会，没有想到在随后的几年时间竟然先后设计了十多个不同地方的垃圾发电厂。

寒冬腊月的华北平原显得空旷而寂寥，田间的麦苗早已枯黄蛰伏，远处隐隐可见树木村舍，近处高耸的烟囱浓烟滚滚，一个占地约13公顷、深10多米的大坑赫然呈现在眼底。业主介绍，这个砖瓦厂已经运营多年，政府关停后这块土地既难以耕种，也不适合建设，最终淄博市垃圾焚烧发电厂的选址定在了这里。

这个项目的方案之前也做了好几轮，业主一直不满意——他们认为方案没能很好地体现出齐鲁大地深厚的历史与文化。业主还特别担心，如果把发电厂建在深坑里，那建筑形象就要大打折扣。经过分析思考和多次讨论后我们提交了最终方案：正对厂区主入口是只有一层的接待展示大厅，顺着大厅的电梯可以下到利用 10 多米深坑布置的管理办公、食堂和车库，接待大厅屋顶由一层倾斜到深坑底部，并且在屋面挖洞设置庭院为办公、食堂提供必要的采光通风，而且屋面覆土做绿化种植，员工宿舍也是结合深坑空间设计，朝南争取日照，朝北利用坑壁遮挡冬天的北风。一般的垃圾发电厂运送垃圾的卡车都要爬上 10 米左右高的匝道才能把垃圾运送到处理车间，而这个发电厂因为主体建设在坑底，运送垃圾的卡车就可以从地面开进处理车间。发电厂建在深坑中最为担心的是水患，好在地处平原，距离江河很远，设计将深坑四周的围墙底部翻起 60 厘米左右高用来挡水，另外将 3 万多平方米厂房的屋顶雨水通过高架的虹吸排水管排放至地面围墙根部的水沟，这些雨水经组织收集到主入口广场的景观水池，干旱季节这些水可用于屋面种植和深坑底部的绿化浇灌。考虑到华北地区光照比较强，在屋顶还设计了太阳能光伏发电板。

在建筑形象上如何体现“齐鲁文化”呢？方案将发电厂主体设计成了质朴的“粮仓”形式，对高出地面 10 米左右的立面金属板做折边和穿孔处理，呈现出“麦穗”的意象，屋顶可以种植农作物，为管理办公人员提供蔬菜等农产品。在查阅资料时，我们得知“齐”是象形字,《说文解字》中释义为”禾麦吐穗上平也”,这真是巧合。因此，我们将主厂房靠近入口广场的墙面设计成了“百齐图”——用金属板制作不同字体的“齐”字，每个字块数米见方，像活字印刷那样嵌在墙上作为装饰。向业主汇报方案很顺利,大家一致认可我们提交的方案,只是他们觉得那个“百齐图”建造会比较麻烦，而且制作成本不低，最后我们将方案修改为只保留一个“齐”字，算是点到为止。

攀枝花市是全国唯一一座以花命名的城市，年日照时数达2700小时，是不折不扣的花城和春城，当地的钒、钛储量分别居世界第一和第三。项目基地位于市郊的山腰，周边人迹罕至，山高路陡，山下则是汹涌澎湃的金沙江。看过现场后我们和业主及当地领导沟通交流，他们都特别希望建筑方案能体现出攀枝花的地名和产业特色。我们提交了三四个比选方案，其中一个方案创意可谓“开门见山”：发电厂主体被抽象设计成五瓣高低错落的“花瓣”，配套的管理用房被设计成两片巨大的“绿叶”，“花瓣”“绿叶”的形态本身犹如巨大的矿石晶体，厂房立面利用折边的金属板形成前后错动、高低不同的韵律感，进一步强化了矿石的晶体感。100米高的烟囱形式就像一朵待放的花苞，接待展示中心、员工宿舍以及护坡绿化的设计形式和色彩则提取了当地“苴却砚”以及植物枝叶的形态，并与主厂房相互协调和呼应，整个厂区呈现出一幅生机勃勃的活力图，在大山大水之间具有很强的辨识度。这个方案得到了甲方和当地领导的一致认可，这样“直白”的创意至今让我忐忑，今年夏天发电厂将全部完工，希望矗立在山间的它“看山还是山”。

我至今为义乌垃圾发电厂方案的落选而遗憾。那是一方宁静清澈的水塘，不高的山坡浸入水中，四周草盛竹修，远处水田漠漠青山隐隐，这里要是不建房子该多好啊……我们提交的方案以“保留山水、再造山水、融于山水”为理念，设计原封不动地保留了池塘和一侧的小山坡，将发电厂拆解以弱化其巨大的体量，并将附属的管理用房设计为层层叠叠的“绿坡”与自然山坡相衔接，最后把接待展示中心也顺地形高差处理成了覆土建筑。这是个投标项目，业主以“太土”“不洋气”为由否定了我们的方案，中标的方案竟然无视发电厂基本功能体量，采用了夸张的造型、奢华的材料，而且场地中自然山水被夷为平地！面对这样的结果真是让人无语又无奈。

近几年来我们陆续设计的还有许昌、徐州、沁阳、公安、晋江、绍兴、合肥以及杭州大江东等地的垃圾发电厂，其中有的很顺利已经在建，有的则停止于方案阶段，个中滋味就不再一一赘述。

（三）对工业建筑的再认识

滥觞于 20 世纪的现代建筑，对全球城市面貌以及人们的生活造成的影响无论怎么形容都不为过，然而被世人誉为第一座真正意义上的“现代建筑”却是一座工业建筑，那就是 1909—1912 年彼得 · 贝伦斯为德国通用电气公司设计的透平机车间。无独有偶，格罗皮乌斯（1907—1910 年曾在彼得 · 贝伦斯事务所工作）于 1911 年设计了德国法古斯鞋楦厂，它也是现代建筑诞生时期的经典之作。为什么第一座真正意义上的“现代建筑”会是一个工厂？这是机缘巧合还是历史发展的必然？

英国是世界现代工业的起源国家，也是最早遭受由工业发展带来各种城市痼疾及危害的国家，导致了以威廉·莫里斯为主导的“艺术与工艺运动”，他们反对与憎恨工业，鼓吹逃离工业城市，主张回到手工艺生产。而比利时也是欧洲大陆工业化最早的国家之一，费尔德是“新艺术运动”的创始人，他们在建筑上极力反对历史形式，希望能创造一种前所未有的、能适应工业时代精神的装饰方法，可惜这种改革更多体现在室内设计上，而且局限于艺术形式与装饰手法，并未能全面解决建筑形式与内容的关系，以及与新技术的结合问题。1907 年由企业家、艺术家、技术人员等成立了“德意志制造联盟”，目的在提高工业制造的质量，并且认定了建筑必须和工业相结合这个方向。

工业革命后产生了许多新兴产业，建筑设计和建造既面临着从来没有遇到过的功能，诸如火车站、电影院、邮政局、钢铁厂、发电厂、纺织厂（这些功能相对于传统建筑尺度是非同寻常的）等，也面对着许多新的建筑材料和技术，诸如电灯、电梯、马桶、钢材、玻璃、钢筋混凝土等，这对当时的建筑师是机遇也是挑战。由于工业建筑最为关注的是实用与经济，并且形式受到生产功能和工艺的严重制约，建筑师在限制中反而获得了另一种“自由”——那就是可以不受或者少受传统建筑风格和世俗的束缚。贝伦斯和格罗皮乌斯的工厂设计正是因为既很好地保证了生产工艺需要的实用和效率，又充分利用了新材料的特性，从而创作了极具时代特点的工业建筑，他们的作品就具有了划时代的意义。

2000 年，张永和与张路峰共同发表了一篇题为《向工业建筑学习》的文章，文章用公式推导出工业建筑等同于“基本建筑”——也就是解决建筑基本问题的建筑。“基本建筑”不需要装饰，也不认为装饰就是罪恶，它的形式来自建造、空间和房屋与基地的关系，也就是理性思维产生的美感。文章最后认为当下的中国工业建筑虽然从设计到施工都很粗糙，但是相对来说更接近“基本建筑”，所以我们要向工业建筑学习。记得第一次读这篇文章是在大四，尽管没有完全读懂，但是印象特别深刻。现在来看“基本建筑”也只是相对存在的，这世界不存在绝对的理性，当然也不存在绝对的感性。埃菲尔铁塔当年建造时引起了诸多人士的强烈反对，其高度、材料和形式都可谓骇世惊俗，而今来看更多的感觉却是古典大于现代。

1999 年，赫尔佐格和德梅隆设计了伦敦泰特现代艺术美术馆。这是一座特别经典的建筑，它由火力发电厂改造而成，高大的烟囱成了天然的标志。随着北京 798 艺术社区的兴起和上海当代艺术博物馆（利用 1897 年的发电厂改建而成）的落成，各地纷纷将停产的工业建筑改造为创意园区或者展览馆。工业建筑那种巨大的非日常空间，还有数十年的时间印记就变成了另一种特别体验，或者变成了时尚与消费符号，可惜现实中不少停产的工业建筑还是沦为了《铁西区》纪录片中被拆解的命运。对于曾经的工厂进行保护、改造和再利用可以看作是工厂另一种去工业化的形式，在这种对功能颠覆性的改变后，这些工业建筑大体来说使用效果尚可，甚至还相当有特色，如此看来，现代主义建筑早期“形式服从功能”的理论就显得很片面了。

垃圾焚烧发电厂目前在国内算是一个新兴的行业，本来算是一个“基本建筑”，可是因为民众担心环境污染而对发电厂的抵制，发电厂建筑方案设计经常被要求“去工厂化”。投资商为了争取项目相互博弈，对发电厂方案提出了特别高的要求，一些领导对发电厂项目的过度重视，结果把发电厂完全变成了“高大上”的地标建筑。垃圾焚烧发电厂的方案设计竞争越来越激烈，已经有不少民用建筑师也加入了发电厂方案设计的竞争，甚至有国内知名建筑设计事务所也参与了进来。最近几年，还有好几个大城市的垃圾焚烧发电厂方案竟然委托境外建筑事务所进行设计。除了不菲的设计费外，造价也不菲。据说某沿海城市的垃圾发电厂围护外墙投资竟高达八千多万元，真是把面子工程做到了极致。对一件事情的过度关注结果往往会适得其反，而且会造成大量不必要的资源浪费。

（四）走向新时代的工业建筑

工业建筑因为追求实用与效率，加上功能与工艺的制约，其形象往往是呆板无趣的，和环境往往显得格格不入。人们熟悉更多的是工业产品而不是工厂。在这个动辄雾霾天的环境下，大家对工业建筑更没有好感，尤其是特别反感那些粗大的烟囱。可是在新中国成立之初，大家却憧憬着北京到处都是工厂烟囱的景象，真可谓此一时彼一时。

国际知名的 BIG 建筑设计事务所竟然在丹麦设计了一座垃圾发电厂。这个发电厂的斜屋面被处理成了室外滑雪场，更为奇特的是，大烟囱竟然每隔一段时间可以吐出一个 30 米直径的大“烟圈”，没有想到工业建筑被设计得这么独特和浪漫。回顾个人设计的工业建筑，我觉得在当下的时代，工业建筑完全可以通过对资源的整合，充分利用可以开放和互动的功能，并且结合工业建筑自身的体量、生产工艺以及场地环境来营造出新的形象，譬如我们设计的服装厂充分利用了城市泄洪渠的水，在车间大面积的屋面进行种菜、养猪养鸡。在做垃圾发电厂时我们也将展览、培训、教育和管理等功能整合，并且充分利用屋顶做绿化种植或者太阳能发电，这样既带来了有别于传统工业建筑的形式，也更符合可持续化发展的理念。后农业与后工业时代体验式与互动式经济是人心所向与潮流所驱，人们不但吃了鸡蛋，还很在乎鸡是怎么生活的，甚至也包括鸡舍建造地是否有趣。

在农业和工业社会，建筑的形式及美学特征基本来自行业生产和与之对应的生活，因为这种生产与生活相对来说是封闭与缺乏流动性的，加之传播方式的局限，对一个建筑的感知基本只有亲自到现场才能实现，“酒香不怕巷子深”在那个时代是正常而合理的。而在后工业化与全球化的时代，一个产品乃至一栋建筑的设计、建造与材料更多是来自不同地方的，尤其是使用者更多是开放的和高流动性的，加之互联网时代信息传播的广度和即时性与之前时代截然不同，人们对许多建筑的认知和了解并非来自切身的现场感受，更多是来自网络上非物质化的照片和视频，而且这种非物质化“流量”经常会产生远远超过了实体本身的影响。一个不像工厂的工厂是后工业时代美学的必然需求，（消费）文化或者符号元素将成为所有建筑的主题。弗兰克·盖里设计的古根海姆博物馆可以说是一座不像建筑的建筑，但是正是这种强烈的反差结合现代传媒手段获得了极其广泛的轰动效应，大量的人慕名而来，以至于“一座建筑救活了一个城市”。

我在向同行介绍自己设计的垃圾发焚烧电厂方案时，多是“调侃”语调，因为在做民用建筑设计的正统建筑师看来这是不务正业，这种对“工业建筑”与“民用建筑”的先验性的价值取向根源何在？我不知道手机、汽车等工业产品的设计师是否要精通内部的机电系统设计？如果即使仅仅设计一个“外壳”的度又如何把握？像悉尼歌剧院这样的建筑对绝大多数人来说不就是以“外壳”形象而存在着吗？我特别喜欢观察小车的轮毂，以至于出国时特意拍了大量的车轮。虽然这些轮毂都是圆形的，而且图形都还是中心对称的，但是不同品牌、同一品牌不同型号的轮毂形式都千变万化、各不相同。相对建筑设计来说，“轮毂”的设计显然更受限制，但是那种绝无雷同的自由不正是来自对限制的承认和接受吗？“量体裁衣”的核心是要“得体”，而“得体”不仅仅是为了大小合适，而且还关乎身份、性格、经济条件和社会地位等诸多因素。无论工业建筑还是民用建筑，工业产品还是手工艺术，我们都特别需要和欢迎“得体”的设计。

20 世纪 20 年代，建筑大师柯布西耶在他的《走向新建筑》一书中对现代建筑进行了精彩论述，号召建筑要向“轮船”“飞机”学习，并且发出“房屋是居住的机器”的呐喊，号召建筑工业化。随着技术的进步和社会发展，工业建筑设计正站在一个新的十字路口。从传统的功能主义到现代的可持续性和美学融合，工业建筑的发展趋势呈现出以下几个明显的方向。一是绿色与可持续设计：工业建筑设计越来越重视环保和可持续性，设计师们正在探索如何通过使用环保材料、优化能源效率和整合可再生能源技术来减少工业建筑的环境足迹。二是工业与环境的和谐共生：现代工业建筑不再仅仅是孤立的生产设施，而是成为城市或自然环境的一部分，设计趋向于将工业建筑与周围环境相融合，通过景观设计和建筑形态的创新，使工业建筑与自然和谐共存。三是多功能性和灵活性：随着工业需求的不断变化，工业建筑的设计也越来越注重灵活性和适应性，这不仅体现在建筑结构上，也体现在空间布局和功能配置上，以适应未来可能的变化。四是文化与身份的表达：工业建筑开始承担起更多的文化和象征意义，成为地区甚至国家工业实力和文化身份的象征，设计中融入地方特色和文化元素，使工业建筑成为展示地方文化和工业成就的窗口。五是数字化与智能化：随着数字化和智能化技术的发展，工业建筑设计也在向智能化方向发展，通过集成智能系统，提高生产效率，优化维护和管理，工业建筑变得更加智能和高效。

展望未来，工业建筑设计将继续在技术革新和社会需求的推动下发展。我们预见到一个更加智能、绿色、人性化的工业建筑时代。在这个新时代中，工业建筑不仅是生产的空间，更是创新、文化和社区融合发展的平台。它们将不再是城市的负担，而是城市可持续发展和文化多样性的重要组成部分。随着3D 打印等新兴技术的应用，未来的工业建筑会以更加环保、经济和创新的方式建造。这些技术不仅能够减少浪费，降低成本，还能实现更加复杂和定制化的设计。工业建筑设计的未来是充满挑战和机遇的，设计师们需要不断探索和创新，以适应这个快速变化的世界。让我们期待一个更加和谐、智能和可持续的工业建筑新时代的到来。

2018.4.10

本命年的设计生活

今年是我的本命年，不经意就走过了三轮。新年在即兴写的短信中拉开了序幕："江南腊月飞雪，疑是三秦故乡。青山因雪白头，碧水为霞红颜。名曰大鹏欲飞，实属巳蛇思潜。盛衰岂凭人意，沉浮当随吾愿？"

初春先后去了几次苗圃，为公司西溪湿地的工作室挑选景观苗木，胸径、冠幅、树形等一旦和价格紧密挂起钩来，再看那盛开如雪的樱花感觉都变了。我和朋友调侃说物种越低级本性越顽固，朋友有点困惑。我解释说：我们可以让猴子学会点头作揖，可以通过一些手段让猪鸡快速出栏，但要改变眼前这棵樱花的胸径和树形，岂不是更加困难吗？至于人，只要领导一个眼神，下属就已心领神会。五一节前，我为两棵远道而来的樱花选定了合适的位置，并且亲手挖坑种植，其实它们原本生长的地方应该就很合适，现在只希望它们能尽快适应新环境。

至此，我负责的工作室改造装修工作，历时一年总算完成了。面积只有1200平方米左右的三层房子改造装修，对于公司来说实在不值一谈，可是对我来说却很有意义。因为它毕竟合理地安排了办公、会议、贵宾接待、宿舍、图档、简餐制作等功能，空间与光影的交织，材料构造与情境的呈现，家具设计及窗帘的搭配，乃至踢脚与门把手的推敲，这些细微的东西在不经意中营造着一种特别的氛围。密斯说“少就是多”，还说“上帝存在于细节中”，其实真正的细节是看不见的，如同上帝只存在于个人的内心感知中，所谓“得意忘形”，大抵如此。

暮春开始加班，带团队一口气做了 4 个投标，还和外面团队合作了两个投标。成绩差强人意，只投中了一个，其他方案都名次居中。其中一个方案我们在第二轮修改后给市里几十个领导汇报，精心制作的文本、展板、多媒体解说等都没有派上用场，一把手领导远远看了一下两个候选方案的模型，发表了几点自己很主观的看法，在场的领导们马上无记名投票选出结果。我们就这样中标了，真是让人哭笑不得。这种经历让我深刻体会到了决策过程中的复杂性和不确定性。自己偶尔也会去评审别人的方案，随机抽取的评委凑在一起选择标准很不一样，同一个设计方案换另一批评委结果可能就不同了。这让我意识到，有创意的方案固然难以实现，但能遇上真正理解它的知音更是不易。今夏虽说奇热，却也没有特别的感受，因为几个投标做完，盛夏已经过去。只记得大热天和同事去模型公司，因为制作间没有空调，工人只穿着大裤衩在切割模型，汗如雨下，他们负责人一个劲地道歉，并拿出冰冻的饮料为我们降温解渴……再就是朋友张君拖家带口地来杭州玩，我们重逢在地铁口的情景，虽然夕阳西下，但是热浪滚滚，几个人的影子被拖得老长，汗水模糊了视线。

投标的过程中，我还带团队协助程院士做了几个项目，其中南京的河西文化艺术中心已经在施工。这个项目从去年 10 月起就在做方案，因为定位一改再改，直到今年 6 月初才确定方案，起初甲方是想在长江边的绿化公园里做一组小体量的建筑群，定位为“艺术家工作室”，还配有展厅、画廊、休闲茶座等，从而能引进省市级乃至国家级的艺术家进驻，并且能实现艺术家与市民与文化市场的互动,从而为新城建设增添活力。

我们最纠结的是如何体现艺术家对工作室独特性和艺术品位的要求，甲方总认为我们的设计不够独特。方案大体确定，终于和艺术家对话了。他们基本了解了我们的设计意图后，一位年近八旬的老先生率先问甲方:“你们把我们引进到这个‘艺术村’真正的目的是什么？”甲方说了初衷定位。老先生说我们身处公园岂不成了“景点”？还能安心作画吗？还有房子是免费使用还是租用？有没有产权？平常谁来管理……甲方逐一解答了这些实际问题，并且补充说艺术家可以为自己的工作室出创意，由建筑师协助完成，这样既能量身打造，又更具艺术性。没想到那位老先生回答：“我一点儿不懂建筑，连自己家里房子装修都是请人代劳的，先不说我的创意如何，真的为我量身打造，按我这把年纪，没几年人不在了，这房子还让后人怎么用啊？”大家彻底沉默。老先生虽然年事已高却难得糊涂，他质朴的话语让人深思，其实不少人太把“艺术”当回事，主要是他们内心里都把自己当成了“艺术家”。

初夏，公司组织一年一度的团建旅游。我和老婆带两岁半的儿子去三亚，大家基本就在客房和海滩之间活动，难得的清闲。在露天戏水池里，儿子骑在充气的大黄鸭上，我在后面推着，他要我为他打捞水面的落花，直到水面上连个花瓣都找不到了，他将小花在池边堆成了一座小山，人也笑成一朵花。来三亚前小家伙很迷恋 iPad，经常盯着看《倒霉熊》，看到这么多高直挺拔的椰子树竟然忘记了“倒霉熊”。偶尔想起要看 iPad 时，我告诉他树上有许多猴子，iPad 被猴子抢走了，他竟也当真了，以至于到现在基本不再玩 iPad，看到我在用 iPad 仅仅凑过来看看了事。不幸的是，他迷上了酒店客房开敞式的大浴缸，一天要洗四五次澡，整天基本不穿衣服，回到杭州气温渐升，他总是趁着大人不注意就把自己脱光，真担心他 9 月去托班会怎么样。结果在学校表现得还不错，只是一回到家就脱鞋脱袜，大人阻止，就光着脚逃，嘴里还喊叫着：“这样舒服！”

在三亚的几天时间，我读完了《瓦尔登湖》，还利用大半天时间一鼓作气写完了《漫谈建筑设计规范》这篇文章，回家后略做修改，投稿给《建筑师》杂志，竟然很快被录用了！读书对我来说已是一种生活状态，我经常把读书比作吸烟喝酒，在我眼里喜好读书真的和这些没有什么两样，只是一般说来，社会上大多数时候和大多数人认可这个方式罢了，不认可的时候如“焚书坑儒”和“文字狱”的时代读书可能还不如酗酒安全。我常和别人开玩笑说，不工作或许还能勉强维持生活，但不读书可能会让我感到生活失去了色彩。今年读书数量明显比去年偏少，利用差旅途中在手机上看完了《甲骨文》《中国哲学简史》《鲁迅杂文集》《鲁迅小说集》，重读了《幸福的建筑》《卡夫卡短篇小说集》《三国演义》。从图书馆借阅了几十本书，印象最深的是些小书，诸如《恋爱中的建筑》《盖房记》《采访本上的城市》《南京人》等，还有一些不甚知名作家的小说也读了几本，可惜自己买的书读得不多，只翻阅了《你改变不了中国，中国改变你》《皇上走了》《余英时访谈录》《渐行渐远渐无书》和王鼎钧、汪曾祺的散文集等几本书，特别想读的书很多，可惜分身乏术。读书时间长了难免会自己琢磨些东西，因为空暇时间很少，写东西真的都是“一蹴而就”，常常一个下午就写四五千字，这些涂写就权当是给时间打个结吧。

骑车上班，经常在半道排队买“甘其食”的包子，突然有天发现不用再排队——原来包子涨价了！我纳闷原来排队的人不再吃包子了吗？还有公司对面的“兰州料理”（同事对兰州拉面的戏称）关门了，这对于我可是大事情，因为这家面馆在此开了至少十年，那味道和一个家庭（开面馆的四五个人是一家人）都变得很“家常”。其中一个小伙计第一次见面像个中学生，这些年下来他已结婚生子，连小孩都在满地跑了。这家面馆距离公交车站很近，生意一直不错，竟然 24 小时营业，偶尔还有几个老外来吃炒面。先后离职去了其他城市的同事，偶尔联系时还会问起拉面馆，因为我们曾经通宵投标，半夜过去摇醒伙计吃碗拉面，饱腹后回来再加班。至今清晰记得同事“老谢”（已去上海工作五年）在初夏一边吃炒刀削面，一边看着树荫下来来往往的“丝袜”，用南京话满足地说：“好得一比啊……”

没过多久，河东路上的“山西面馆”也倒闭了，这家面馆也开了五六年。市区很有特色的几家书店近几年也纷纷关门了。记得几年前“枫林晚”书店惜别市区，门口立着一个很大的牌子，上面写着“退守田野”几个大字，下面是郊区新店的地址。现在曾经是书店的地方变成了红酒专卖店，房价和房租就这样改变着城市的面貌和我们的生活。不知道拉面馆的一家人是回老家了还是另有高就？希望大家能在下一个十年过得更好。

初秋，再次去法国，在巴黎待了四天。在巴黎的一天晚上，朋友带着我去走老城区，高密度的老房子围合的街巷空间感觉极好，穿插在其中的袖珍花园和院子亲切而幽静，下了点儿小雨，路灯将地上的石头晕染得斑斑驳驳，长裙女郎撑伞娉婷而过，这场景宛如德加的油画，真是美不胜收。离开巴黎的清晨，天上月明星稀，我独自去了拉雪兹神父公墓，静候到墓园开门。墓园里几无一人，墓道阡陌纵横，无数的墓碑排列开去，每个墓碑的设计都堪称美轮美奂，我无目的地游走其间，时有乌鸦聒噪而起。漫游中邂逅了巴尔扎克和肖邦的墓地，很想看看王尔德墓碑上无数的吻痕，转了一个多小时直到离开也没有找到，大概缘分未到。在墓园里看到一个华裔小女孩的墓，生命终止在三岁，墓碑的照片可爱至极，白色大理石墓碑前还有纸灰和一圈排列成心形图案的小石子，这后面又有着怎样悲欢离合的故事呢？

离开巴黎一路南下，看了不少柯布西耶的作品，朗香教堂不必说，拉图雷特修道院貌似粗犷不羁的外表下，光影和音效的精微堪比相机镜头，耳边快门重重叠叠的回音让人不忍呼吸。在萨伏伊别墅机器般的精确中，我又发现了大师的不羁——屋顶露台有排水平长窗洞，顶部的横过梁竟然呈梯形！极其的不理性，但是人站在窗洞向外看时，扩大的梁截面营造了很薄的灰空间，感觉很不一样。大师的作品的确很震撼，但是沿途的自然风景、历史人文和街巷烟火也时常令人留恋不舍，这些才是一个城市、民族乃至国家的底色。

我还随身带了一本名为《巴黎的宏伟构想：路易十四所开创的世界之都》的小书，边走边看边想，对这个城市的形态演变、街巷形成以及屋顶形态等都有了更深的理解。譬如当年的贵族大臣可以大兴土木，其府邸的规模和豪华让皇帝嫉妒甚至无奈，所以互相的攀比心态很严重，而这种情形在我们“普天之下，莫非王土；率土之滨，莫非王臣”的传统制度中根本就不可能。因为礼制等级已决定了建筑的开间、进深乃至色彩，僭越的后果会很严重，当然造反成功另当别论，只是后来的皇帝基本都采用了前朝的制度，这样一来给人的感觉是我们的传统建筑上千年基本没有变化，文化上也和建筑的“定势”一脉相承，以至于黑格尔认为我们的文化一直处于停滞状态。我们不少人谈古代的城市很自豪，轴线秩序和《考工记》的关系，有唐长安、元大都等可以佐证。谈传统园林更自豪，移步换景、散点透视大异于西方几何化的园林，师法自然的理念甚至是西方现代建筑的探索方向，然而我们的园林真的自然吗？不惜数十年雕琢太湖石，各种姿态婀娜的盆栽，不计其数的楹联，如果这是自然也是一种人化的自然。我们不要忘记凡尔赛宫虽然很几何化，但巴黎的城市格局却如蛛网，城市、建筑乃至园林后面那些看不见的社会制度才是根本，否则错位对比来看就很拧巴，甚至还要一决高下那更是不可理喻。

十多天的法国之旅结束，回国后，工作就以加速度展开。我负责的几个在建项目都突然提前了竣工时间，让人措手不及，于是湖南告急，山东紧张。最让人无奈的是南京博物院定在 11 月 6 日举行八十周年庆典，并且全面对外开放，虽然这个项目已经做了五年，只是之前进度滞后，要在一个多月内做完剩下的工作，质量可想而知，这恐怕才是最大的行业特色。庆典当天大家感觉还是不错的，也得到了各方面的认可，开馆的第一个周末每天观众超过了两万人还是很令人欣慰的，这些天一些遗留的整改工作还在持续,希望各方的努力能达到预期的目标。11月7日晨，我自南京乘坐高铁返回杭州，窗外秋意正浓，即兴草就四百多字的五言诗，结尾几句是：“五年如昨日，往来杭宁间。惯看星月明，常喜草木荣。悠悠天与地，岂随意兴衰。建筑遗憾事？得失寸心知。”

年底盘点中，还记起了初春因参与博物馆评审的几趟匆匆远行。在大连见到了阔别十年的同事和不再熟悉的街巷，高尔基路的老房子已基本拆光，一座孤零零的二层小楼竟然是个别致的书店，买了一本三联彩色版的《枕草子》留念。在乌鲁木齐的红山公园见到了枝头的春意盎然，那是惊蛰爆发的力量。还难忘的是十月底和冯果川等朋友的小聚和讲座，可惜举办者通知失误导致台下只有十几个人，可喜的是冯为我们一口气讲了四个多小时，真是小灶大餐，精彩极了！江南秋末，还想起了一位故人——陶友松老先生。十多年前他为我们上外国建筑史课，秋日照在黑板上，他即兴写下“莫放春秋佳日过，最难风雨故人来”，说是让大家慢慢体会。前年受梅洪元老师之邀去哈工大评图，聊天中才得知陶老师已经故去，可我至今仍清晰地记得他写完诗句后迎着秋日，双目微闭陶醉的样子……

十月底上海有个“中国当代建筑高峰论坛”，看了一下参与的建筑师还是有点儿心动的，可惜因为加班忙着投标未能成行。十一月底在南京也有个“中国当代建筑设计发展战略国际高端论坛”，这个论坛为期两天，因为投标还在持续，硬是挤出时间听了一天发言，也没听出什么实质性东西。让我纳闷的是参加这两个论坛的建筑师几乎没有交集，他们谈论着各自的

“中国当代建筑”，好在都很高端大气上档次。第二天清晨我匆匆赶回公司继续加班，路上接到三岁儿子的电话，说妈妈要带他去动物园，我才想起今天是周末……

本命年即将翻过，回忆的片段变成记流水账的文字，这就是一年为之付出和追求的生活？去年最忙的时候，手上带五六个人负责着十来个项目，总面积近百万平方米，而且都是公建，还不包括投标项目。一个朋友问我工作状态，我答曰：“八十万平方米禁军教头。”朋友戏谑说：你的生活（指经常改图的加班工作）简直就像一头被蒙上眼睛的驴，不知道围绕着磨子在转什么？是啊，这样一轮又一轮地在转什么呢？仅仅为了五斗米吗？西西弗重复推石头上山的行为在聪明人看来很荒谬，甚至很荒唐，简直是生不如死，可是生活到底该怎么样？如果“推磨”就是命运，蒙着眼睛布就不用了，我希望“推磨”的生活是自主的选择，无论这生活是粗糙或者精致、悲伤或者幸福，我都将尽力将它“推磨”出些光亮与滋味来。

2013.12.20

何以为瓷——景德镇古窑印象综合体设计札记

2021 年 5 月，景德镇“古窑印象”终于正式开业了！从初次踏勘现场算起，这个项目从设计到投入使用历时整七年，在当下以速度为先导的建筑行业实属难得，一切语言对完成的建筑都显得多余而苍白，但是对这个项目过程的梳理和回顾还是很有必要的。

（一）初访瓷都

2014 年 6 月，第一次去景德镇，事先在网上做了些功课，对瓷都颇有期待。

业主管理运营着“古窑民俗博览区”（5A 级景区），为了进一步提升景区服务水平，他们准备筹建一个文化综合体项目，之前已经找多家设计公司做过方案，只是种种原因都没有推进下去。车窗外的现代建筑平淡无奇，和中国当下绝大多数城市一样乏味，难道这就是沿着昌江曾经以瓷器而辉煌的城市？粗壮的青花瓷路灯柱提醒着来客：这里是瓷都！

清早从酒店出来，沿着“瓷都大道”步行 100 多米，就到了“古窑民俗博览区”的入口。红砖墙上内嵌的各式瓷瓶在阳光下熠熠放光，顺坡而上，路窄林茂，此地名为枫树山蟠龙岗。前行 200

余米，眼前豁然开朗，广场边高挑的杏黄旗上绣着“古窑”二字。业主指着山坳上一块较为平坦的荒草地，告知我这就是项目建设用地，两侧山坡林木相拥，怎么都感觉不到这块地“有十三亩大”。

景区接待中心的墙面质感十足，原为窑砖所砌。这些窑砖较日常建筑用砖窄小，颜色红褐，部分因窑火高温而发黑。使用窑砖建房，既实现了废物利用，也展现了景德镇传统民居的特色。正式进入景区，湖光山色，竹林掩映，花坛墙垣上随处可见色彩斑斓的装饰瓷片。景区分为历代瓷窑展示区、陶瓷民俗展示区和陶瓷艺术休闲区三大主题，印象最深的是古代传统制瓷作坊和工匠展示的手工制瓷工艺过程，这里还有明清御窑、清代镇窑、明代葫芦窑、元代馒头窑、宋代龙窑等景点，一圈参观下来，颇有时空穿越之感。

午饭后，业主带领我们深入景德镇的街巷，首先参观了较为小众但极具特色的“创意陶瓷”。小巷幽静，每间店铺的陈设都颇为不俗，这里是景德镇陶瓷艺术学院师生以及“景漂一族”的创作展销区，接下来又去看了几个大卖场，陶瓷种类之丰富让人叹为观止，可谓“琳琅满目”。黄昏，行道树后的店铺门户洞开，三面墙壁摆满了瓷器，沿路排开的瓷器如同被赶出栏的鸡鸭牛羊，绵延不绝地拥挤在道旁，小心翼翼地观望着这个车水马龙的世界……接揽搬运生意的三轮车夫在道旁抽烟闲聊，眼观六路留意着过往人群。

在我们惊讶感叹之余，陪同的业主却感慨地道：“这正是当前景德镇瓷器行业的真实写照，表面上看似生机勃勃，实则暗藏着激烈的竞争。我们的目标是通过这个项目的建设，为景德镇瓷器重拾昔日的荣光做出贡献。”

（二）“神仙大会”

晚饭后我们与业主陈总喝茶闲聊，他询问我们一天的参观感受，期间还介绍了几位嘉宾，分别是陶瓷艺术、历史文化、书法绘画、旅游规划方面的专家，还有做商业策划的，这些人可谓“八仙过海”，在后续的项目推进过程中“各显神通”。陈总还兴奋地告诉大家，今天古窑景区上了中央台的“新闻联播”，原来今年的“中国文化遗产日”闭幕式在古窑民俗博览区举行。茶过三巡，我们打着哈欠，陈总收起茶具，谁知他却对大家说现在去会议室，要正式讨论项目……

是夜，八九个身份和职业不同的人各抒己见，大家分别谈了对这个项目的理解和建议，对如何定位和运营这个项目大家看法不一，反复讨论了很久，最后达成了一些共识。首先，这个项目的关键是要充分挖掘和利用陶瓷文化，要把场馆建设和既有的古窑民俗博览区结合起来。其次，这个项目不是一个纯粹的文化展馆，需要把展览和销售充分结合起来，要注重观众（消费者）的体验感。第三，展示陶瓷文化的手段要创新，运营模式也要创新，不能循规蹈矩。第四，需要成立一个涵盖策划、规划、建筑、室内及景观等专业的综合设计团队，先进行为期三个月的前期概念设计，最后形成切实可行的设计任务书。第五，建筑方案要符合整个项目的运营和定位，不能为了形式而形式，更不能孤芳自赏，待完成前期可研工作后再决定是否要委托院士或者国家大师来设计这个项目。

“神仙”散会，已是后半夜，因为恰逢“中国文化遗产日”，博览区的“镇窑”举行复烧活动，陈总意犹未尽，带领大家去为“镇窑”添柴加火。路上他如数家珍地介绍了这座“镇窑”。它始建于清初，在 1995 年以前窑炉一直维持正常生产，1996 年后窑炉停烧，经长期试验和准备后于 2009 年 10 月 19 日重新点火烧造，复烧的盛况被央视和香港等地的多家新闻媒体进行了报道，“镇窑”还成功申报了体积最大柴窑的吉尼斯纪录……远远可见高耸的烟囱喷射着熊熊炉火，窑房中灯火通明，大家在烧窑师傅的指导下，将成捆的松木添进窑炉中，火光将每个人的脸映得通红。

对建筑师来说，开会讨论方案是家常便饭，但是那晚在烟雾缭绕中持续到后半夜的“神仙大会”让我至今记忆犹新，而且这样的“神仙大会”只是个开头，随着项目的推进，后面大家分别在景德镇、南昌和杭州等地开了多次这样的“神仙大会”，几乎每次都是在烟雾缭绕中讨论到后半夜。业主还安排专人整理会议录音，通过阅读之前的会议记录我才得知这个项目在 2012 年初就启动了，而且之前的会议记录竟然多达近二十次……

（三）他山之石

除了“神仙大会”的纸上谈兵，业主还带队先后参观和调研了上海的 K11、北京的 SKP（原新光天地）、北京的侨福芳草地、苏州的诚品书店、杭州的杭帮菜博物馆等文化商业场所，对建筑功能布局、内外材料和运营特点都进行了详细剖析，工作微信群里还经常会推送他们去调研别的项目的照片和感想。这些文创商业的成功之处在于它们将文化艺术品与商业活动巧妙融合。在上海和北京的项目中，消费者在享受购物休闲的同时，也能欣赏艺术作品和表演，与艺术家进行交流。这种模式不仅提升了商业空间的人气和品位，也让艺术得到了商业的滋养。但是细细分析下来，这些商业场所都可谓占尽了天时、地利与人和的优势，无论北京、上海，还是杭州，都是景德镇所不能比的，而且一个项目成功的背后对应着无数大家看不到的失败者。

负责商业策划的团队在景德镇多次调研，最长一次住了十多天，发问卷、走街串巷、重点访谈，最后提交了一份全面而翔实的策划报告。对于项目的功能设置和面积分配也给出了详细的指导意见，特别推荐的功能有品牌陶瓷售卖区、5D 展示厅、陶瓷艺术餐厅、特色小吃咖啡店等。一般推荐的功能为陶瓷主题的演出秀、拍卖会、名家讲堂及鉴定中心等。最后还给出了投资和盈利数据分析，这些结论似乎都在“神仙大会”反复讨论的意料之中，只是不知道这样的商调能否预测七八年后的市场行情？

面对当下瞬息万变的商业运营，如何谋定而后动实在是个难题。在项目设计建设的七八年中，传统的商业受网购冲击，可谓尸横遍野，即使连万达集团这样的大鳄也未能幸免。大家曾经特别看好的诚品书店（台湾敦南店）在 2020 年 5 月底竟然也关门了。虽然未来有着诸多的不确定性，但是也充满了挑战与希望，项目还是有条不紊地推进着。

（四）“聚落”与“殿堂”

没有想到这个预计三个月的前期概念方案竟然持续了半年多时间，期间进行了多次研讨分析，没有想到业主最后决定建筑方案不再找院士或者大师设计，而是直接委托我带团队继续做下去！

前期头脑风暴阶段，设计首先着眼于项目用地和“古窑民俗博览区”的关系，建筑与两侧山坡及民居的关系，还有场地高差和交通组织的关系，至于建筑形式与扯不清理还乱的文化关系则采取了“类型学”策略应对——设计将可能的建筑形式归类为雕塑式、覆土式、乡土式、分散式和集中式等类型。通过“神仙大会”讨论大家首先认为覆土式不合适，因为是个文化商业项目，建筑的形象还是很重要的，其次集中式也不合适，因为规划指标建筑密度达 65%，限高 15 米，集中式的建筑形式使得场地显得很局促，同样原因分散式更不可能，最后归结为到底是做雕塑式还是乡土式。我反对做马头墙形式的传统建筑，也反对将整个建筑处理成窑坊那样的坡屋面，因为建筑体量很大，马头墙完全成了装饰符号，坡屋面没法做上人活动的露台，我更反对将建筑设计成一个或者几个放大的瓷器或者瓷窑，出路到底在哪里呢？

还是回到具体场地来考虑问题：建筑密度太大，主入口只能开在场地东南角，建筑能预留的空地只能在东南侧……通过反复分析比较，我们认为如何能充分借用两侧的山体自然景观，如何能充分利用场地朝向来营造建筑光影效果，如何能平衡好瓷器展示所需要的仪式感和观众休闲消费所需要的舒适性，是这个方案设计成败的关键所在。最终的建筑方案以两层高的柱廊和披檐为“基座”，檐下层层叠加出挑的梁头既是对江南穿斗式民居符号的提取，又和博览区“镇窑”山墙的形式相呼应，檐柱沿东南向展开，规整而富有韵律感；“基座”之上是一层高的坡顶建筑，坡顶呈折线蜿蜒，高低错落，前后穿插，形成具有聚落式民居的感觉，两者在虚实、大小与尺度关系上既形成对比，又融为一体。屋顶露台视野极佳，可近观远眺，无论从外看建筑还是从内看山景都可谓相得益彰，整体营造出“瓷都聚落、珍宝殿堂”的建筑意向。

建筑的柱廊对应着室内两层通高的内街空间，这进一步强化了“殿堂”的尺度感，并且在“聚落”围合的中央设置了采光中庭，阳光从三层一直贯穿到地下室，在自然通风采光的同时又引导着观众的流线。

外墙材料从第一眼看到窑砖就确定了，我们调研过程还参观学习了窑砖和混凝土砌块内外复合砌筑的做法，并且对窗户洞口等局部构造进行了改进，这样既解决了建筑节能保温的要求，又保留了窑砖的质朴特性，甲方根据之前工程经验对窑砖勾缝提出了更合理的建议——不能用水泥，要采用黄泥加砂灰的做法，这样才有传统民居的味道。檐廊柱子饰面与吊顶的材料起初设计的是脱脂松木板，结果做了局部样板才发现松木板最大尺寸比预想的要小很多，接缝与肌理效果完全不可控，并且还有开裂的风险。放弃了松木板后，还考虑柱子外挂石材屋檐吊顶仍用木饰面，或者采用压纹辊涂工艺做的仿木纹铝板。这些设想和尝试先后都被放弃了，最后选用了可用于室外的进口防火板。先后经过小样板、大样板和实际的工程案例照片比选，确定了一款木纹颜色和肌理与设计特别契合的防火板。屋面的材料通过对小青瓦、石板瓦和陶质平板瓦的对比，本着质朴简约的原则最终选择了深灰色的陶质平板瓦。对玻璃幕墙外侧的装饰铝合金方通则比较纠结，我纠结的是方通截面尺寸和间距到底多大合适，甲方纠结的是要不要花一笔钱来做这个“遮挡视线”的装饰，建筑施工期间我去日本参观了谷口吉生设计的法隆寺珍宝馆，拍了些照片给甲方看玻璃幕墙和装饰方管搭配起来的光影效果，之后甲方对此没有再提出异议，最终通过反复比较确定了铝合金方管的尺寸和间距，完成的效果达到了预期。

场地除去建筑和消防环道外，留给景观的余地很小，然而在广场侧面山脚下设置的砖砌烟囱标识、十二生肖石雕，在山坡岩壁上设置的展现陶瓷文化的壁画，在前广场设置的带灯光秀的音乐喷泉，在三层屋顶露台布置的绿化叠石，这些置景与泛光照明进一步烘托了建筑的文化氛围。

（五）何以为“瓷”

可以说没有陶瓷就没有景德镇。曾经的瓷器在生活中既是必需品，又可以是奢侈品。中国一度垄断着瓷器的制作工艺，但是一件精美绝伦的瓷器的诞生不仅仅要依靠工匠的技艺，在某种程度上还有赖于窑火“天意”的成全。然而当今陶瓷制作工艺早已普及全球，加之玻璃、塑料、不锈钢等材料也可替代陶瓷用具，瓷器的地位今不如昔，可谓曾经有多辉煌，今天就有多落寞。

景德镇是国务院首批公布的 24 座历史文化名城之一，也是中国优秀的旅游城市。如何传承发扬和展示瓷器文化，景德镇也一直在努力和尝试。除了既有的古窑民俗博览区、皇窑陶瓷游览区、景德镇十大陶瓷厂博物馆等景点外，近十年还先后落成了中国陶瓷博物馆、三宝蓬艺术中心、陶溪川文创街区、丙丁柴窑和御窑博物馆等以陶瓷艺术为主题的展馆和文创项目，这些项目从不同角度对景德镇陶瓷遗产文化进行了开发和再利用。

2010 年上海的世博会上，“江西馆”以青花瓷为造型来讲述景德镇的瓷器文化；2014 年开工的南昌万达广场，竟然将 19 万平方米的商业综合体设计成由 26 个景德镇青花瓷组成的造型。如何传承发扬和展示瓷器文化，景德镇也一直在努力和尝试，除了既有的古窑民俗博览区、皇窑陶瓷游览区、景德镇十大陶瓷厂博物馆等景点外，近十年还先后落成了中国陶瓷博物馆、三宝蓬艺术中心、陶溪川文创街区、丙丁柴窑和御窑博物馆等以陶瓷艺术为主题的展馆和文创项目，这些项目从不同角度对景德镇陶瓷遗产文化进行了开发和再利用。

“古窑印象”的设计摒弃了将建筑形式直接处理成“瓷器”的直白做法，最终采用了“聚落”与“殿堂”交融的设计策略，核心目的就是营造一处人与瓷器邂逅的空间，人与自然和谐相处的场所，窑砖、陶瓦、木板等自然材料以及与阳光、山林的关系注定这个建筑只属于此地。除此之外如何处理好“古窑印象”与“古窑民俗博览区”的运营关系也是本项目重点思考的一个问题，景区开放运营时间可谓朝九晚五，“古窑印象”展销结合、体验式消费的模式正好弥补了景区功能的不足，夜晚景区关闭后，以“昌南瓷宴”为特色，辅以禅茶和瓷文化咖啡的功能又为本地市民提供了绝佳的休闲消费场所。瓷器来源于泥土，诞生于烟火，最好的归属莫过于烟火气的生活，建筑也大抵如此。

老子的“凿户牖以为室，当其无，有室之用。故有之以为利，无之以为用”经常被建筑师引用来阐述建筑空间，其实这个引文的前一句讲的正是陶瓷制作：“埏埴以为器，当其无，有器之用。”虚无的空间无论对建筑还是瓷器来说都可谓根本，只是认识到这个根本的人不多，即使认识到了又能如何呢？盛饭的碗所需的只有那么个空间，但是碗的款式和釉质花色可谓千变万化，同样的茶用纸杯、瓷杯、玻璃杯、不锈钢杯来喝味道有差别吗？建筑的空间固然重要，但是虚实相生，以什么的“有”来呈现“无”至为关键。

作为文化综合体到底该怎样展现瓷器文化？又该展现什么样的瓷器文化？尽管传统文化已经逝去甚至断裂，但是传统对于建筑不应该仅仅作为一个具象的符号而存在，旅游景点也不应该只是供外地游客观光猎奇而与本地人生活无关的场所。曾经封闭而稳定的环境以及材料和技术的制约形成了所谓的风格与共同价值观，而当下开放多变的社会，新的建筑类型和材料技术与时俱进，个性张扬与多元的价值观使得建筑师设计既能自由发挥又无所适从，阳光、风雨与星月相对于人造的建筑来说是永久的，建筑是人与自然及社会互动的媒介，如何处理这短暂的变化与永久的轮回是建筑师首当其冲要思考的问题。一个建筑师不应该只知道怎样能做好设计，更应该知道为什么要做设计。

2021.8.12

雕塑与烟囱

东方渐白，红日隐隐可见，时值深秋，雾霾笼罩的天气却难以让人神清气爽。

董教授胸口发闷，他弹掉烟头，干咳了几声，嗓子里的痰难以咳出，不知是因为创作经常加班精力消耗太大，还是因为年纪大了身体衰弱太快，他虽不悲秋，但是眼前这天气却让他触目生情。他曾经是多么的精力充沛、气宇轩昂，为了市政广场那个名为《曙光》的大型雕塑作品创作，他连续十多天吃住在工作室，甚至干了几个通宵，以至于几个年轻的助手都先后累倒了。雕塑落成，市委书记亲自剪彩，各大媒体竞相报道，市民以在雕塑前留影为荣，这件作品先后获得市级、省级一等奖，后来又获得国家银奖，他也先后晋升为学院教授和省级大师。

又该出发了，只是这次他不再亲自去汇报，他对助手千叮咛万嘱咐如何做好汇报工作，以至于显得婆婆妈妈。这些天为了创作瓷都“唐英”的雕像，他熬夜至眼睛里满布血丝，案头堆满了烟头和资料，也许他太在意这个作品了。初秋他去踏勘现场，和文化创意园的甲方还做了沟通交流。当地政府为了弘扬传统文化，彰显唐英对瓷都的杰出贡献，计划在唐英诞辰330周年之际为他塑造一尊雕塑，座谈会上众人十分惊叹董教授对唐英的理解，恭维他提前做了这么多准备工作。其实这些人哪里知道他与唐英算是老乡，对唐英有着多年的研究，他对《陶冶图说》了然于胸，甚至还收藏了一幅唐英的作品，最后董教授建议甲方最好能保留现场那根砖砌的烟囱。

董教授先后勾勒了许多人物小稿，并且做了好几稿小样，对创作思路也做了详细的分析说明,还亲自去瓷都汇报了两次。尽管当地领导、业主和专家对他极其客气和恭维，他们再三强调瓷都的国际影响以及唐英对瓷都的文化价值和地位，但对他的作品却未给予正面评价，他当然明白大家并没有很认可他目前的创作成果。这也很正常，在创作中他不止一次遇到这样的情况，何况这是一个 300 多年前的人物，留下的具体资料很有限，就是他自己对目前的成果也不是很满意。

凤凰文化创意园的筹建工作如火如荼地推进，这里曾经是市郊一个大型陶瓷制造厂，只是产量越来越少，加上环境污染治理和城市急速扩张，这个陶瓷厂停产废弃多年了。随着周边地皮的升值，这个不毛之地变得炙手可热。多次论证后，市里确定将这里打造为文化创意园，可以设置工艺大师创作、青少年文化培训、市民休闲、游客观光等功能，更关键的是能充分体现瓷都的陶瓷文化和艺术魅力，可谓一举多得，唐英雕像最终也被选定安放在这里。

建在陶瓷厂旧址的筹建办会议室烟雾缭绕。“咱们董事长就是有眼光，将唐英雕像选定放在原来烟囱的位置，真是高明，并且耐人寻味！”杜主任吐了一口烟说。“那是，这叫浴火重生，再创辉煌！”小孙接到。“我们还是再谈谈眼前这个该死的烟囱吧，为此我们开了好多次讨论会，也请专家一起论证过，到现在还没有定下来处理方案，真的成了园区建设的肉中刺！小汪，你每次都参加了讨论，你说说看吧。”杜主任指了指正在走神的小汪。

今天是周末，小汪突然接到通知要加班开会，本来下午他要送小孩去少年宫学陶艺。他不时地看看手表：“这该死的烟囱，还有完没完啊！”“小汪，你想老婆了吗？天还早着呢！”杜主任拍了拍桌子再次指了指小汪，大家哄堂大笑。小汪回过神赶紧说：“这个砖砌的烟囱有 30 多米高，而距离烟囱最近的民居还不到 20 米，搭脚手架人工拆除费时费力费钱，采用定向爆破要提前到相关部门备案,万一倒向民居后果不堪设想，我找施工队包工头私下也谈了好几次，让他们能尽快给出解决方案，只是现在还没有反馈……”

董教授的助手充满激情地详细阐述了唐英雕像的创意和设计思路，展示了他们对历史人物深刻的理解和尊重：“根据考证，唐英到景德镇的年龄是 47 岁，雕塑设计以此展开。首先唐英是乘船到景德镇来的，穿着官服，并且职位不低，当时他是三品官员，10 月份应该穿着春秋服装。但是清朝的帽子有暖帽和凉帽两种，我们正在尝试做两种帽子，看哪种会比较应景。除此之外，唐英当时是坐船来的，我们计划塑造唐英站在船头的样子，并且考虑到他是奉皇命来到景德镇督陶，手拿圣旨的姿势、面部神情以及衣服，我们做了两种处理。方案一，圣旨平托在手，目视前方，朝服下垂，显得他重任在身，若有所思；方案二则是将圣旨握在胸前，朝服下摆翻起，神情踌躇满志……”最后他补充说董教授再次建议能保留创意园里那根烟囱，并且要他对在座的领导和评审专家表达歉意——本来董教授是要亲自来汇报的，可是他最近身体不好。因为董教授没有来，众人讨论就都显得很轻松，大家围拢起来看了这次的两尊泥稿，然后开始分别发言。

“中国文明是世界迄今为止唯一没有间断的文明，瓷都的窑火两千年没有停歇，设计制作唐英铜像是整个文化创意园的点睛之笔，这是传承弘扬中华传统文化、延续中华文明、实现民族复兴的重要举措，有着极其重要的精神价值和现实意义。希望董教授不负重托，做出传世之作。董教授那个保留烟囱的建议很好，那根烟囱不但见证了我们城市化发展的进程，而且几十年下来也成了我们这代人的精神象征。”文化局李局长的发言赢得一阵掌声。

“这两个雕像总体上看，对人物的理解、大的造型关系、构思的处理方面基本上把握得还是不错的，因为唐英是作为一个朝廷命官到景德镇督促陶瓷制作。雕像设计的场景是唐英坐着船到了瓷都，初来乍到接近一个地方以后的神态和心情。他身兼朝廷的重担，虽然有雄心壮志，但心里也是如履薄冰的，能否把工作完成好，他也不得而知。因此，如何把唐英复杂的心情表现出来很重要。还有就是雕像的服装，如果是朝服就会给人一种上朝的感觉，唐英风尘仆仆而来的感觉就会减弱。因此我更倾向于不要设计成朝服。”艺术学院江教授在发言中对雕塑作品表示认可，同时也提出了一些改进意见。

“我的观点肯定带有偏见，因为没有个性就不是艺术家了，所以我的意见仅供作者参考。首先，我觉得不是方案做得越多作品艺术性就越好，更不是做到大家都没意见了就最好。我的体会是如果一个作品大家都没意见，那它就是商品。据说这个雕像设计了很多稿，我觉得艺术家应该有自己作品的形象和特征，比如这个作品交给张老师做，那就是张老师的理解，交给王老师做，那就是王老师的风格。作者一定要对这个人物有自己的理解，如果把所有人的意见都添加在作者身上，那么我觉得作者会很难施展，作者一定要有自己非常明确的看法。关于这个铜像，我觉得很重要的一点就是主导思想的问题。如果是希望铜像能成为一件艺术品，那么我觉得就不是这样了，这个铜像我把它换一个人名就可以变成另一个人的铜像了。还有一个很重要的就是环境，不能说这个铜像做出来后放到哪里好像都没什么区别。其次是光线，因为铜像做完之后是不能移动的，我们就需要考虑要不要借用自然光源，假如自然光源只有一点点呢，那就会很尴尬。”蒋教授发言。

“到瓷都的督陶官至少有四五个，大家为什么唯独记住的只有唐英一个？所以我感觉只是把唐英刚到景德镇的这一瞬间抓住，似乎并不能够代表唐英的精神。那么多督陶官，哪个不是乘船或者骑马来的？唐英也是这样表达的话显得不是那么有特点。总而言之，就是铜像的官气最好不要太重，要塑造一个亲民的形象，也不一定要选择唐英刚到景德镇的这一瞬间，可以定格在唐英为景德镇做出特别贡献的一个瞬间。”熊教授发言。

“唐英这个人，我早就知道，但是对他不是很了解。我知道他是个督陶官，对陶瓷的发展有着巨大贡献。我也听说他还是个画家。这就有所不同了，他是个画家，又带着皇帝的使命到景德镇来，他有着双重身份。现在景德镇每年都会吸引很多瓷漂前来，有别于以前的工匠八方来，现在是艺术家八方来，这说明如今瓷都的魅力越来越大。这座唐英的铜像，瓷都很重视它，这也很有必要，因为他做出的贡献我们不能忘记。铜像应该体现的是唐英的精神，我觉得这很重要，当然也包括他的服装，当时的身份应该是什么样的服装。这两个设计稿都各有优势，各有特点，可以互相吸取。”周教授发言。

“用一个雕塑来反映唐英，确实有困难。这两个设计稿从雕塑的角度来评价的话，还是不错的。但是如何体现唐英是有难度的，就如刚刚其他老师讲的，把这个铜像标个其他人的名字也可以，如何体现他是督陶官？关于唐英，从历史资料人们已经有了一个大体概念。他是沈阳人，北方人有北方人的特点，如果人物要做具体，就一定要体现他北方人的特征。这两个设计稿的唐英都是手拿圣旨，可人们不能看图识字，如何体现他是一名督陶官呢？能不能与陶有点儿结合，不要被唐英刚来景德镇这个题目框住了。”工艺大师张先生发言。

“铜像的环境很重要，铜像摆在那里，光线来源，一天的光线变化都要考虑。唐英站在船头，他不是去上朝，是奉命到景德镇。在船上他是要看一看的，因此表情我建议不要过于严肃，应该放松一点儿，亲切一点儿。再一个，他站在船头上，会有点微风，铜像不要太死板，服装、辫子要稍微有点动的感觉，至于圣旨这一个细节，我觉得平放显得比较庄重。”工艺大师唐先生发言。

“唐英不仅仅是一个艺术家，他在宫廷内务府是为皇帝画样的，比如皇帝想要做一个什么样式的瓷器，唐英就把它画出来。同时，他又是诗人、文学家、涉猎很广。他到景德镇是恭亲王派来的。当时在景德镇督陶的是年希尧，唐英过来协助他管理御窑厂。说白了，唐英就是以奴才的身份来的，地位很低，因此并不会穿官服。他到景德镇来是平民化的，不会像政府官员那么张扬。因此，唐英在景德镇应该是一个平民化的形象，唯唯诺诺的，包括他的诗文也体现了这一点，他在景德镇也经常跟工匠们在一起。唐英的形象是有原型的，他的朋友在唐英生日时曾给他画了一张小照，非常逼真。由唐英的这张画像可以得知，唐英并不高，个子在一米六左右。脸形是上宽下小，除了上朝见皇帝，唐英是不戴帽子的。因此，按照历史和唐英的特点，如果要出一个艺术精品，要让景德镇人留住唐英的形象，为何不做一个唐英和窑工们在一起制作陶瓷的形象呢？这样更能吸引人，更能反映唐英的个性。”田教授刚到会，做了补充发言。

“唐英铜像是凤凰文化创意园的一个重要组成部分。此次专家研讨会取得了丰硕的成果，与会专家们对唐英铜像的主题，人物的个性特点、服饰、头饰、道具等等都提出了许多宝贵意见，相信唐英的铜像将会达到一个很高的艺术水平！”唐英研究会周秘书长对讨论进行了总结发言。

董教授的助手额头冒汗，飞快地记录着各位领导和专家的发言，手指酸痛还是跟不上讨论发言的节奏，好在他提前在会议桌上放了录音笔。

周六下午，瓷都青少年宫人头攒动，各个兴趣教室坐满了不同年龄段的小朋友。培训教室外面的走道和楼梯上或站或坐着不同身份的家长，有的明显是爷爷奶奶，或者外公外婆，他们要么交头接耳地交流孩子的学习经验，要么表情茫然、目光呆滞，个别在埋头读书，当然绝大多数都在低头盯着手机屏幕。

一些刚下课的孩子显得神情疲惫，一位妈妈边鼓励孩子边用筷子往他嘴里塞鸡块，并且让他不要东张西望，快点吃完盒饭好上下一节陶艺课，这可是瓷都少年宫的王牌课程。孩子吃完饭，木然地走进了教室，这位妈妈如释重负地打开手机在给老公发微信："汪大头，说好的周末你送小孩去上培训课，我买菜回来，你竟然不吭一声就又去加班了！公司是你家吗？索性晚上不要再回来了……"

"小朋友们下午好，今天是你们这期陶艺班的第一堂课。再讲具体陶艺历史文化和制作之前，我先给大家讲一下佳士得最近的一个拍卖活动，可能有的小朋友听你们爸爸妈妈讲过了，最近那个 2.5 亿天价拍卖的鸡缸杯就是我们瓷都在明代烧制的！"年轻漂亮的陶艺老师一脸自豪，看着小朋友们张大的嘴巴继续说："你们可要好好努力学习陶艺课呀，也许你们将来也能创作出这么有价值的作品来哦。"

突然传来一声巨大的闷响，地面隐隐发颤。凤凰创意园的会议室窗户被震得嗡嗡作响。"难道发生地震了吗？！"杜主任大叫了一声，会议室的人惊慌失措，夺路而逃。等到他们挤出大门来到庭院，被眼前的景象惊呆了：那根又高又粗的烟囱竟然不见了！碎砖块溅了一地，烟土飞扬。

包工头红光满面地跑过来，他对着筹建办的汪经理说："您看怎么样？今天晚上您可得请我喝酒了。你们也不用再文山会海地来回讨论了，我让人在烟囱上系了根粗钢丝绳，用推土机一拉，就把它给搞定了！"

2017.11.15

水泥与牡丹
——记三门峡某水泥厂设计

2021年初春，我接到一个河南口音的人打来的电话，他自称是河南某水泥厂的项目部主任，对我在湖州设计的热电厂印象深刻，并希望能见面详谈。这些年各种机缘我参与设计了一大批垃圾焚烧发电厂，还意外地设计了一座热电厂，但是我还是纳闷发电厂和水泥厂会有什么关系。一个多小时后，张主任（年纪估计三十出头）带着两个同事就到了办公桌前，沟通后了解到，他们计划扩建水泥厂并对旧厂进行改造提升，以打造一个特色工业园区。他当场表示可以委托我们来做设计，费用都好谈。我明确表示没有设计过水泥厂，对生产工艺也基本不了解，他说工艺设计由专业设计院负责完成，我们要了解工艺他们会全力配合，最后我承接了这个项目设计，一是被他的诚意打动，二是想挑战一下没有设计过的项目类型。张主任离开时留下了一件工艺品——一朵直径约30厘米的特色瓷艺牡丹，并说在踏勘现场时可以顺便欣赏洛阳的真牡丹。

（一）

新冠肺炎的流行使得踏勘现场的时间一改再改，于是先就着业主提供的有限资料做前期设计准备工作，建场地模型、熟悉生产工艺等，从业主提供的大量照片可以看出厂区外部自然环境还不错，紧邻山脚，厂区办公区有一水塘，新厂区紧邻旧厂，现状是个村子，不远处还有一条河流穿过。

清明假期，我回老家（咸阳市）扫完墓，乘高铁到了渑池站，张主任安排司机接我去水泥厂，车窗外满眼是青绿的麦苗和盛开的油菜花，司机说现在正是洛阳牡丹盛开期，其实这个水泥厂位于三门峡渑池县的仁村乡，只是这里距离洛阳更近一些。很远就看到了水泥厂高耸的设备，混凝土罐体刷成了土黄色，还有大量覆盖着深蓝色彩钢板的厂房和高架运输通道。厂前区的办公楼很简朴，水塘清澈，询问得知水源来自地下水，业主希望在设计中能充分利用这个条件来营造厂前区的景观环境。尽管厂区内水泥硬地众多，环境却保持得干净卫生，园艺工人正忙于在每个角落栽花种树。一树梨花开得纷纷扬扬，山脚一侧的挡土墙上还绘着青山绿水的壁画。张主任热情地带着我逐一参观了各个生产车间，印象最深的直径达 80 米的半球形堆料库，顶部还开着两圈天窗，空间纯粹，尺度让人震撼。厂区内还有一处建于五六十年代的二层青砖房子，位于生产区尽端，很安静，也很有年代感，厂区大门外还有一排四层红砖的废弃房子，据说曾经是个研究所，张主任说他们计划将青砖房子改造为职工活动中心，把厂区外的红砖房子可以收购进来改造为招待所。

午饭后，我们先去踏勘厂区西侧的一处空地，大量纵横排布的钢柱锈迹斑斑，柱顶还带着梁托，柱子呈 T 字形，远处背景是起伏的黛青色山丘，山脊上高大的白色风力发电机叶片静止不动，这场景颇有超现实主义的感觉。张主任介绍说这里之前要建一个工厂，种种原因没有建成，他们要把这里纳入整体规划，将来要在这里生产装配建筑的预制构件。参观完后，他开车带我去看两千米外的矿山，因为长时间的爆破采石，矿山显得满目疮痍，我们来到了一处恢复治理的山腰。张主任介绍他们现在边采石边治理。他指着地上的一团青草说这是他们选择的一种生存能力特别强的野草，之前种植了各种草存活率都比较低。我们参观了碎石机器和运输履带，不远处还矗立着一座废弃的小型水泥厂。

暮色四合，我急着要赶火车，这次牡丹是看不成了。临走时我从车窗看到树木掩映的村庄，露出房子很有特色，于是喊停司机，下车匆忙拍了几张照片。

（二）

甲方找我设计的初衷是“去工业化”，也就是通过“包装设计”让厂区的建筑看起来不像工业建筑，甚至有点地方文化特色，经过对水泥厂工艺的了解和现场的踏勘，我认为这个出发点不对。水泥厂建筑不多，更多的是生产工艺所需的设备和存储水泥筒，现状感觉杂乱的原因是厂区没有整体规划，不同时期扩建和改造的建筑材料颜色斑驳刺眼，没有必要的硬质地面过多，导致景观体验感不好，办公楼、宿舍食堂等完全以功能为主，缺少必要的设计。现状的这些问题在新厂区设计中都可以避免，然后对旧厂区建筑和环境可以逐步提升改造，最终形成兼顾生产、生活与生态的园区，而不是通过表面化的设计来“去工业化”。

回到公司看匆忙拍的村子照片，再电话询问张主任才知道厂区边上的村子有些年头了，于是让他们补拍了一些照片发了过来。村子沿马路的房子多为近二、三十年所建，有的裸露着机制红砖，有的贴着白色瓷片，而大多数房子的墙面则是由青砖和土黄色石头砌筑而成。其中一口老井还是清代的，井边石碑上的文字清晰可辨“道光十五年正月吉日”，那时鸦片战争还没有爆发，距今即将 200 年了！踏勘现场时业主告知这个村子会整体拆迁，于是就没有进村细看，甚是遗憾。看着这些照片，结合前期对厂区的研究分析，一个大胆的构想冒了出来：能否保留住村子核心区的房子、大树和古井？

我们和负责工艺设计的河南省建筑材料研究设计院反复沟通，将水泥成品运输区平移 45 米，这样可以将村子核心区建筑群保护下来，然后将一期和二期厂区的货运流线整合在一起，这样可以节省不少交通用地面积，土地指标也能平衡。我们对方案经过多次讨论、调整，最终对项目定位为“集文化价值、生态价值、经济价值于一体的现代化厂区”，具体体现为以下方面。“文化园区”：对保留的民居进行必要的修缮，尽可能少拆少改，并且让新建建筑风格与老建筑有机协调，从而能留住乡愁。“生态园区”：减少厂区生产不必要的硬地，增加绿地率，在挡土墙和一些高大建筑墙体下种植攀爬植物，增加垂直绿化，新设环保主题和技术展示厅，让更多的人了解和关心生产、生活与生态的关系。“活力园区”：沿绿荫设慢性健身跑道串联整个厂区，结合生产空隙设计篮球场等活动场地，并且将山脚坡地可改为种植农场，住宿工人可参加果蔬种植。这些设计与生产效率和经济效益没有直接关系，但是从长远来看它们对生产环境和生活品质却大有裨益。

因为新冠肺炎的影响，当面交流讨论方案的时间一改再改，期间和业主也视频讨论了几次方案，他们告知国庆后，随着秋季农作物的收获结束，村子的房子就要陆续拆迁……2021年国庆假期刚结束，我带着同事就赶去水泥厂汇报方案。

（三）

因为之前线上做过沟通交流，所以方案汇报很顺利，我认为设计的核心不是“去工业化”，而是让工业更工业，但是要通过规划和提升改造让厂房和设备融合进周边环境中，这样才能把钱花到刀刃上，也能减少后期的维护成本，多种一棵树，“时间”就会参与设计。与会者都很认可我们设计理念，厂长提出希望能保留厂前区二层的砖混小楼，那是建厂伊始落成的，也是他们那代人共同的记忆，再就是取消之前讨论规划的托儿所，因为夫妻同时在厂里上班的人不多，加之村民搬迁，将来生源不足。

午饭后，张主任陪同我和同事再次踏勘现场，我们对方案和现场存疑的地方逐一进行了核查，结果发现规划的员工宿舍区除了一棵直径 1.5 米左右的大树，树下还有两间石头砌筑的小房子，之前业主告知房子屋面局部坍塌，即将会拆除，设计的时候可以不考虑，现场大树和房子相依相存场景让人动容，我当即决定调整宿舍布局，将小房子和大树作为整体保留，将来小房子修缮改造后可以作为宿舍的活动室或者会客厅使用。

我们重点走访了上次未能进入的村子，名为徐庄村。令人惊讶的是，尽管村名为徐庄，但 95% 的村民却姓张。村口有四五个老人坐在水泥预制板上抽烟聊天，张主任用方言和他们热情地打招呼。不少院门上交叉贴着不同日期的白色封条，有的日期还是几天前的。一些院门外堆放着玉米棒，门前空地上的白菜和萝卜长势喜人，枝头的柿子青绿中已泛出了淡黄色，可惜它们不知道主人已经搬走了。张主任告诉我，这个村子曾经有不少人就在水泥厂上班，老水泥厂建设给他们生活环境带来了影响，但也为他们提供了就业机会，新厂建设和村民都谈好了拆迁安置条件，搬走一户他们就会贴上封条。对我们提出保留村子核心区老房子的提议他们开始并不接受。一是原住户看到自己房子谈好拆迁最后却没有拆，他们会不会再违约要回去？二是怎么修缮和利用这些老房子不在他们计划之内，也超出了他们的能力，经过我们的系统分析和解说，最后厂里领导集体决策才接受了我们的建议。

我们看了那口“道光十五年”的古井，又参观了好几户人家，其中有的住户很早就弃家进城了，院内墙倒屋塌，窗棱上爬着牵牛花；还有的住户最近才搬走，废弃的灶台似乎还有烟火；我们进了一个还未搬走的住户，后院羊圈有七八只山羊，院子中间有三四只芦花鸡在啄食，几个月大的花狗安静趴在房门前，窗台上挂着玉米棒和辣椒，簸箕中晾晒着新剥的红豆，屋角下有座黄泥砌的柴炉，形态质朴浑厚，一位老人走了出来，张主任扯开嗓子比画着和他打招呼，他说老人耳背。眼前的情景让我更深刻地理解了“宅者，人之本。人因宅而立，宅因人得存。人宅相扶，感通天地”的含义。

我们离开村子时，遇到有户人正在搬家，蓝色的卡车车厢上有个 2 米左右高的老式大衣柜，颜色呈老旧的呈棕褐色，衣柜中间是片穿衣镜，镜子下方木板上褪色的蝴蝶、花卉轮廓依稀可辨，几十年前这衣柜应该是崭新的嫁妆。车子缓缓开动了，镜子中的老屋因为摇晃而变得模糊而遥远……

（四）

方案的调整工作很快就完成了，关于保留民居我们还策划了诸如接待洽谈、企业文化展示、特色餐饮，甚至民宿等功能。我再三要求张主任把拆迁的老旧材料都保留下来，一是挑选好的来修缮保留的老房子，二是可以在新设计的房子中结合利用，三是可以铺路做景观围栏等。这样工作都做了，总觉得怅然若失。我想了很久，写了一个简单的拍摄大纲，联系了拍过纪录片的芬老师，他对此很感兴趣，于是再联系张主任说明为什么要把拆迁、设计和建设过程拍成纪录片，制作成本也不会很大，没有想到他很认可这个想法，说是尽快和厂长沟通。几天后他回复说厂长也赞同这个提议，他们希望拍摄老师能早点到现场，因为拆迁工作推进很快，现在还有些住户在搬家，还可以做些采访。

和芬老师多次介绍、交流后，他写了一个 40 个场景的拍摄大纲，主要从矿山开采于保护、设计方案讨论、工厂访谈、行业发展访谈、工农问题、设计师谈村庄、村庄视角、开工建设、施工过程、竣工典礼等角度来拍摄，预计时长 60 分钟。芬老师前期调研，发现徐庄村没有自己的村志，他建议通过前期调研素材，可以单独剪辑一部徐庄村的村志，记录村庄的历史变迁和故事等，并且计划从九个方面来调研和剪辑：地名篇（为什么 95% 的张姓村庄叫徐庄？徐庄的来历）；家谱篇（张姓、赵姓等家谱的拍摄）；遗址记（村庄原来的古庙、祠堂、古井等旧址辨认和讲述）；小学记（徐庄小学的经过）；古树记（村庄几棵古树、大树的记忆）；食货志（特色农作物、经济作物、美食等）；文艺志（徐庄原有的曲剧戏班的记录和采访）；人物志（工匠、教师、赤脚医生的口述和传闻，对村庄有贡献的人）；异闻志（关于村庄的有趣故事，不一定属实）。

2021 年 11 中旬，芬老师带助手进驻水泥厂，访谈和拍摄了一个多星期。我在下旬带同事再次到水泥厂汇报方案，并查看村庄拆迁材料和保留房子情况。前一夜北风如割，早晨路边可见薄冰，天蓝得深邃，尽管温度很低，但阳光特别亮丽。芬老师拍摄了方案汇报和讨论，然后带我去看村子，已经拆掉的房子一片狼藉，田野中枯黄的玉米秆飒飒作响，空无一人的村庄是那样的萧瑟。芬老师对村子的每家每户已经如数家珍，还能对着院子老屋讲出一些主人的故事。一处院子核桃树下有方砖砌的小桌，桌面贴着几种不同颜色的瓷砖，凳子也是砖砌的，房子墙上裱糊的《河南日报》发黄剥落，日期是 2010 年 5 月 20 日，三好学生奖状时间是 2016 年 8 月，地上破碎的镜子将阳光映得一墙璀璨。芬老师带我去看了 1960 年代建造的戏台，戏台角落上有块清代的石碑，路上看到一个废弃的背篓，里面还有件小孩的碎花红棉袄，在穿过篾条缝隙的阳光下特别鲜艳而温暖。我带芬老师去看那个我念念不忘的黄泥柴炉，好不容易找到了那家院子，泥炉却被连根拔走，曾经的山羊、鸡狗、辣椒、红豆都不见了，阳光令院子显得更加残败。

我们的方案推进缓慢，起初是因为生产工艺需要调整，随后是投资资金未能完全到位。再后来，一家央企收购了水泥厂。张主任表示，项目要正式推进需等待两家公司完成重组，对此他多次表示歉意。转眼一年过去，年底新冠肺炎的流行终于控制住了，然而这个项目继续沉寂着，又一年过去了，张主任多次道歉说现在房地产几乎崩了，其他投资建设也严控，水泥厂扩建生产线就……我真的表示理解，之前我和芬老师也是再三道歉，他倒很乐观，因为村志的纪录片他算是基本拍完了，我建议他把片名叫作《水·泥》。

2024 年初夏，张主任带了一个研发人员出差到杭州，晚上我们相聚吃饭，他竟然不喝酒，有点儿不好意思地说在备孕，之前我知道他已经离职了，现在在做工业机器人的业务。他临走送了一盒信阳毛尖茶叶给我，说味道不比西湖龙井差。的确一方水土养一方人，水土成全了村庄和农业，水泥成全了城市的建设，乡村和城市只能一枯一荣吗？玻璃茶杯中的毛尖即使涨开了也显得很纤细清秀，电脑硬盘中的方案如同悬浮的种子无从生根发芽，而书架上那朵瓷艺牡丹却依旧灿烂地盛开着……

2024.8.30

从「盖房子」到「他人的嫁衣」

最近看了一本名叫《盖房记》的小书，作者竟然还是两个人。书虽很快读完，内心却久久难平，我想这绝不是因为作者是日本人的缘故，正是他们的“盖房记”触动了我尚未僵化的软肋。

年近六十岁的著名设计史学家柏木先生，他根据自己的经济现状及生活习性，经过多次考察，在海边山脚相中了一块建房用地。柏木先生“希望自己的房子不仅具有设计美感，还能经得起时间的考验。同时也希望房子能建得方便实用，更希望能通过建造一处新房来改变我们（夫妇）的生活”，他再三考虑后，决定让建筑师中村好文为自己设计房子。中村好文小柏木两岁，并且和柏木还是校友。他以设计普通住宅而闻名，之前还为作家村上春树设计了住宅。他在《住宅读本》一书里写道：“所谓住宅，并非只是一个将人的身体放进去，在里面过日常生活的容器，它必须是个能够让人的心安稳、丰富、融洽地持续住下去的地方。”

《盖房记》全书以相互穿插叙述的方式，将一栋房子的建设过程从概念、选地、建造、装修直到完工进行了记录。由于两个人的角色和立场不同，从而使读者能够充分理解建筑设计与实际需求之间的矛盾与平衡之美。他们彼此之间试探、揣摩、开诚布公，最终达成默契，恰如一个读者所说“如同两个老男人在谈恋爱”。当然他们最终共同创造了一栋“质朴而大胆的房子”，一个可以依托终身的家。

这样的盖房过程和结果都让人心动，当然也让房奴和屌丝们心酸，能有一块属于自己的地来建造房子该是多么幸福的事啊！我们这现在是全球不折不扣的最大建筑工地，可谓占尽了天时、地理与人和，似乎没有理由设计、建造不出好建筑。可现实的情形大家有目共睹，岂止一句“千城一面”所能道尽？谁都知道房子离不开土地，建筑师也基本把处理建筑与场地的关系作为设计的第一要义，可是真正属于建筑的土地在哪里呢？当下与设计和建造房子相关的土地基本集中在城市，建设量最大地是开发商主导的商品房和政府投资的公共建筑。商品房土地使用权为 70 年，公共建筑的土地使用权年限没有说明，似乎是永久的，实际的情形是我们目前商品房平均寿命也就三十几年，公共建筑寿命也不容乐观，因为对公建的拆迁与改造基本不存在阻力。无论设计者还是建造者，他们面对的土地基本都是抽象和多变的，虽然大家都希望能设计建造出一座座经典的作品，可潜意识里谁也不会把这房子当真，设计与建造的过程似乎就成了逢场作戏，“安居乐业”那是上古的事情。

能为自己设计建造房子的建筑师是幸福的，当然这在当下的社会实属罕见，一般说来建筑师只有通过甲方才接触到土地，而我们面临的又是什么样的甲方呢？当下能成为甲方的基本只有两大类人，一者为开发商，另一者为政府。其实他们都不是建造房子的最后使用者，仅仅是参与主导着设计与建造过程，至于他们的建房动机如何且不去评说，单就是将设计建造过程与实际的使用者基本割裂开，这就会给未来的实际使用留下大量后患。我们不仅仅是全球最大的建筑工地，更是最大的改造工地，由于“闭门造车”的设计，住户买到房装修时，他们多数人第一时间就是先把能砸的墙都砸了。公建的使用也好不到哪里去，学校、医院、车站、剧院、图书馆、博物馆等公建无论与每个人的生活关系是否密切，大家都显得比较被动，公众基本只能无条件地接受这些建筑格调与品味。

我曾极端地和朋友讨论，当下的建筑师基本上没有真正的甲方。朋友惊讶地反问“这怎么可能”？我解释说一个或大或小的居住区就被几个所谓的前期策划部、销售部、设计部的人给决定了，而另一类甲方（政府官员）热衷于建造那么多他们自己也很少去的图书馆、博物馆、大剧院，这两类人算得上真正的甲方吗？但是除了这两类“甲方”我们还存在别的甲方吗？在利益与权力最大化的博弈中，建筑师成了美化理想生活的工具（当然也有不少立志于“创造”他人生活的建筑师），无论是否虔诚或是装傻，他们美化的理想生活在现实中都如同空中楼阁一般缥缈。身为建筑师，从业十多年，回头细想，还真没有遇到过特别具体的甲方。尽管建筑师都在坚持着“以人为本”的设计的理念在工作，可是这抽象的“人”到底指的是谁呢？

建筑师通常不喜欢别人将自己的作品称为“房子”，因为“房子”一词涵盖了日常的吃喝拉撒睡，以及人生的喜怒哀乐和生老病死，显得太过平凡。相比之下，他们更希望自己的设计被称为“建筑”，这不仅代表了艺术和文化，也关乎格调和品位，甚至与历史和永恒相连。不夸张地说，当下的大多数建筑师就是这样理解建筑与设计建筑的。这种无根性的设计最后造就了大批的“艺术家型”建筑师和“奇观建筑”，他们有能力甚至不缺才华，利用一次次的实践机会实现着自己的作品，他们潜意识中的“甲方”是媒体的关注、同行的评说和国际权威的评判，他们成功的标志就是那些发表在杂志上近乎完美的建筑照片和不明觉厉的理论阐释，还有国内外的各种奖项。建筑师在不同场合阐述着自己的设计理念，志得意满，似乎理想已经实现。然而现实中的房子是什么样子呢？建筑师发表的作品照片中基本都是没有人的，因为这些照片几乎都是在房子建成的第一时间拍摄的，有多少人还有勇气拍摄自己作品使用五年、十年后的照片？

中村好文在《盖房记》中这样写他在勘踏用地现场的情形："我用磁石确认方位，观察太阳升起与落山的位置，确定日照情况，察看冬至时分周围住宅的日照情况，预测风的通路，假设建成后的新宅要占多大地方，使用 360 度全景立体相机拍摄连续照片，实际测量水电设备的位置，像一条狗一样蹲在空地一角不断挖土，以确认地界位。在外人看来，这都是一些莫名其妙的举动。回去的时候，还边走边察看周围的环境，仿佛偷内衣癖一样，实在可疑……”其实柏木先生要建造的两层小房子面积也就两百平方米多一点，可从业大半辈子的建筑师还是如此的虔诚与一丝不苟，令人动容，因为他知道这花销是柏木先生一辈子的积蓄，这房子对主人来说是安身立命的家，他还知道建造房子对处女地的意义，基于此，他才如同出道伊始，“像一条狗一样蹲在空地一角”。

这本书中还有一处让人感慨的是工程造价对设计乃至生活

的制约，设计史学家本人除了藏书颇丰还畏寒怕热，尽管他一再要求设计要“质朴而大胆”，可是他的预算却捉襟见肘，怎么办？建筑师反复修改设计，针对他“畏寒怕热”的体质对建筑采取了特殊措施。为了节省模板造价，设计将梁柱的结构形式修改为纯混凝土墙板的箱型形式，建筑师还利用自己与施工老板多年的交情“请客喝酒”，以期得到尽量优惠。即使建筑师使出了浑身解数，仍然难为无米之炊，最后定稿的方案还是取消了地下室书库，建成的房子中只能容纳房主 70% 的藏书，这是多么大的遗憾啊！难道我们现实的生活不正是这样吗？

在这个消费主义至上的时代，按理建筑师应该对工程造价很敏感才对，可实际情况是绝大多数建筑师对工程造价并不敏感。看看那些造型夸张，动辄大量使用进口材料的建筑吧，因为他们设计的是抓人眼球的“艺术品”，只要有人愿意买单就好了。当下的建筑师特别在意自己的创意，真可谓“语不惊人死不休”，至于如何将这些“创意”落到实处，不少人既没这方面的能力和经验，甚至连这方面的意识都没有。在建筑师潜意识里都希望自己的设计能用上世界上最好的材料和建造技术，他们根本不清楚每平方米 3000 元还是 4000 元造价到底会对设计品质影响有多大，因为他们出图后甲方都很有自己的主见，何况他们认为出钱是在实现建筑师的想法，长此以往建筑师在这方面的能力与敏感度就大打折扣，所以我们常常会看到不少用牛刀杀鸡的设计方案，也许只有当建筑师自己买房和装修后才多少能体味到造价与品质的利害关系。

暂且不论本书中房子设计的好坏，单单建筑师自始至终对设计和建造的执着态度就令人肃然起敬。中村好文和木匠、造园师等有着多年的合作关系，他们可谓亦师亦友，在相互协作中取长补短，他们一起研究如何用墨汁多次将木材染得更有韵味，如何将玄关的枕木铺得更别致，建筑师还针对住户生活使用设计了厨柜餐具架甚至钢制火炉……基于我们的当下设计现状和建造速度，建筑师的设计与实践互动基本被割裂了。当柏木先生对建筑师设计的混凝土围墙有异议，甚至想要凿掉一部分围墙，中村先生是这样提议的："用不了多久，植物长得茂盛了，你就不会那么介意了"，这种平和的心态让人感动。他的确是用自己的行动实践着自己的信念："一个不热爱人类的建筑师，没有资格设计一栋能让人幸福地居住于其中的建筑。"

搬到这幢新房子后，柏木先生说："感觉自己在生活中产生了对窗外的阳光，对天气和气候的关心。以前，我一点儿也不在乎屋外的天气，一直觉得只要是屋里屋外被分隔就好。"这正是好房子潜移默化的影响，在当下都市与大批量的现代建筑里，孕育出了我们这个时代所特有的"宅男宅女"，这不正是都市居住方式与自然和季节相隔绝的结果吗？

对我们当下城市现状描述最常用的一个词是"千城一面"，其实每个城市真是整齐划一的"一面"也倒好了。现实的情形是街上建筑大多数俗气而平庸，少数的却如同鹤立鸡群一般突兀，合在一起显得那样的滑稽与浮躁，这也不正是我们城市生活的真实写照吗？可悲的是，我们几乎每个城市都是这个样子。千万不要以为城市是最不幸的，我们还可以"礼失而求诸于野"，当下的农村又是怎样建房子的呢？按理农民拥有可建房子的土地，可以按自己的生活模式与理想建造出适宜的甚至诗意栖居的房子，这种情形可能只存在于传说和历史中了。20

世纪 90 年代初富裕起来的农民还热衷于建造小洋楼显富，甚至不惜用白瓷片把房子贴满。这些房子被城里人调侃为“公共厕所”。而现在农村的青壮年都进城务工了，农村里剩下了老人和所谓的留守儿童，有多少人还有心思再建造房子？即使有人愿意回老家盖房子，情形又会怎么样呢？传统的农村盖房子基本没有设计，最多就是请人看看“风水”，格局和样式就由工匠根据之前的程式略加修改就开始建造。而当下传统的老房子基本荡然无存，何况那些靠言传身教的工匠纷纷谢世，随他们远去的还有祖祖辈辈积累的经验与手艺，于是农村即使盖新房也基本是拙劣的模仿城市的样式，加之用材简陋，施工粗糙，最后的房子显得不伦不类，其实这些房子与当下农村断裂的生活方式相比又算得上什么呢？不愿意还乡的有钱人急着进城买商品房，那些曾经洋溢着自豪与喜气的白瓷片农民房早已蒙尘、开裂与剥落。这很荒唐可笑吗？当我们在讨论某些建筑风格时，是否也需要反思城市发展过程中对国际经验的借鉴方式？这是否提示我们，现代化的发展路径或许可以更加多元和包容？

房子落成，主人入住，可谓皆大欢喜，作为全程操劳的建筑师会是什么心情呢？面对别人的提问，本书的建筑师是这样回答的：“那是一种将灌注了很多情感培养成人的女儿嫁出去时的父亲的心情。”我们做建筑设计的常常用“为他人作嫁衣”来描述自己的工作，其实我们的甲方何尝又不是这样的心态呢？因为是“为他人”，所以我们更在乎“嫁衣”，甲方经常是这样要求设计的：一定要时尚、夺人眼球、中西合璧、富有民族特色、五十年不落后……建筑师面对这些要求，如同皇帝新装中的两个骗子一样，使出了浑身解数使得这“嫁衣”尽可能地光鲜绚丽。庆幸的是那两个骗子使用的材料是空气，不幸的是建筑师使用的材料是钢筋混凝土，要知道时尚的寿命只有三个月而不是五十年！尽管我们当下造的房子平均寿命只有三十几年，可保守地估计钢筋混凝土风化要数百年，于是街头到处是那些难以华丽转身的尴尬角色，它们存在的一大价值就是忠实地记录了我们这个时代的生活状态。

2016.6.04

给青年建筑师的信

面对这个命题有点惶恐，一是早年读朱光潜的《给青年的十二封信》，那种醍醐灌顶的感觉至今仍记忆犹新，二是自己转眼已工作二十年出头。虽已过不惑之年，却时有困惑，写信当然就谈不上“传道解惑”，更多算是对自己和既往学习与工作的“盘点”，以供后来者和青年建筑师参照。

（一）为什么要读建筑?

中学时由于受教育和家庭环境所限，自己真正喜欢什么和擅长什么不得而知，文理科成绩比较均衡，中文系毕业的班主任却再三劝说我读了理科。尽管内心不喜欢数学和物理，面对迫在眉睫的志愿填报，我陷入了迷茫，不知该如何选择。曲线求生，读给排水专业的舅舅建议选报“建筑学”专业，并且描述了这个专业如何如何的自由与散漫，并且基本不学数理化，而且还可以读五年！1996 年，我再三挑选填报了一所招生简章没有要求“加试素描”的大学——因为我在中学没有学过画画。谁知我第一天到校报到时，教务处就通知说半个月后要加试素描！只有临时抱舍友佛脚，向他学习了半个月素描应考。我的素描成绩没有通过分数线，后果很严重——我被调配到了结构专业。半个月后，竟然接到建筑系扩招通知，我又回到了原来填报的建筑学专业……如此波折，让我对这个专业变得极其敏感。常常问自己，当初如果没有读这个专业今天又会怎么样呢？也经常询问别人你为什么选择建筑学？至今，我也很难说自己最喜欢什么专业，还有最擅长什么，只是越来越清楚地知道自己不喜欢什么和不擅长什么。

（二）我是怎么学建筑的

由于缺乏绘画基础，加之素描考试的挫折，我的前两年学习充满了挑战和困惑：一方面我很想学好专业，从而证明自己也有这个能力；另一方面由于自己大学前一直生活在北方的小县城，整体基础比较薄弱。大一军训期间，武汉中南设计院的总建筑师向欣然来学院做讲座，直接劝退小地方（尤其是农村）来的人不要学建筑，他认为小地方生活环境养成的习惯和眼界实在有限，这对学建筑设计影响很大。素描我画得很认真，大一结束成绩尽管已是班级中等偏上，但是带课的吴桂珍老师却经常摇头叹息——你学习这么认真，怎么就是不开窍呢？大二结束，我有三四幅水彩写生作业被挂在学院展览。有天我去上自习，听见背后有人喊我名字，原来是带素描课的吴老师，她特别高兴地对我说："刚看了你的水彩作业展览，画得比素描好多了，你终于开窍了！"这要感谢代课的王兆杰老师，他带完我们这届学生也退休了，他给我的影响不仅仅是"水彩"技法，而是对生活场景的敏锐观察和欣赏的态度，至今我还记得他教导大家时的口头禅——"水多色多"。

我很少为设计课熬夜赶图，因为我总觉得自己读的书太少

（小镇除了课本，能找到可读的书实在有限），于是想着第一时间先把设计给对付了，再来心无旁骛地去泡图书馆。结果给大家的印象是我对设计课特别投入，总是在专业教室里画图，而且基本都是第一个交图的人。自己设计课的成绩两年下来还不错，但也没有什么特别突出的地方。大二下学期，李巨川老师给我们代课，他对建筑的看法和教学方式都很特别，这对我建筑观念的形成影响很大，除了建筑他还给我推荐了不少书籍和电影，我也经常去他的单身公寓交流自己的读书心得。在大三（1999 年）结束的时候，我的作业“出乎意料”地获得了全国大学生建筑设计竞赛佳作奖，我本来连参赛的资格都不一定有，只是我所在的小组中就我一个人完成了参赛方案，于是按人数比例我的作业就被选送了出去，没有想到这竟然是学校建筑系十来年第一次获奖，系主任程世丹老师竟然记得我——“就是那个整天待在系馆，像看门的那个人吗？” 这次获奖不仅极大地增强了我对建筑学习的信心，更重要的是培养了我独立思考和解决问题的能力。

（三）要不要考研？

20 世纪末，研究生还比较稀少，大五我也加入了考研大军，最后因为英语差两分就只好工作。临离校和李巨川老师道别，对不能多读些杂书、多看些有意思的电影碟片、多和他聊天讨论些问题而失落遗憾，李老师说一个人真的想了解或者知道什么东西只是迟早的事情，不想、不愿意知道的话咫尺就是天涯，这话我至今记得。工作以来遇到不少实习生咨询要不要考研，或者是先工作还是先考研，我想每个人考研的目的和理由会有许多许多，但是逃避现实最不应该成为其中的理由。

（四）为什么要离职？

2001 年毕业后，我通过竞争激烈的快题考试，有幸加入了大连规划院，开始了我的职业生涯。当时规划院的宿舍、食堂、澡堂、班车等一应俱全，只是院里人浮于事，迟到早退，打扑克、玩游戏成风。单位对项目产值和进度也几乎没有要求，做设计真是全凭自觉和兴趣。在这样的环境中工作了两年，CS 和扑克牌玩得很溜，自己独立做方案、画施工图全过程设计的房子竟然也建成了五个（其中两个还是“私活”）。因为改制在即，人心惶惶，加之几个好友纷纷南下，2003 年 9 月初，我请长假从北京、上海、南京、苏州到杭州边找工作边游山玩水，其实内心还是很喜欢大连海天一色的纯蓝和梦幻般的白云，还有老虎滩的宿舍和山坡的槐花的。国庆前回到单位，是去是留颇为纠结，当我上到三楼就听到五楼同事们大呼小叫打牌的声音，一下子就不再纠结。我对满手抓着牌的所长说我回来办离职手续，他短暂地愣了一下，随即开心地摔出王炸……就这样我到了完全陌生的杭州，现在回想起那两年的工作和生活还是很愉快很自由的，连做设计都是无拘无束的，只是过于安逸的生活让人觉得很虚幻。

（五）为什么要加班？

近二十年来，随着城市化进程的迅猛发展，建设项目的推进速度日益加快，设计师们可用于创作的时间却越来越有限。加之前期策划定位仓促或者缺失，还有要紧跟营销需要随机应变，方案无休止的修改，就是施工图修改两三遍都习以为常，晚上设计院里永远是灯火辉煌。随着政府和开发商的精细化管理，能评、交评、消防、人防、规划、绿建、装配式等专项要求和评审越来越多，几乎每个环节都会有意见，都要反复修改图纸。快速扩张导致建设部门人员配置不足，设计人员经常被要求做会议记录，收集回复专家意见，再找专家确认签字，最后送给建设部门。更夸张的是，曾经还有建设部门要求我们去消防队“按存档要求叠图纸”，多次沟通未果，最后公司只好雇了图文店的人坐高铁跨省去消防队“叠图纸”。即使大家这样超负荷地工作，某些开发商竟然还发盖着红章的文件，要求设计人员出图前必须“通宵”加班。设计做到什么程度就算完了或者完美了？对于有追求的建筑师在设计上花多少时间都不算多，可是目前这样不分白天黑夜地加班，有多少人是报着无奈的心情在做着无谓的事情？设计师无休无止地加班，更多只是在为资本高周转服务。

（六）为什么要扩大规模？

设计院的规模基本都是越来越大（明星建筑师的工作室和事务所规模相对比较稳定），扩大规模意味可以做更多的项目，积累更多的经验，拥有更强的竞争力，至于个人和公司能不能赚更多的钱就不一定了。因为设计院最大的资源就是设计师，一个设计师个人的经验、工作精力和时间投入再努力都是有限的，面对二十多年不变的收费标准，要让有能力有经验的建筑师既有上升空间又有持续增长的收入，最有效的办法就是让他多带人，可是人数到了一定的规模，效率会降低反而管理成本增加了，加上受调控政策的影响，遇上业务量急剧下滑，设计院的规模也就跟着急剧缩水。“宁可撑死自己，也要饿死别人”是这个行业的真实写照，这与贪婪关系不大，更多的是身不由己和无可奈何的表现。

（七）变与不变的依据是什么

工作在一线，经常会因为一些规范而纠结，更为尴尬的是一些规范刚刚学习弄明白却又修编了，于是新的一轮培训学习接踵而至，以至于看到区号 010 的电话就直接挂掉。还有一些诸如博物馆建筑的专项规范沿用了二十多年才修编，之前做博物馆涉及防火分区、人员密度等问题真是痛不欲生——按老规范做不下去，参照别的建筑规范消防部门因为没有依据而不认可，图纸被改得惨不忍睹，最后都不知道怎么就通过了。但是一些与新材料相关的规范和图集都会被第一时间编制出来，当然材料公司都是参编单位，这些规范和图集也都会在第一时间免费送到建筑师的手上。

建筑设计单位在 20 世纪基本都是事业编制，21 世纪初基本都进行了改制成了企业，当时的国家计委和建设部在 2002 年出台了《工程勘察收费标准》。谁知这个标准至今还在执行，而且因为行业竞争还要在这个标准上再打折。这二十年来物价、房租、房价等翻了多少倍大家心里有数，而工作几年的设计人员绝对收入和十多年前差别很小，多少满怀理想的设计师黯然离去，满街建造的房子真的是艺术品吗？多数人可以靠情怀活着吗？最近几年高校建筑专业和设计院招人都特别困难，离职转行的人却不少，难道只有“留下的才是真爱？”

（八）为什么没有人？

近几年参与了辽宁科学技术出版社《中国建筑设计年鉴》的编辑工作，看着入选作品美轮美奂的照片，心血来潮，逐一数了一百多个作品数百张照片上的人数，除了个别两三张人比较多外，绝大多数照片上竟然空无一人！可是大家通行的设计理念不是“以人为本”吗？为此我请教过不少同行，答案无非是建筑投入使用后会被甲方弄得很难看，或者时间长了会变脏，最奇葩的答案是人在画面中不好看，人太多的话会破坏空间氛围。其实我们都习惯隔着时空用照片评论建筑，多少评奖机构会在作品投入使用后到现场实地走访？这些年来建筑摄影和修图水平明显提高得更快一些，不少建筑师内心里的甲方其实是“专业镜头”和各种“宣传媒体”。

（九）谁的城市，谁的生活

公司招聘，我面试应届毕业生时，他们问得最多的问题是公司有没有培训学习的组织，有工作经验的则问加班多不多，往往我还没有回答，不少面试者都会一再保证“我特别能熬夜，我还喜欢加班”。我经常会问他们：这个城市给你留下印象最深的建筑或场景是什么？遗憾的是多数人都会犹豫思索半天才说出一个地方或者建筑，如果再追问原因和细节，往往就变得云里雾里。城市的急剧扩张，导致大量的房子被拆迁和新建，外来人口基本都超过了原住居民，在外来人眼里城市里的建筑似乎就是一如既往地存在着，哪天拆除也就没有了。在气候、饮食和文化等差别如此之大的国家，加之城市人员的快速聚集与流动，建筑地域化之根该扎向何处？我们到底需要什么样的城市和与之对应的生活？

（十）建筑设计的未来究竟在何方

国外研究机构前两年推测，在不久的将来人工智能将会淘汰大量的人工岗位，建筑学专业在一百个工作种类中排名位于倒数第五名左右，这多少说明这个专业的“顽固”和难以“量化”，从业的建筑师和在校的建筑系学生是不是该为自己庆幸呢？然而名列建筑“老八校”前列的同济大学、东南大学，在去年（2022 年）高考招生时建筑学专业第一志愿竟然没有报满，这实在太不可思议了，建筑学专业多年来一直是这些学校招分最高的专业，为什么会出现这么大的反差呢？

建筑学一直被看作是一门处理空间艺术的专业，许多建筑师都乐意把自己的作品看作是“凝固的音乐”，我个人认为当下的大多数建筑师其实是在处理时间问题。由于项目定位、投资以及使用对象的不确定性，导致方案反复修改，甚至主体建造完成了还在修改，决策部门反复开会“浪费”的时间都需要在后面抢回来。首先就是压缩设计周期，面对开发商和官员建筑设计公司和建筑师实在是太卑微了，尤其是一线的从业者更是没有什么话语权。建筑师整天讨论着所谓的城市“天际线”，然而却连自己的发际线都守不住（由于长期加班和各种压力，建筑师秃顶的比例相当高）。随着房子建设的过饱和和技术的进步，未来传统意义的“建筑设计”一定会消失，但是这个社会永远都离不开“设计”，个人的生活也更离不开“设计”。

在此非常感谢程泰宁院士，我从 2003 年国庆辞职到杭州，至今和他一起工作了二十年，从浙江美术馆、南京博物院二期工程、湘潭博物馆、杭州师范大学新校区到南京美术馆等项目一路走来，进步和收获良多。都说建筑师是四十岁才正式开始的职业，如果按此来算，我才正式执业没几年。我始终坚信，建筑师通过自身的职业身份和素养参与到生活中，与各方携手合作，能够为提升和改善社会的生活品质做出贡献，但绝不是给别人创造什么新生活。建筑设计就是在此过程中，从自身的专业角度来创造性地解决根本问题，当然什么才是“根本问题”，这需要建筑师的智慧与勇气。我“盘点”自己的读书和工作，一是希望能给现在和将来的青年建筑师在学习和执业上提供一定的参照，二是希望能清空自己好接纳更多东西。一想到近九十高龄的程院士每周七天都在一线精神饱满地工作着，作为晚辈还有什么理由不慨然前行呢。

2018.8.24 初稿

2023.3.21 再改

创造性地解决问题——阿客工坊访谈录

即将跨入不惑之年的王大鹏调侃着说："至今我都不知道读这个专业、从事这个职业是否最适合自己，但我确实不喜欢那些过于依赖理性计算的专业，如结构工程。我最怕的是那种缺乏热情却又不得不做的事情，一个人能做自己不喜欢的事情也许勉强能做好，但是肯定做不到极致。"

王大鹏是一个很有才情的建筑师，这是他留给我的最深印象。他的才情不仅流露于他发布在 QQ 或微信朋友圈的那些建筑随笔与诗词文赋里，更是隐含于他对建筑那种夹杂了质朴情绪的独特解读中，听起来总是让人耳目一新。作为一名典型的 70 后建筑师，跟随程泰宁院士在建筑界摸爬滚打十几年，他工作的前十年主要精力都是在全程配合程院士的重大项目，尤其是设计管理以及后续现场沟通协调工作，最近几年个人主持设计的项目也越来越多。

知行合一的"南郭先生"
"最大化优化资源的方案就是好的设计"

"在你眼中什么才是好的设计？"我问他。"以前我对这个问题会有很多答案，但是现在，我觉得能够最大化优化资源的方案就是好的设计。”王大鹏放下手中的茶杯说：“比如都江堰，那么多水从上游倾泻而下，汇聚、合流、再分散，没有增一滴，也没有减一滴，只是用了分流的设计，结果用了两千年还不堵塞，难道这不是最伟大的设计吗？”他的解读不仅与学院风的设计评价完全不同，甚至还显出些许诗意。

“其实我从来没有刻意向其他人强调我是个建筑师，我经常跟别人说我就是建筑师团队里的‘南郭先生’，属于滥竽充数型的。”谈及他的建筑师身份，王大鹏笑着调侃道，“为什么这么说呢？因为如果像科举考试那样把我隔离起来，让我去做设计、谈创意、画草图、建模型，我就只能逃跑了。”

然而抛开那些有些浪漫的建筑观，王大鹏在实际项目中的操作却是一丝不苟的。在由程泰宁院士主创的浙江美术馆、南京博物院二期工程、湘潭博物馆、沂蒙革命纪念馆、长春国际雕塑博物馆、杭州师范大学新校区等一大批重量级设计项目中，无论前期设计还是从管理协调到施工现场处理问题，总是不乏他的身影。“程先生对建筑的思考更为抽象和广义，和他配合的项目中我的主要工作是带团队去落实，使得项目能达到预期的完成度，很多时候也会遇到资源优化的问题，从设计到项目管理，都会面临不同的挑战。”

有时候王大鹏也会提出很多设计方面的建议，恰如其分又不失意趣。就像在南京博物院二期工程设计中，他大胆提出了一个构想：将民国时期设计建造的“老大殿”抬升 3 米。通过抬升“老大殿”，不仅解决了主体建筑低于城市道路的问题，提升了历史建筑的显著性，还优化了改扩建项目的功能流线，使其更加流畅，同时也为老建筑的加固和抗震提供了便利条件。

这一构想得到了程院士与业主的一致认可并实施，南京博物院那些精致细节的处理背后，也凝聚着他的不少小情怀。用他自己的话说，就是“说跟做两者并行不悖。思考与设计，其实就像王阳明的理论，知跟行总归是要合二为一的！”

源于日常思考的“白瓷片”
“材料传达的是建筑与人的故事”

虽然工作一直都处于极度忙碌的状态，但王大鹏依然喜欢体察周边的人与事。上班经过的一座桥，路边被台风刮倒的一棵树，都会让他时有感悟。暴雨后运河的堤坝被洪水淹没，让他深切体会到什么是“潮平两岸阔”的空间变化，切身的感受也总是会激发他天马行空的思辨。“平时我更喜欢让团队成员去组合优化自己的长处，然后再去面对设计，每个项目你都可以设想自己就是甲方，甚至是“上帝”，你可以找任何一位在世或者不在世的大师为你的项目来做设计，但是你要深刻明白为什么请了库哈斯而不是扎哈。这样大家就不会因为自己的手低而限制了眼界和胸怀，做事情才能更加高效，减少无谓的消耗，多余的时间和精力就多用来抬头看看外边，多好！”他笑着说，而对日常事物的关注，也让他对设计中的有些现象有着自己独特的看法。

“有一次我去参加业内的某场高峰论坛，遇到的一幕让我印象深刻。”王大鹏颇有感触地说：“当时台上的主持人在谈及农村建设中的某个问题时曾这样说‘农民盖房爱用白瓷砖’。台下很多建筑师都对此报以会心的哄堂大笑，但我觉得很不解，白瓷砖就比混凝土俗气？”他甚至为此写了一篇文章，对建筑中的白色材料进行了分析，从农村住宅常用的白瓷砖谈到了森佩尔、路斯、柯布西耶等人对白色材料的解读与运用。

“材料不仅仅是建筑的组成部分，它们还承载着建筑与人的故事和内涵。一旦剥离了这些内涵，它们就沦为了简单的堆砌和装饰。柯布西耶他们对白色材料的解读与运用倾注了他们的情感和期待，包含着现代建筑在那个时代的故事，所以显得精彩纷呈，但那些看似简单的‘白瓷片’上又何尝没有农民对更美好生活的期待和寄托呢？”他说。

前几年，台湾著名建筑师与学者王镇华（台湾老一辈建筑大师王大闳的弟子）夫妇访问杭州，王大鹏参与了接待。在协助王先生参观完黄龙饭店、浙江美术馆等一些重要建筑之后，他又单独带着老先生去了杭州的朝晖小区、社区公园和开在小区内的餐馆，让他们体验一把普通杭州人的日常生活。“老夫妇俩觉得非常新奇，他们觉得只有把这些拼合在一起，才能全面真实了解杭州人的日常生活状态。”这件事让王大鹏很有感触，“到底什么才是建筑学真正应该反映的东西？你刻意回避的或者熟视无睹的事物往往才是最根本的，我们应该对此有新的思考。”

创造性解决问题的“屋顶猪舍”

“打造一个高品质的工厂生产园区”

正因为对日常的关注，让王大鹏对那些比较接地气，能够反映日常生活的设计更感兴趣，而他自己也实实在在接触到了这样一个设计项目，建成后在房顶种植着十几亩的蔬菜，甚至还养起了几十头猪，这让我非常好奇。“那是浙江的一家服装厂，老板很执着，也很能为自己的员工着想，他对我提出的要求就是要打造一个高品质的工厂生产园区。”尽管之前他找国外设计师为此做过很炫酷的方案，但是最终王大鹏却用自己的设计打动了甲方。“记得第一次去踏勘现场，我穿上了甲方专门准备的雨鞋，踩在还是水田的用地，感觉就像光脚踩在了泥浆里，望着不远的山脚，感觉踏实极了。我们最后的设计方案从外观上来看并没有什么特别的突破的地方，但是我们解决了园区地形高差、土地利用、功能分配与流线组织等实际问题。”从他的介绍中，我们不难看出那的确是一件朴实而又真诚的作品，在细节的处理上也十分周到。

“在与客户打交道的过程中，我也意识到这个设计对这家公司的员工意义重大。设计之初我们曾去考察了浙江、广东地区的很多车间，发现那边的很多工厂条件非常糟糕，简陋的食堂，脏兮兮的宿舍，噪声轰鸣的厂房，望不到边的年轻女工在又闷又热的流水线上忙碌着，这个场景对我刺激很大。”但是这家企业的老板却对王大鹏提出了很高的设计要求，“除了高标准的生产车间外，食堂要宽敞明亮，生活区要有健身房，宿舍还要搞中央空调，建筑之间还设计了采光和通风极佳的风雨连廊，下雨天工人就不用打伞，脚上也不会溅到水，还能保持厂房干净。”对此，他很受感动，因此尽力将一些生活化的元素加入自己的设计中。

“园区的宿舍中还为打工者设立了夫妻房，因此我就建议客户顺带在园区做个免费的托儿所，标准不高，哪怕就雇几个阿姨带带孩子，这样既能解决农村留守儿童的问题，还能让父母安心工作，工作也更为稳定。”他说，“刚开始我提出在厂房屋顶种菜，因为这里的绝大多数员工都来自农村，如果有少数志愿者去楼顶种菜，这也算是另一种企业文化。客户听取了他的建议,只是在种了一年菜之后客户说菜地有很多剩余菜叶，而且食堂每天还有剩菜剩饭，因此我动手设计了底板架空方便冲洗粪便的猪舍。”王大鹏大笑着说。服装厂运行后，与客户有合作业务的老外去现场考察，看到中国服装厂还有这样的做法，惊讶得合不拢嘴。“其实这样做不仅能够优化资源，更重要的是，能够真正让建筑成为一个关心员工、关怀人的载体，让他们能在劳动中获得尊严甚至体面，这样才真正体现出建筑本身的价值。”

“设计就是创造性地解决问题，但是前提条件是要敏锐地发现根本性问题，这些问题一定是与其当下的社会背景和时代环境相吻合的，如此设计才有其存在价值。”王大鹏觉得，解决问题的手段和态度难免会打上建筑师的个人印记，所以好的建筑不能仅仅是建筑师的一己之好，而是能读出建筑背后的许多故事。“解决基本问题是根本，能创造性地解决问题是对自己的挑战和突破，建筑师应该挑战自己和突破自己。”王大鹏在一次讨论中如是说。

城市化进程中的“乡土中国”

“貌似丰富多彩的生活，其实是很单调和单向的”

在探讨城市化对“乡土中国”的影响之前，让我们先了解一下王大鹏的背景。他在咸阳市的一个小县城长大，这段生活经历对他的建筑观念和生活哲学产生了深远的影响。“三十多年前的县城和全国差别应该不会太大，大街小巷、机关单位的院子、包围在周边的农田，还有影剧院、马戏团、文化馆和秦腔，一切都是那么熟悉和充满生机。我除了读书，也参加过农活劳动，还上街摆摊做过生意，1995 年，高三寒假半个多月摆摊竟然赚近三千块钱，足够那时大学一年的学费了。” 王大鹏带着一丝自豪地说。

“你大学是在什么地方读的，工作一直在杭州吗？你是如何看待当下的城市生活和建筑的呢？” 我问他。

“我中学前生活在西北，大学很想去南方，结果被武汉的大学录取，到了武汉才发现这里还是华中地区，工作前两年在大连，现在在杭州也快十四年了。因为我是从小县城一步步到城市生活的，深切地体会到城市里貌似丰富多彩的生活其实是很单调和单向的。拿我来说，中学后就几乎再没有见过小麦吐穗的情景，大学是寒暑假回老家，工作后是春节回去，现在每年公司都会组织国内外的旅游和所谓的考察，但是就是看不到那些曾经熟悉的场景，是我不愿意吗？还真不是的，但是现实的体制就是难以走进田野的生活。

“对于城市建筑批评最多的一句话是‘千城一面’，其实每个城市何止一面，因为快速建设，旧有的肌理和建筑遭到了极大的破坏，新建筑又过度追求地标性，导致城市间的建筑失去了差异性。我们的城市建设很少基于自身来考虑问题，大城市向西方学习，中小城市向大城市学习，农村前些年向城市学习，现在因为城市化加快农村也不用学了，所谓的学习很多时候就是在抄袭。”

在讨论了城市化对城市面貌的影响后，我们转向建筑地域化的问题：“那你是怎么看待建筑的地域化？还有当下很火热的民宿建筑？”

王大鹏认为，随着城市历史的拆除和现代化建设，建筑地域化面临着前所未有的挑战："建筑地域化？现在每个城市无论大小和是否有历史，都通过拆除和建设把自己弄得很崭新。就拿杭州来说，这个城市具有五十年以上的还在具体使用的房子屈指可数。没有了参照，建筑如何地域化？加上大城市人口多数是快速集聚起来的，外来人口对所在城市的期初都是陌生的，我刚来杭州时办公楼周边还很荒凉，现在基本是市中心了。

每个地区曾经都有其独特的饮食文化，但现在城市的餐饮文化已经变得同质化，没有了地方口味。衣食住行是生活的根本，衣食行已经没有了地域化，建筑到底该怎么地域化？或者还需要地域化吗？对当下的民宿我不以为然，因为不少房子设计或者改造得很精致，很唯美，可是那只是个房子罢了，没有了生活其中的居民何谈民宿。前些年李晓东设计建造了一个屡获大奖的'桥上小学'，去年朋友兴冲冲地赶去参观，在现场就迫不及待地打电话和我吐槽——这里根本没有学生，建筑也很破败，据说当年的学生学习场景也是从不同村子找来摆拍的。建筑不仅仅是物理空间的构建，更是生活方式和文化传承的载体。如果建筑脱离了具体的生活，它的意义和价值将大打折扣。这让我们不得不反思，城市化进程中我们如何平衡发展与保护、现代化与地域特色。"

"你参与和主持的项目好像基本都是大型公共建筑。不知道你如何看待当下的住宅设计？"

"种种机缘，我工作十六年来只做过两三次住宅设计，其他的项目都是些公共建筑。现在看着同事在精细化设计的高端住宅，我觉得我是没有能力再做住宅了——丝毫不差的面积控制、名堂繁多的户型演变、分秒必争的出图进度……这太可怕了。因为每个城市的发展基本都是靠卖地建住宅来推进的，大量的住宅改变着原来城市的气质和氛围，居住方式的转变对居住其中的人的影响才是深远的。

费孝通在《乡土中国》中写到我们传统生活最大的特点是熟人社会，即使在改革开放前农村生活不必说，城市的人也是生活在不同的单位院子里，而住在当下商品房中的人真的是对门都老死不相往来，至于什么完美的户型或者 ArtDeco 风格和这种生活方式的转变相比根本就不算什么。”

“最近在忙什么有意思的项目呢？好像写东西少了啊？还有时间读书吗？生活有什么变化吗？”

“近几年除了协助程院士做些展览建筑外，自己带团队做了不少学校建筑，去年年底做的东阳横店镇老街的改造项目很有意思，现场很有我中学时代小县城的感觉，乱糟糟的，但是很有活力，横店经济发展又很好，这样的城镇如何既能保持原有的活力，又能提升环境和生活品质，还能展现出地方发展特色，是值得探索与尝试的，对这个项目的结果我很期待。

最近两年越来越忙，经常出差，的确写东西少了，不过看的东西却多了。一是利用出差看看各地的环境风貌，二是在出差途中可以安静地阅读书籍。现在儿子五岁多，经常被他拉着讲故事，最近把信口开河讲的几篇故事整理成了文字，颇得朋友共鸣和喜欢，被编辑朋友看到竟然张罗着要出绘本。我欣赏生活中的偶然性，它为必然增添了色彩，这也是我享受当前状态的原因。”

2016.4.26 “阿客工坊”采访整理

时间、空间与人间——有方建筑访谈录

在有方旅行中，我们曾数次与筑境总建筑师王大鹏同行，他的设计理念和实践经验一直是我们关注的焦点。随和、才情、对细致场景的观察入微，是这次采访前他给我们的突出印象，在 12 道问答后也愈发鲜活。

作为筑境“文化 · 会展 · 教育”设计版块的核心人物，以及与程泰宁院士多年合作的重要主创，王大鹏认为建筑设计首先要敏锐地发现根本问题，进而创造性地解决这些问题；而建筑师的工作并不止于“造城”，更在于通过多方协作提升整个社会的生活品质。“烟火气”一词，在这近两小时的采访中频频出现。喜欢阅读、持续写作、习惯步行，基于对环境的敏感，王大鹏以生活场景激活着空间，在 22 年执业中创造出众多与人相关联、承载着生活记忆的建筑。

有方：文采与亲切，是我们对王老师的突出印象。而你对自己的画像是怎样的？这些特点是否影响了你的设计？深耕“文化 · 会展 · 教育”建筑多年，你对此类项目的核心关注是什么，设计策略是否有过调整？

王大鹏：从小到大我一直都喜欢阅读，也自然会以文字记录自己的一些见闻感受；其次就是我喜欢走路，在杭州工作二十年基本都是步行上下班，习惯一边步行一边观察身边场景中的故事。

做文化建筑首先得喜欢文化，而不是把文化当作符号或者标签“贴”在建筑上了事。阅读、走路中的观察对我的作用大多是潜移默化的，类似“通感”。如果说它们与设计有什么关联，那可能是我会在设计中注重空间中的切身体验，或者说场景感。比起追求很干净纯粹的建筑美感，我更能欣赏空间中带有“烟火气”的场景。

然而，我也注意到了一个令人惊讶的现象。在协助出版社审稿《中国建筑设计年鉴》时，我观察到100多个建筑作品中，90%的照片上竟然没有一个人。为什么这些建筑作品明明是为人而建造的，拍照时却刻意避开人，仿佛人在这些建筑中是多余的、是不能入画的？因此我后来常跟团队说，以人为本的建筑设计不是以建筑师一个人为本，而是以身处其中的所有人为本——空间里人特别多的时候，必定是嘈杂和散乱的，原本设想的意境也会被破坏，但这反而应该是公共建筑的常态，作为建筑师你要预料和接受这个事实。那么，设计的策略就应该始终围绕着如何让建筑空间被人们充分地使用，怎样让大家愿意自发地去跟它发生关系，让建筑“活起来”，在我看来这是设计的底线。

有方：在过往教育经历中，哪些事件或节点，对你设计理念的形成是重要的？具体有何影响？

王大鹏：高考之后，我考进了武汉工业大学（现武汉理工大学），那里自由开放的学习氛围对我影响深远。大学“牧羊式”教育，没有什么条条框框，喜欢什么就自己去做。大学期间对我影响最大的有两位老师。一位是李巨川老师，他当时围绕身体的主题，以行为、影像、装置等方式进行建筑实践，很有个性和想法，在观念上对我的影响很大。另一位则是带我们上水彩课的王兆杰老先生。我记得有一次他带我们到一个寺庙里写生，取的景不是殿也不是塔，而是挂在生活区一面墙上的衣服，早上刚洗完，还在滴水，在阳光的照耀下靓丽非常，这让我很受触动——在这种充满烟火气、生活化的场景细节中，同样蕴藏着可以入画的美。

大学期间特别的一件事情是，我在 1999 年的全国大学生建筑设计竞赛中获得了佳作奖，学校前后多年仅此一例。今日的我回顾起来，奖项倒在其次，对我影响更深远的是那一次的设计过程。竞赛主题是“大学生夏令营营地设计”，自由选址，只规定面积大概四五千平方米，但需要考虑夏令营结束后建筑怎样改造利用。我选址在武汉东湖边，用模型尝试了多种改造方案但都不满意。后来我想，建筑最终会退化成一片废墟，仅在土地上留下一点痕迹，于是倒推生成装配式建筑的方案，夏令营结束只结合入口停车场保留一个模块构架，在设计说明中我写道：“暗示这里曾经发生过什么”。这个设计对我的影响主要是在心态上——想到所做的建筑终将消失，设计时我也更放松，不会刻意去输出我个人强烈的主观想法，而是以一种“旁观者”的角度去看待设计，比如从需求、材料、朝向、周边等条件去推敲形式，而非一味凭借主观审美。

有方：2003 年，在寻找新的职业方向时，为何选择加入了筑境？在你与程泰宁院士一起工作的二十年中，合作方式是怎样的？感受最深的一点是什么？

王大鹏：毕业后我进入了大连规划院，当时工作的节奏悠闲舒适，做设计全凭自觉和兴趣。这样工作了两年之后，改制在即，我便请了长假，乘火车辗转到北京、南京、上海、苏州、杭州，一边找同学玩一边找工作。到了杭州之后，我蛮喜欢这个城市的，绿化挺好，城市氛围也轻松。面试的几个公司除了程院士这边，也有几个跟我之前的单位规模近似的大院，我想换换环境，这里当时还是个十几个人的小工作室，氛围不似之前工作的地方那么喧闹，工作年限也匹配，于是最后就定了筑境。

我和程院士的合作方式也随着时间而变化，从最初的他主导到现在的更多独立决策，这种合作让我学会了如何在保持个人风格的同时，吸收和融合外界的影响。早期我曾调侃说：三厘米以内的我能做主，三厘米以外的部分基本都是程院士定（笑）。不过后来随着我们逐步积累合作的默契，以及我的阅历、经验增加，现在程院士在方案阶段之后的直接管控基本上就比较少了，主要环节时找他汇报阶段性成果，或者遇到一些问题会找他拍板决定。

与程院士共事二十年间，我发现他一直在“化”。为什么我说“化”而不是“变”？因为他不是随波逐流地根据时代或市场改变，而是始终保有自己的主体性，主动筛选后，从外界中择取一些东西“内化”成自身的一部分。他的设计无论曲线的还是方正的，都能让人感觉到这是他做的。当业主的某些设计意见会使空间感受“打折扣”时，程院士也会特别坚持己见。

有方：你目前带领的团队规模如何，一般会同时推进多少项目？在项目类型的选择上是否有倾向？原因为何？

王大鹏：我带领的团队一般保持在20人左右，同时推进的项目数量基本上是：三四个处于方案阶段的、约两个处于扩初/施工图阶段的以及四五个处于施工配合阶段的项目。不像有的公司会在方案阶段之后便移交，筑境做项目一直都是从方案到施工图再到建成落地全程参与。也是因为这种方式，我们得以更好地把控落地效果。公建设计前期节奏快，项目复杂，规模又比较大，方案阶段很多问题其实是没法解决的。从方案跟进到落地，建筑师就有机会持续深化设计，在节点构造、规范标准等方面考虑得愈加周全，并积累对于其他专业与合作团队的深入了解与协作经验。

在项目的选择上我倒是没有什么倾向，有什么就做什么。除了博物馆、图书馆、美术馆这些文化建筑，我也做了许多中小学、幼儿园、大学等教育类项目。此外工业建筑如垃圾焚烧发电厂、垃圾中转站等，我也做了不少。如果条件允许，比起挑选项目，我更希望能够选择与理念相契合的业主。

有方：可以分享一下你对“理想型业主”的希望吗？

王大鹏：我喜欢业主能从一开始就真实地表达出他的想法，而不是到了项目后期双方才发现彼此的想法大相径庭。我曾经对甲方说，我不一定“善始”，但我一定“善终”——项目期间尤其是初期，大家有分歧、有摩擦甚至有碰撞都是非常正常的，无须掩藏；双方坦诚交换意见，哪怕一路磕磕碰碰，到了竣工验收那一天“善终”，大家都开心，也能打好下一次合作的基础。

有方：建成逾15年的浙江美术馆，是筑境经典之作。回顾项目历程及你与程院士的合作，有什么让你印象深刻的挑战？

王大鹏：浙江美术馆最大的挑战在于，这是浙江省政府第一个采用代建模式的民用建筑项目，限价卡得非常严格。项目期间我们跟甲方一起去苏州博物馆新馆调研，苏博的建筑面积约 1.9 万平方米，投资近 3.4 亿；而我们要做的浙江美术馆是 31550 平方米，土建投资 2 亿元，单方造价不到苏博的一半。当时为了省经费，项目办公室的饮水机边上是不放一次性纸杯的，要喝水得去另一办公室签字领取，省一个杯子就省 7 分钱。尽管造价限制给设计、选材都带来了比较大的压力，为了准确把控设计的呈现效果，程院士还是亲自去德国矿场选了石材，甚至选定了具体的矿层；玻璃材料等也经过多番比对之后才确定，力求实现半透不透、如水墨画般的温润感觉。

除此之外，项目坐落在西湖边，建筑限高 15 米，设计也因此受到掣肘。美术馆展厅对净高的要求比较高，设计首先尽量利用地下空间，其次通过结构上的处理，尽量多地节省出净高。结构设计采用预应力梁，于是将空调的主风管靠墙布置，次风管则布置在应力梁之间的“剩余”空间，而不像通常那样将设备管线布置在梁底，如此一来，跨度为 18 米、层高 5.2 米的展厅，最后净高达到 4.3 米。这个方法，后来在我们的其他项目，包括我们自己现在的办公室装修中也有应用到。

有方：而在备受关注的南京博物院二期工程中，改扩建工作面对的最大难点为何？“将主体大殿抬升 3 米”的决定是如何做出的，过程中遇到了哪些问题和阻力？

王大鹏：南京博物院前身是 20 世纪 30 年代倡建的国立中央博物院，我国第一代著名建筑师几乎都参与了设计，这也是江苏的省级文物保护单位。改扩建最主要的难点就是新旧建筑之间的对话关系，既包括民国时期建成的老大殿，20 世纪 90 年代扩建的次新建筑（艺术馆）也必须纳入考虑；其次的关键点是对于高差、功能、交通等方面的梳理和整合。例如，从博物院大门走到老大殿约 200 米距离是一路向下的，存在约 3 米高差，无法突出老大殿的主体地位；老大殿仅 2.2 米净高的一层也无法得到充分利用。

2008 年这个项目最后一轮招标的时候，在陪程院士去现场踏勘的路上，我们聊起之前征集的那些方案，其中基本都没有注意到高差问题，我半开玩笑地说了一句：要不我们把建筑抬高 3 米，这样可以把 2.2 米的部分利用起来，在地下空间也能做很多文章。程院士当时表示可以系统分析看看，踏勘回来我们一碰，发现这个思路很可行。除了整合空间，抬升的操作还因为减少开挖节省了投资，更重要的是，当时已建成逾 70 年的老大殿所用的松木桩基已经腐朽，原设计中也没有考虑抗震，借抬升的机会，可以在下方加做抗震垫和整体的筏板基础，对建筑结构进行全面加固，延长建筑寿命。当然，抬升操作在技术上也是颇有难度的，需要将 2000 多平方米范围内的两百多根柱子截断之后，以千斤顶同步抬升，若是此时高低不一致，就会有侧倾的风险，好在最后在各方努力下，进行得比较顺利。

技术上的困难倒在其次，更大的阻力来自观念上，对于这一文保单位，包括许多文保专家都希望“能不动就不要动”，哪怕多方综合评定之后方案得以通过，外部还是存在着争议。比如，著有《中国近代建筑史研究》、任教于美国的赖德霖先生，曾经对南京博物院做过长达数万字的细致分析研究，对南京博物院很了解，也很有感情，听闻我们将老大殿抬升了 3 米，他托人给我们捎话说，他不认可这样的做法。有趣的是，2013年竣工开馆之后，赖先生实地去感受了一趟，又托人给我们捎话说，他收回了他原来的评价。实际上，建成之后老大殿实地看起来就好像没有抬升过，但是场地上原本存在的其他问题都得到了解决，因此最终学界及公众对这个项目都还是十分认可的。

有方：近期落成的南京美术馆新馆造型独特，而内部对公众而言还较为神秘。可否简要介绍其灵感来源，以及设计具体的推演过程？

王大鹏：这个项目是江北新区启动的两个重要工程之一。因为它所在的环境较为空旷，没有参照物，常规的建筑形式对于整个场地的控制力是不够的。于是我们把美术馆功能架空到离地面 18 米处，让它和远处的老山、长江去进行对话。此外，一般美术馆到了下午五点或五点半便会结束运营，每周还有一天闭馆，然而人们工作日往往是晚上下班后才有空闲时间，这样的错位限制了美术馆的日常利用率。而通过架空使得餐饮、娱乐、文创商业等服务于日常生活的空间与美术馆功能脱开，不仅方便了安防管控，二者的运营时间也得以相互独立。这样即使在美术馆闭馆的时候，场地也依然具有人气，能对周边起到激活作用。这些理性的推演，决定了建筑的整体形态和功能布局。

当然，做文化建筑也离不开相对感性的“文化调性”。刚才提到，这座建筑要与山水环境对话，于是我们希望透过上方如云悬浮的美术馆能望见老山和长江，而当人们站在屋顶的时候，能感受到远处自然的山林与脚下人造的山石相互映照，形成一种有趣的对比。在这种文化调性的指引下，建筑上部的立面采用了云雾状的穿孔铝板和有“云锦”肌理的数码打印玻璃，下部散布的体量则处理成“叠石”，结合内部空间与草坡、跌水形成立体园林式的体验。

有方：你在此前的文章中曾提到当下城市对于建筑地标性和地域性的追求，如何理解公共建筑的“地域性”和“地标性”？

王大鹏：城市化伴随着人的流动和信息交换，在这种背景下，要以建筑语言给一个瞬息万变的城市定义什么是它的地域性，是很困难甚至是无解的。从 2000 年至今，杭州人口增长了几倍，到 2022 年底常住人口已经有 1200 多万，其中约七成人口是短短几十年间从五湖四海聚集起来的，他们如何理解杭州的地域性？他们的“乡愁”又该怎样去寄托？

当人们真正融入一个城市，他们会熟悉日常的生活习惯，比如去哪里买菜、哪里能吃到喜欢的早餐。这些生活细节构成了他们对这座城市的记忆和情感依恋。我们之前在景德镇参与过一个历时 7 年半的项目，业主最初想将它打造成针对游客展览和售卖瓷器的高端艺文空间，但是后来逐渐认识到同类竞争者太多，最终做成了面对当地的，以餐饮、婚庆、会议等为主要功能的空间，而且室内陈设、用具都采用了大量考究的瓷器。投入使用两年间，里面举办的婚礼、满月酒、升学宴数不胜数，对于当地人而言，这个地方就是承载他们人生重要记忆的地方。因此，真正有地域性的建筑，需要跟人的实际生活发生关联，进而延续记忆。

地标性也是同理，重要的是其承载着的活动内容。大学毕业这么多年，我们同学间提起校园里的“三角地”，大家一下就都知道说的是哪里。实际上那个地方只是一个空间尺度很好的广场，上面有发传单的、贴海报的、卖旧书的，但是由于那里存在着丰富多样的“公共性的互动”，哪怕“三角地”不存在一个具体的建筑形象，它就是绝对的地标。

有方：你曾说自己在面试中常会提问“这个城市给你留下印象最深的建筑或者场景是什么？”，而你对于常年生活的杭州的答案是怎样的？敏感于生活场景的习惯如何影响了你的设计？

王大鹏：杭州的运河（京杭大运河杭州段），是让我感受最深的部分。也许因为水对于西北人而言较为稀罕，来了杭州之后，无论租房子还是买房子，我都选择住在运河边，而且我们公司的新老办公室也恰巧都在运河附近，于是我每天都是沿着它走路上下班。运河一直是“活”的，上面每天都有密集的船只来来往往。有的运输船满载着货物，在运河上缓缓行驶着，我在岸上略微加快脚步就能轻松将其超越。船上的人显然是常年在上面生活，甲板上摆着白色的搪瓷脸盆，里面种着绿油油的小葱，他们做饭时随手就从盆里掐一把。历史如此悠久的一条河，至今还如此鲜活、有“烟火气”，这非常有魅力。

在做南京博物院民国馆的时候，生活场景就成了设计的切入点。在南博“六馆”中，民国馆是甲方特别想做的一个题材，但是对于展陈内容，大家都犯了难——这个题材，展品选取和描述方式等都容易踩到边界。后来有一次在与甲方讨论时我提出，能不能以街道场景重现的方式来展示民国的民俗生活？大家顺着这个思路一讨论，就都很兴奋。要营造街道，那就把地下室尽可能地挖深，在里面纳入南京拆掉的一些老房子、浦口火车站卸下的火车头，另外收购一些民国时期遗留的物品，营造出一个互动的场景。民国馆建成之后果然效果很好，现在也是南博人气最旺的一个展馆，永远是熙熙攘攘，我对于自己这个提议也是感到非常自豪，我们以这种方式达成了文化的活化，跟当下的生活也产生了对话。

有方：在你的观察中，近年甲方及社会对“文化 · 会展 · 教育”类项目的设计要求是否有变化？

王大鹏：一个大的变化是，以前在建设一个场馆之前，它的功能需求甚至要容纳哪些藏品都已经确定好了，对建筑会有比较清晰的要求和指引；然而城市建设发展到今日，对于文化建筑的刚性需求基本上都已经被满足了，图书馆、美术馆、博物馆，每个城市都不缺，现在新建一个文化建筑时，里面承载什么内容并不那么清晰。那么作为建筑师，你不能仅仅是重复已有的功能，或者将小尺度的“网红建筑”移植到大型公建中来，建筑做完以后冷冰冰的、用不起来，我觉得那就太失败了。现在建此类项目，很大程度上是为了带动周边地区、注入活力，这就要求建筑要有原创性的功能，在策划上有爆发力。

有方：最后，在筑境成立二十周年之际，有什么感受希望分享的？

王大鹏：首先我非常感谢程院士对我的指导、包容和认可，他对于设计精益求精的追求锻炼了我的能力。此外我特别想要感谢的是这么多年间来来去去的所有同事，既包括那些一直与我共事多年的，也包括因为种种原因已离职的。建筑设计是一份强度很高的工作，公建项目周期也相对更长，期间常常面临设计的不断调整，感谢大家愿意配合。

对于未来，我希望行业经过盘整之后，能回归一种更为正常合理的运行节奏。我曾对同事说，我希望我们能够在一起工作很长时间，而并不希望看到你鼓足力气做完一个项目就转行了。只有当建筑师花时间去体悟生活，才能设计出有人情味的作品。

有方：通过这次深入的访谈，我们不仅了解了王大鹏的设计理念和实践经验，也感受到了他对建筑与人文关系的深刻理解。他的工作不仅是塑造空间，更是在连接人与环境，创造有温度的建筑。

2023.9.25

二十年目睹建筑设计行业之怪现状

摘要：本文深入分析了自2000年以来中国建筑设计行业的发展现状，指出了行业中存在的一系列问题，并提出了改进建议。

自2000年以来，随着我国城市化进程飞速发展，建筑行业炙手可热，这也许是建筑师最好的时代，与当下刚毕业就失业的年轻人相比，这代建筑师应该算是幸运者。然而近四五年来由于国际形势变化、新冠肺炎流行、经济增速放缓、房地产相继暴雷等影响，建筑行业可谓哀鸿遍野，以至于越来越多的设计师转行，直至建筑老八校中建筑学专业竟然招不满学生。然而冰冻三尺非一日之寒，这二十来年存在着不少怪象和乱象，现在的大环境让曾经的怪象变得更加突出。

（一）设计招投标阶段存在之怪现状

1. 国际招标的非国民待遇

近二十年来，大城市的重大项目经常会采取国际招标的方式来选拔方案。这本来是件好事，既能选到好的方案，又使得中国建筑师和境外同行相互切磋技艺，取长补短。然而，不少主办方似乎过于自卑，一味地崇洋媚外。早年境外设计机构在国内参赛的费用远高于国内建筑师，一些招标竟然不允许中国建筑师参加，或者非要中国建筑师联合境外设计机构才能参加。还有一些国内的大院为了争取项目和业绩，会为合作的境外设计机构在招标阶段提供额外的补偿，如果项目中标，境外机构只做方案反而会切走绝大部分设计费用。近些年来这样的情况依然存在，不少二三线城市的重点项目也经常采取国际招标，耳熟能详的境外设计机构也是频频参加，只是这些年下来，国际招标模式沉淀些了什么呢？中国建筑师的设计水平因此而提高了吗？项目完成后的实际效果和质量真的达到国际水准了吗？

2. 厚度达 4000 多页的方案投标文本

当前投标成果的竞争已不仅限于技术层面，文本厚度的比拼也日益夸张。网上有设计师吐槽他们参加一个有别做了 1600 页厚的文本，以为可以用“厚度”碾压同行，没有想到中标的文本厚度达 4000 多页，更有甚者，有些 EPC 项目投标的施工图蓝图成果需要一万张起步。这些也许是极端的例子，但是目前杭州的中小学投标“行规”是 300 页起步，为什么大家要这样对成果“注水”呢？因为评审专家是随机抽取的，并且半数比例还不是建筑设计专家，不少专家认为文本厚度代表着建筑师的认真程度，甚至代表着设计质量的好坏。

3. 349 家设计公司参加的投标报名

国家相关的建筑设计招标法中要求：根据项目特点采取邀请招标、团队招标、资格预审、资格后审等多种模式，对于特殊项目也允许直接委托。但在很多地方为了不承担风险和避免争议，越来越多采用资格后审的招标模式，动辄数十家公司为了一个小项目，需要提交了完整的设计成果才评审，仅仅制作文本和图板就导致了巨大的资源浪费。2022 年，重庆四所中学招标一次性吸引了 349 家设计公司参加，由于报名都要提交有深度要求的概念方案，据估算，仅仅是这数百家设计公司为报名而付出的方案总成本就已超过了中标后的设计费用。这虽然是个极端案例，但类似情况现在越来越多。

4. 黄牛插手评标的情况屡禁不止

由于巨大的利益诱惑，在设计评审环节，不少掮客、黄牛提前拉拢专家，一些专家将接到评标信息告知黄牛，黄牛则穿针引线，贿赂专家为投标人站台，根据项目收取一定的手续费。这严重扰乱了设计市场，甚至导致优秀的设计方案和设计单位被“莫名其妙”地淘汰。尽管经常能看到设计专家因收受贿赂在评标过程中明显违规操作而被处罚的新闻，但是幕后的黄牛面对巨大的经济利益，依然在积极活动。政府部门出台了评定分离的制度，专家只需要对投标方案打分排名，最后由甲方从候选的前几名方案来定标，可惜最后定标阶段非设计因素干扰也比较大。如果能将评标和定标各个阶段的评审程序、专家评审打分和评审意见完全公开，接受大家全面监督，这样能有效杜绝违法违纪的情况发生。

5. 标书合同对知识产权的无视和“无限责任制”的条款

项目招标文件中经常要求：“征集单位拥有入围应征单位提交的方案设计成果之全部知识产权（署名权等人身权利除外），并有权在不征询应征单位同意的情况下自行或授权第三方对方案设计成果进行修改、组合、使用、发表等。”现在不少项目招标入围的费用都不够设计成本，一些甲方招标就是“合法”的骗取方案。还有合同条款常见要求：“所有费用均包含在本次设计费报价中（包括且不限于整体规划设计费、方案设计费、方案设计修改费、初步设计费、初步设计修改费、施工图设计费、施工过程中的图纸修改费、技术服务费、物探费、工程测绘费等完成本次项目设计的全部费用），不再另行增加费用。”也就是一次付费，无限次修改和服务，由于不少项目在施工阶段因为销售或者定位还在反复修改方案，这样导致设计人员的工作量翻倍都不止，但是按合同条款却没有相应报酬。

（二）设计过程存在之怪现状

1. 项目任务书不明确，导致设计被反复修改

由于房地产商和政府主导的建设部门并非最终用户，他们难以提出具体合理的使用需求，这导致设计阶段任务书不明确甚至缺失，进而导致设计方案反复修改，后续使用时也留下无穷后患。例如，中小学设计与建造基本都是政府代建部门主持，整个过程很少有校方参与，任务书参照国家和省市配建标准由建筑师自定，学校建成交付后使用者罕有满意的。博物馆建筑的地位很高，但是往往主体都建成了还没有展陈大纲，其余类型的建筑（诸如产业园、特色小镇等）也都存在这个现象，只是经济和城市人口快速增长，刚性的需求掩盖了这些问题，而当发展速度放缓、人口负增长的时候这些问题就会暴露无遗。

2. 设计决策消极怠政，严重影响了设计质量

由于前期可研立项工作不够系统、科学，项目匆忙上马，加上现在管理部门层级过多，近几年一些人员在工作中过于审慎保守，导致一些项目设计完成阶段性成果，要等很长时间甲方才会反馈决策结果。加之现在社会环境变化太快，方案经常会被多次反复修改，甚至在施工图阶段还会较大程度修改方案，然而这些

“耽误”的时间却要设计人员加班加点赶回来，这样一来严重影响了设计质量，对最后项目的建设质量影响也非常大。

3. 图审公司自由裁量权过大

由于规范的一些条款在理解上存在差异，导致在执行中有一定的解释空间，这使得图审公司自由裁量权过大，图审过程可能过于自由或过于严格，随意性较大。设计人员在设计过程中，大量的时间和精力只是为了满足各项规范要求，好让图纸审查合格。由于设计进度的压力和违反规范的惩罚，设计公司和人员更多时候是低调谦虚地讨好图审公司，有些地区的图审机构廉政管理缺失，出现“不给好处给脸色，不塞红包不看图”的陋习。甚至有图审人员开设餐饮场所，成了设计单位不得不选择的商务接待地点，并在用餐后还需购买酒水打包带走的荒诞现象。

4. 设计为了免责的“万言文”说明

现在设计投标阶段文本很厚，其中连篇累牍的设计说明“贡献”很大，然而到了初步设计、施工图设计阶段设计说明也变得越来越冗长。由于审图中心的鞭策、消防部门的敲打，设计人员在图纸中竭力进行“免责”陈述，使出浑身解数证明自己符合各项规范，从而规避责任。当然很少有人会自己去编写这些说明，基本上都是复制规范，尤其是强制性条文，东拼西凑，然后再迎合相关部门的各类专篇。于是就出现了 1 万字的消防专篇、5000 字的绿建专篇、3000 字的抗震专篇、节能环保专篇、无障碍专篇、海绵城市专篇、充电桩设施专篇……导致浪费了大量的图纸，最后也没有谁会认真看这些动辄几万字的正确废话。

5. 单位挂靠和设计分包怪象

施工单位对工程的层层分包让人深恶痛绝，设计单位也一样存在着这种情况。资质是设计企业从事工程设计必须具备的证书，只有达到一定的资质等级，才能从事相关的设计业务，很多项目因为资质要求将中小设计单位和个人拒之门外。然而一些拥有综合甲级设计资质的单位却借分院之名为设计挂靠打开方便之门，有的企业挂靠的单位多达上百家，这样可以扩大了业务渠道、增加了收入、积累了业绩，但导致了恶意低价竞争、设计质量问题突出、工程安全隐患严重等问题。2020 年 3 月 7 日，福建泉州欣佳酒店发生的建筑坍塌严重事故，经调查发现与设计环节存在的资质管理问题有关。这起事故最终导致涉事的湖南大学设计院福建分院被取消设计资质，其总院的资质等级也由甲级调整为乙级，该事件成为设计质管理方面的一个深刻教训。

6. 设计不能承受的“终身责任制”

近些年来，设计施工一体化的 EPC 模式蔚然成风，实际情形是施工方成了建设主导。不少设计院为了获取项目，沦为了施工单位的画图匠，完成的项目品质堪忧。政府相关部门又在积极推进建筑师负责制模式，如果没有合理科学的决策机制、设计程序、建设周期和收费标准等保障，那建筑师负责制也只是个口号。当下的每个项目竣工验收后，建筑设计负责人都需要在“终身责任制”合同上签字。由于设计行业的混乱和恶性循环，工作性价比逐年降低，近些年转行的设计师非常多，并且经验和能力强的人都做了“管理者”，更多时间忙于经营应酬。大家都说“四十岁才是建筑师设计生涯的开始”，而现在的情形是罕有四十岁还在一线从事具体设计的建筑师。

（三）设计规范存在之怪现状

建筑设计规范在保障安全、满足功能需求、提升生活质量、符合环保要求、维护公共利益、遵循地域特色、降低成本及促进创新发展等方面，都具有重要作用和意义。然而在当下的设计过程中，设计规范中存在着技术指标不明确、缺乏灵活性、与国际接轨不足，并且在执行过程中过于教条等问题，以下几个方面是建筑规范存在的主要怪象。

1. 不同的规范自相矛盾

由于建筑设计涉及不同的专业，设计规范也是按照不同专业来编制的，还有像人防和消防规范是不同的部门编制的，这些规范相对独立，在执行过程中经常出现相互矛盾的现象。比如国家和总参分别编制的规范、图集就有相互矛盾之处，总参 RFJ01-2008《人民防空工程防护设备选用图集》对防护密闭门的选型就与国标不一样，还有各地人防部门对规范的解释和执行也有不同。再比如关于消防水泵巡检柜设置要求，水专业规范要求有自动巡检功能，电气规范则不建议设置自动巡检功能，这样导致了图审、验收阶段的矛盾，这经常让设计人员左右为难，还要被建设方责备影响了项目进度。

2. 过度设防导致大量浪费

规范的不少要求是基于人道主义来设防，然而一些规范条文则以为了人民生命财产安全为由，过度设防，浪费了大量的资源，实际使用过程中也起不到应有的作用。比如《建筑防烟排烟系统技术标准》(GB 51251—2017) 中，对各类防排烟风管的耐火时限都做了要求（风管的耐火时限有 1h、1.5h、2h），竟然对砖砌管井里的防烟风管都有耐火时限的要求，这既让人费解，也极大地增加了投资。新的水专业规范扩大了喷淋覆盖范围，要求在桁架吊顶内做喷淋保护，实际受钢构、管线阻挡，难以发挥作用，现场试验难以实施；甚至在宿舍的淋浴隔间内都要求设置喷淋系统。

3. 被潜规则绑架的规范

一些规范在编制过程中存在某些非技术性因素的干预，导致最终出台的标准在实际应用中偏离了制定初衷，反而为商业利益提供了可操作空间。比如《建筑机电工程抗震设计规范》（GB 50981—2014）要求：不低于 65 毫米以上的水管，截面 0.38 平方米以上的风管，25 毫米以上的燃气管，还有 60 毫米以上的电管，都要做抗震支架。这些要求明显不切实际，于是设计院直接复制规范对付，到了施工阶段，投资方为了避免天文数字的造价，就做假支架应付，这浪费了巨大的社会资源。

再比如《建筑与市政工程防水通用规范》（GB 55030—2022），自 2023 年 4 月 1 日起才实施。此规范为强制性工程建设规范，全部条文必须严格执行。然而不到半年时间就遭到多家防水企业以涉嫌违反《中华人民共和国反垄断法》等法律法规进行举报，因为该规范涉嫌排除和限制全刚性防水设计使用，尤其是涉嫌排除和限制水泥基渗透结晶型防水材料单独一道作为一级防水设防。2023 年 10 月 17 日，防水通用规范竟然启动了修订程序，这样的来回折腾到底谁是受益者和受害者？

（四）设计专项存在之怪现状

目前设计除了常规的消防专项审查、日照计算、交通评估、环境评估、人防专项外，又增加了绿建专项、能评专项、海绵专项、装配式专项、BIM 专项、碳中和专项等。这些专项设计的出发点应该是好的，但是由于我国不同地区气候、地质差别很大，经济发展水平差别也很大，还有地震烈度差别，在执行过程中过于一刀切，并且在很短的设计周期内也很难让这些专项整体协调交圈，何况一些专项本身就存在着相互矛盾，设计人员更多是疲于应付交差。

比如海绵城市专项，明明是一个景观的枝节，却被过度拔高，相关部门甚至寄望于抵抗洪涝。设计环节各地区都有自己的海绵城市设计导则，指标设定不合理的现象比较多，由于评审和验收环节在滞后，时常会全盘推翻原施工图设计时的方案，导致现场返工、流程难以闭合。还有很多海绵城市设计文件是不是公开的，管理部门和审批流程也不统一，有的地方专门成立海绵办审查，有的归属于园林部门审查。海绵城市建设已经十年，耗费了巨资，但是从每年夏天不少城市的内涝来看，海绵城市可谓“小雨起大作用，大雨起小作用”，收效很有限。

再比如节能专项存在的问题，尤其是冬冷夏热地区建筑外墙外保温材料的选用和做法。由于节能率要求越来越高，可供选择的物美价廉、性能好的保温隔热材料并不多。例如江苏省很早就禁止外墙外保温采用无机保温砂浆，因为按节能计算要求保温砂浆较厚，加之吸水率比较高，阴雨天容易导致内墙潮湿发霉。而浙江省则很长时间都将无机保温砂浆作为外墙保温材料。由于在无机保温砂浆基础上贴面砖很容易脱落。于是针对中小学项目杭州政府部门还出台了禁止贴面砖的文件。直至 2020 年，杭州才出台了对无机保温砂浆使用限制条件，鼓励“优先采用外墙自保温、复合保温和装配式新型外墙保温系统技术”。目前一些地方采用外墙自保温砌体，为了既能满足规范要求，又能降低成本，房地产甲方往往会要求设计单位采用保温性能较好、价格相对低廉的保温板来做室内保温，但由于减少了室内有效的使用面积，热桥部分保温材料延伸的端部与内墙面存在厚度差，不利于室内美观，且保温材料的接缝处容易开裂等原因，住户在开始装修前就要花钱来铲除这些保温板，造成了更大的浪费和环境污染。建筑节能应该要从建筑全生命周期综合来考虑问题，而不是局限在一个环节和一个阶段，现在的很多做法整体来看并没有降低能耗，反而造成了更多的问题。

（五）设计收费标准之怪现状

设计费虽然已经放开市场竞争，但实际上因为大部分项目为国有投资，设计费支出主要由各地财政审计部门监督和管理。虽然今年已是 2023 年，但设计收费标准，大部分地方审计部门仍然只认 2002 年国家取费标准，虽然相关行业协会响应国家号召出了新版的计费指导意见，但基本得不到财政审计部门认可，而国有投资之外的开发商项目，因为也参照这个标准，加之恶性竞争，这些年房价节节攀升，而设计费却是越来越低。因为时代变化，设计新增了大量专项，如绿建专项、能评专项、海绵专项、装配式专项、BIM 专项、碳中和专项等。同时有些专项如景观设计，其设计要求与 20 年前不可同日而语。而这些专项要么在 2002 年国家取费标准中完全没有计费基础，要么其市场收费标准已大大高于 2002 年国家收费标准。

即使设计收费在参照 2002 年国家取费标准执行，但是因为行业竞争，不少设计单位采取低价竞争，而政府部门也因为担心审计追责，经常会导致一个投资数亿元的项目因为设计费比别的项目多报了几十万而使得优秀方案落选。长此以往导致的结果就是劣币驱逐良币，大学专业生源减少和质量下降、大量优秀专业人才转行。如果能够重视上述问题，出台政策有效规范引导设计费真正的合理化，必将能对行业的长期稳定、优秀企业和人才的健康发展起到极为重要的作用。

（六）论坛与评奖活动之怪现状

建筑行业每年的论坛活动特别地多，有各级协会、学会的组织的，也有行业大院牵头的，还有众多媒体平台策划主办的，这本来对设计公司的成果展示、经验分享和技术切磋大有裨益。然而现实中更多的论坛活动却是华而不实的包装宣传，一些建筑师热衷于走秀式的赶场子，每次活动每个人来回路上花了一两天时间，在台上就匆匆忙忙地讲个十几分钟时间，而且还是内部圈子单向性的输出，即使在建筑圈内也基本没有相互深入讨论交流的时机与氛围。

对完成的项目进行设计表彰是为了树立典型案例，鼓励和激发设计师的潜力，创作出更好的作品，然而现在的不少设计评奖活动却变了味道。因为申报项目很多，评审专家基本不会到现场体验、感受和调研回访，导致评审基本就是看建筑摄影水平和多媒体制作效果，制作报奖文件浪费了大量的人力和财力，还有境外的各种活动和奖项满天飞，让人眼花缭乱，更多是花钱买奖，结合颁奖搞的论坛活动基本成了热闹表演。还有一些明星建筑师明明只在国内从事建筑设计，主张“在地性”与“存量发展”，然而他们却纷纷给自己弄了个“英国皇家特许建筑师”的头衔。不知道这样的“特许”到底意味着什么？公司和设计师热衷报奖除了获得行业影响外，还有很大的原因是这些奖项和个人评职称、职业晋升、投标资格及资信分等相挂钩，这些活动基本都要收费，参加者似乎也不少，当然基本都是公司买单，这变相成了给参与者的一种“福利待遇”，相信行业下滑会让这些浮夸的活动遇冷降温。

2012 年，程泰宁院士主持的工程院课题《当代中国建筑现状与发展》，把当时建筑设计行业存在的一些问题归纳为“价值判断失衡，跨文化对话失语，制度建设失范”，现在来看这些问题依然存在，依然振聋发聩。希望通过本轮的行业调整，建筑行业能痛定思痛，通过城市化进程中大量的设计与实践，建立起一套立足中国、放眼全球的技术标准和行业规范，并且在材料研发、技术应用、运维管理等方面能有更多的创新与突破，从而在国际建筑行业能有自己的价值观和话语权，为促进“人类命运共同体”做出自己该有的贡献。

2023.11.11

纵浪大化中——我在筑境设计工作的二十年

2003 年秋，我参加工作两年出头，从还是事业编制的大连规划院辞职，来到杭州加入了程泰宁大师（他 2005 年评上工程院院士）的工作室。那时团队的建筑师不足十人，没有想到二十年竟然就这么过去了……其间我经历和见证了公司的挂牌、团队的壮大、行业的起伏和社会的巨变，也参与和负责了不少值得回忆的项目。这二十年无论对于一个建筑师，还是一个设计公司，甚至整个建筑行业都算得上非同寻常的时期。对自己这二十年的主要工作梳理和回顾很有必要，也算是为逝去的岁月存照。

（一）

刚到公司时，我参与的第一个项目是浙江美术馆的方案投标。当时快要交标，我就只做了几张分析图，后面方案历经多轮优化比选，终于中标。这个结果无论对程院士个人业绩影响，还是对工作室未来发展都极为重要，对我自己的职业生涯也至关重要。2004 年春节假期后，程院士很正式地和我谈话——希望我来做美术馆的建筑专业负责人，带团队协助他一起来完成整个设计。为什么是我？！在原来公司，我虽然独立负责完成了四五个从方案到施工图的项目设计，但是相对来说都是比较简单和普通的项目。我当时很惊讶也很激动，程院士表示他也是第一次设计美术馆，但是只要用心和尽力就一定能做好，我就这样在忐忑中开始了工作。

当时全国的美术馆很少，浙江美术馆设计规模是当时全国最大的。为了做好这个项目，我提前做好详细的调研提纲，带团队分别去北京、上海、广州、深圳等地，有针对性地调研重要美术馆的设计和运营的经验和教训，这些实地调研对后续的工作作用很大，让我深刻明白了设计不仅仅是图纸上的抽象空间和美感的表达，而且关乎着实际的体验和日常的使用。由于西湖景区对建筑有严格的限高要求，各专业紧密配合，想方设法提高展厅的净高。最终，我提出利用预应力梁单方向的空腔来布置设备管线的方案，将设备管线对展厅高度的影响减到了最低，创造性地解决了貌似无解的问题。

如何将美术馆极具特色的屋顶完美呈现出来，这是深化设计重中之重的工作。建筑团队和幕墙设计专业反复比选结构选型、节点构造，并且通过 1 ∶ 20 的完整模型和 1 ∶ 1 的局部模型来分析研究玻璃反射率、透光率以及不同材料的颜色搭配。程院士为了找到理想的“传统粉墙”质感石材，还亲自去德国矿场选定了具体矿层的石材……对细节设计的精益求精和严谨的工作作风贯穿到项目整个过程。设计团队加班加点地工作了近半年，终于完成了所有的设计图纸，我竟然接到了审图公司打来的电话，当时颇为紧张，以为出了问题。没想到审图的老师竟然是专门打电话来表扬的，并说这是他近些年审核的最好施工图！这让年轻的设计团队颇受鼓舞。2007 年底，美术馆历经三年建设竣工验收，时年我整三十岁，算是而立了。这个项目对我就像是预应力对钢筋混凝土的作用，提前施加的“张拉力”让自己的潜力得到了极大挖掘与释放，也为今后承担更大的压力与挑战打下了坚实的基础。

浙江美术馆的成功不仅为我的职业道路铺平了道路，也为团队赢得了更多的信任和机会。在随后的工作中，我带领团队先后协助程院士完成了南京博物院二期工程、湘潭博物馆与规划馆、沂蒙革命纪念馆、长春雕塑博物馆、南京河西文化艺术中心、西交大工程博物馆和多功能阅览中心、南京美术馆、衢州姑蔑古国遗址博物馆、湘江科学城标志建筑等文博项目，还有不少像湛江文化艺术中心、衡阳市博物馆、延安博物馆等“未建成”的博物馆……这些方案设计充分回应了场地的自然环境、地域文化和建筑的时代性。这也让我充分体会和领略到了文化的作用与力量，并且认识到文化是系统性和鲜活的，而不是碎片化和时尚化，还让我深刻地认识到传统文化绝对不只是些肤浅的符号。传统死掉了就成了历史，设计就是要激活传统，使其成为活在当下的文化，这样的设计也才具有张力和价值。

（二）

2003 年底，我还负责着东阳市中天集团高级中学的扩建项目。中天集团是特大型民营施工企业，东阳籍的员工工作散布在全国各地，加上一个工程结束就要换地方工作，员工带着小孩读书不现实，就留在老家由长辈托管，结果不少孩子连上高中都成了问题。1990 年代中期，中天集团在东阳投资建设了浙江省第一座民办小班化示范高中，教育质量也很有口碑，于是决定扩建一座幼儿园，后来扩大用地又增加了小学和初中部。由于项目在定位、规模、征地和投资运营等方面不断调整，施工图设计直至 2007 年才最终完成，并于 2008 年启动建设。谁知刚打完桩业主又调整决策——小学和初中部停工，2010 年只建成了幼儿园。这个项目过程虽然漫长而曲折，但是让我很早和教育建筑结下了缘分。

2010 年春，我协助程院士做杭州师范大学新校区（B 组团）的设计，在现场踏勘时还遇到了钟训正院士（他带的团队负责 C 组团设计）。这个项目的设计过程比较顺利，在 2012 年完成了施工图设计，只是因为种种原因迟至 2015 年才开工建设，直到 2018 年底竣工，前后竟然也持续了八年时间。

也有速度快得令人惊奇的学校设计和建设。2016 年春节后，我们参加西咸新区的中国西部科技创新港（西安交通大学新校区）竞标，3 月份中标。我们团队负责总建筑面积达 159 万平方米的校区规划设计，并和另外三家设计公司一起在年底完成所有单体建筑的施工图设计。2017 年春节后项目全面开工建设，全部建筑竟然在 2019 年 9 月份都交付使用！并且在 2021 年初，159 万平方米（51 栋单体）整体获得鲁班奖，这也是鲁班奖有史以来获奖面积最大的群体性工程。2019 年 8 月份，我们还参加了西安高新区的四所小学设计，当时只知道这个项目进度很急，没有想到方案汇报竟然会通宵，更没有想到这些学校竟然在 2020 年 9 月就交付使用，迎来了第一批新生！这些学校之所以这么快落成，这与所有参与团队夜以继日的努力分不开，整个过程中管理团队的协调水平也让人叹服。

这些年来，我带着团队先后设计落成了四所幼儿园、十多所中小学、四所大学，还有更多学校方案因为各种原因未建成，对于这些年来参与学校设计颇有感触。一是设计和建设速度越来越快，导致一些细节设计根本不能充分考虑；二是近年来更多的中小学采用 EPC 建设模式，导致设计过程割裂（一般由一家设计公司完成方案和扩初设计，施工图由施工单位捆绑一家设计公司完成），甚至以施工利益最大化为目的，加之设计和建设过程中没有实际的使用方参与，最后完成的学校在投入使用后问题太多；三是中小学容积率提高，生均用地面积不足，最后导致的结果是建筑空间很丰富。虽然建筑师实现了自己的作品，但是校园氛围明显缺失，绿化成了建筑的点缀，这种现象在深圳的学校中尤为突出（因为深圳建设用地特别紧缺），结果这种模式和方案却成了不少省市效仿的对象，这就有点东施效颦了。

随着学校规范的更新、设计理念的进步、建设标准的提高，这些年来校园的硬件和环境毋庸置疑有大幅的提升，然而中小学生不是在刷题，就是被家长押着参加各种辅导班，而多数大学生则沉迷于网络……我深深怀念自己的小学时光，尤其是那些与同学们成群结伴上下学的日子，我们聊天、嬉闹、游戏，感受四季的更迭和沿途的市井生活，这些宝贵的体验是书本永远无法传授的。

（三）

在文博、教育建筑领域积累了丰富的经验后，我的视野开始扩展到其他类型的项目。2010 年，我意外地接到东阳同力服装厂的设计。由于没有明确的任务书，于是就和业主一起去考察广州、佛山以及杭州周边的大型服装厂，这让我对人员密集型生产企业有了真切的认识。那个时候我正好看过法国导演拍摄的名为《世界建筑》的电影，其中有一集是关于 1860 年法国吉斯家族公寓的设计与建造，这让我很受触动也很兴奋，是不是也可以借此来设计一个乌托邦式的厂区？我邀请业主一起观看这个关于工厂建筑的电影，结果被婉拒，业主表示“我不懂建筑，你觉得怎么好就怎么设计”。设计过程中才发现彼此观念的冲突很大，好在经过长时间的争执和磨合，2014 年一期工程竣工，2021 年二期主体也建成，总建筑面积近 20 万平方米。除了复合流线的生产车间、功能齐全的花园式厂区外，设计还配置了夫妻房、托幼、超市、游泳池、健身房等功能，并且在面积达 20 多亩的屋面种蔬菜水果、养猪养鸡。为了低成本种植，我们还设计了 3000 多立方米的水池，收集山脚泄洪渠的雨水用来浇花种菜。2017 年，这个项目还获得佛罗伦萨设计周优秀奖，这让我充分感受到了设计的力量和作为，在此真心感谢业主对我的理解和包容，他对做实业发自内心的热爱和坚守也让人敬佩。

2014 年，也是意外的机缘我负责设计了杭州九峰的垃圾焚烧发电厂方案。项目基地位于山坳中的一个废弃的采石场，主厂房造型依山就势，造型犹如“层峦叠嶂”，宿舍和食堂也是层层退台。加之先进的工艺，有效地缓解了杭州垃圾围城的困境，并且妥善解决了“邻避效应”，项目建成后分别被中央电视台、人民日报等媒体报道和赞扬，设计也先后获得省级和国家级奖项。没有想到随后这些年，我带团队又设计了二十多个垃圾处理项目，分别位于浙江、山东、四川、河南、湖北、贵州、广西、上海等地，落地建成的也有十多个。我还作为主编编辑出版了《中国垃圾焚烧发电厂规划与设计》一书，填补了这个领域书籍的空白，真可谓无心插柳柳成荫，在此非常感谢工艺合作的设计团队以及业主对我们的认可和信任。

2021 年春，犹豫再三后，我还是接受了三门峡同力水泥厂改扩建的设计委托。全新的项目类型对我来说是个挑战。水泥厂位于渑池县一个山沟里，二期建设需要拆迁一个村庄，这里的房子不少用河滩的石头砌筑，还有一些则是青砖，少数房子砖雕木雕很精致，其中几棵大树据说有三四百年了，村中央已经荒废古井建于道光年间。征迁工作已经开始，村民基本都签好了合同。

我们的方案设计通过对整个厂区道路系统优化，经过和工艺设计单位反复沟通，在整体节省投资的前提下适当调整了生产线，可以将村子核心区的房子和大树整体保护下来，并且收集拆除房子的材料，用来修缮保留的房子。这些房子改造后用作企业的历史和文化展览，也还有用作接待和食宿功能。新设计的办公接待等功能利用地形高差，屋顶做覆土绿化和现有的池塘融为一体，宿舍区呈 C 字形布局，围合着一棵数百年的大树，树下保留了两座石砌的老房子，作为员工的文化活动室。设计工作持续了半年时间，基本确定了方案。

我将一个做文化传媒的朋友推荐给了业主。经过沟通解释，厂长也同意将搬迁、设计和建设的全过程拍成纪录片。朋友带着助手驻场十多天，对村民进行了采访，也拍摄了非保留区老房子的拆除。由于央企控股导致企业重组，受新冠肺炎的影响，经济下行产品销售下滑……这个项目现在被无限期地搁置了起来，想着田野里废弃的村庄，我将这半部纪录片命名为《水 · 泥》。

（四）

除了上述的文博建筑、教育建筑和工业建筑项目，我的职业生涯还涉足了更多元的领域。下面，我将分享一些不属于这几类的项目，诸如杭州中亚科研楼、浙江宾馆扩建、湘潭昭山两型发展中心、湘潭市民之家、景德镇古窑印象、西咸新区丝路科创谷、美欣达集团企业总部、徐州园博会宕口酒店、金华新能源汽车城等项目，套用公司对外宣传的分类，就管它们叫作“泛地产”项目。

我在大连规划院工作的时候，独立负责设计过一个面积近两万平方米的立体人防工程（平常作为商贸市场功能使用），还画过数十张的景观设计施工图。2003 年刚入职筑境，我还参与了金都华府居住小区的建筑施工图设计，尤其是“指导”同事来做人防设计，尽管审图的时候存在不少问题，但是这为公司今后自己设计附建式的人防工程打下了基础。没有想到参与这个小区的建筑设计人员不久都离职了，我就负责起了后面全部的施工配合，还有景观构筑物的方案及施工图设计，好在这个小区距离浙江美术馆工地不远，经常一次跑两个工地。特别难忘的是天气好的时候，去完工地步行穿过中山路，走两个多小时回到租住的小区，中途会去“满庭芳”书店看看书，顺便再去“张生记”吃碗红油米线……可惜“满庭芳”书店早已倒闭，我在那里买的最后一本书是巫鸿的《重屏》。后面还负责设计了金都房地产集团的一个网球馆，只是这家公司也很早就破产了，没有想到二十年来我也就只参与设计过这一个居住小区。

2008 年底，我负责设计东阳市国际缝配城项目。那个时期浙江的专业批发市场项目如火如荼，好多项目没有竣工，在建的商铺就被抢光，这个项目更是受到市场关注——因为东阳的缝纫机配件交易占有全球 65% 左右的份额。项目建设很顺利，在 2011 年竣工。没有想到开业三四年就倒闭了，因为老的市场不愿意搬迁过来，并且就地提升改造。后来有新公司接盘这个市场，竟然将很现代的建筑外立面改造成了琉璃瓦披檐的仿古建筑，摇身变成了红木家具工艺品城，可惜也是勉强运营了三四年又倒闭了，如今面积达 16 万多平方米的建筑就这样空置着……

我在东阳市还设计了两个项目，其中一个是 2015 年设计的横店万盛街改造，这个项目投资仅 3000 多万，但是经过设计改造，曾经脏乱差的老街变成了极具人气的网红步行街，引得一些明星都发微博点赞。另一个是 2018 年设计的市民中心，时任领导特别重视，我们对几大功能整合和后期如何运营做了大量的分析和研究，希望能摆脱一般市民中心利用率不高、运营维护成本过高等弊病。可惜方案设计才完成，领导调离，后面几经波折总算在 2020 年开工建设，2023 年 10 月主体竣工。只是前景堪忧，由于行政人事变动，后任领导对这个项目采取置之不理的态度，不知道什么年月才能投入使用。政府部门一直在强调城市建设要一张蓝图绘到底，现实的情形是常常一个项目都难以做到底。

2020 年春节假期尚未结束，我带团队协助程院士就开始徐州世界园艺博览会宕口酒店的设计。这个项目选址是个废弃的采石场，经过多方案反复比较，最后反其道而行之，采取了“依山观湖，织补宕口，悬空建筑，立体园林”的设计策略，将酒店分解为若干个尺度较小的体量，错落有致地“悬挂”在不同标高之上，这样既使得客房获得了更好的景观视野，其间的留白也形成了多层次的立体园林空间，又和宕口裸露的岩石能友好对话。我们还在酒店局部楼层与山体之间设置栈道，建构起一条由酒店通往山顶的漫游路径，串联起了空中花园、休闲茶座和观景平台，为客人提供了丰富的空间体验。这个酒店在 2023 年五一正式营业，颇受业主和入住者好评。

（五）

回顾了这些多样化的项目后，我在思考过去的二十年对建筑设计行业到底意味着什么，或者说这算不算好时代呢？我想应该算吧。作为一个建筑师，我觉得自己做的事情实在太多了。如果这些项目能在有生之年反复打磨才做完那该多好。作为一个职业建筑师来说，总是怕没有后续工作，面对当下异常萧条的设计行业，设计公司除了降薪裁员外，基本都没有找到有效应对措施。这些既往的业绩也绝不只是我个人的成绩，因为一个人的时间和精力实在有限，而一个大型复杂的公共建筑设计工作量是巨大的，在此非常感谢团队全力以赴的拼搏，也特别感谢钱伯霖和徐东平两位建筑前辈，在我工作早年给予的悉心指导和鼓励。这些年深度配合程院士的工作对我的影响是深远而持续的，这些影响已经潜移默化地融入了我的工作中，尤其是他对建筑的热爱、对工作的执着以及对文化的持续思考极大地感染与鼓舞着我。

过去的二十年，建筑设计行业有什么变化呢？消防、人防、日照、能评、交评、绿建、海绵、装配式等专项设计越来越多，规范的更新速度越来越快，而设计周期却越来越短，加之市场和形势的变化导致业主对决策反复调整，于是建筑师就有改不完的图、加不完的班。当然这二十年也有一成不变的，那就是设计收费还继续执行着 2002 年的国家标准。要说一成不变过于绝对，随着近几年行业内卷竞争，设计收费比这个标准更低而已。去年建筑老八校的同济大学、东南大学建筑学专业竟然没有招满学生，这引起建筑学专业和设计行业一片惊呼，也许这只是个开始。

建筑是什么？虽然没有标准答案，但是建筑师的心中基本都装着形式、空间、光影和材料。落地玻璃的写字楼里，为了遮阳，为了防眩光，为了温度舒适，一年四季基本都拉着窗帘开着空调。哪怕外面阳光再明亮，室内也都开着灯，大家的目光在屏幕之间来回急速切换，轻快地操作着鼠标，庞大而沉重的建筑就这样被设计出来。曾经的时间是有声音的，并且是具象的，这体现在二十四节气的名字上，还有蝉叫、雁鸣与暮鼓晨钟，而如今城市的建筑基本没有昼夜之分，更不用在乎季节变化，自然的光影和声音也随之消失，这是多么令人可怕而又习以为常的景象。在当下，也许只有建筑可以承担起对时间虚无的抵抗，但前提是你设计的建筑可以从容变老，当然我们首先需要让自己从容变老。

工作再忙，我都会买书读书，阅读让一个人的出差不再漫长（尤其是飞机无底线晚点的时候），也更不会孤独，反而常常有“纵浪大化中，不喜亦不惧。应尽便须尽，无复独多虑”的豪情。随着阅读和思考，也用文字留下了一些记录，先后在《建筑学报》《建筑师》《书城》《中华读书报》等报刊发表了几十篇文章，并在 2017 年以《西北偏北》为名出版了自己的随笔集，算是为四十岁的自己解惑。也许是天性对阅读的喜好，某种程度上我将文字看得比设计更重，我坚信写在设计之前的文字可以成为创意，而设计完成后写的文字基本都是“设计说明”。也许，用文字一样可以雕刻时光。2021 年夏，我收到了东南大学建筑学博士的录取通知，希望借此能对自己的既往工作重新审视和进一步思考。

2022 年秋，团队参与衢州姑蔑古国遗址博物馆的国际竞标，我陪同程院士踏勘现场。考古开挖的古墓位于衢江畔的高岗上，三千多年前的古人为了防水，在墓坑铺了一层厚厚的石头。我随手捡了一枚比鸽子蛋略大的卵石，将它带到了 200 多千米外的杭州，清洗干净放在了鱼缸里。看着红的金鱼游过青黑的假山和白色的卵石时，一时竟有天荒地老的感觉……

2023.8.30 初稿

2024.12.20 再改

后记：尺素寸心度时空

2001 年，我大学毕业，踏入建筑设计行业，自此便与图纸为伴。然而，对阅读与文字的热爱如同一束光，始终照亮我内心的角落，甚至也照亮我设计的建筑空间。设计图纸背后都有甲方，也就意味着约束与责任，而读写的“甲方”则是我自己，喜怒哀乐皆可肆意挥洒。自 1993 年起，我便养成了记日记的习惯，虽有中断，但至今已积累了近三十年的日记。这些形态各异的日记本，是我为自己创造的空间，也是对抗虚无时间的刻痕。陶渊明的诗句“纵浪大化中，不喜亦不惧。应尽便须尽，无复独多虑。”宛如一座灯塔，在这个瞬息万变的时代，激励着我慨然前行。

初读刘亮程的《一个人的村庄》时，我非常惊讶，被其文字中蕴含的强大力量深深震撼。同时，我也有所担忧：他若写尽了村庄的故事，或离开了村庄将何以为继？这些年，刘亮程在城乡之间往返，笔耕不辍，作品接连问世。我的书架上堆满了未拆塑封的书籍，面对“你都读完了吗？”的疑问，我曾羞赧地解释，如今则以“你账户的钱都花完了吗？”反问，引得众人会心一笑。曾经，我焦虑于买书无数却难读完，更害怕自己江郎才尽，如今皆已释怀。只是我虽身在城市，却尚未找到回归故乡的契机。

改革开放的浪潮中，城市化成为中国最显著的成就之一。亿万人投身于这场造城运动，渴望在城市扎根，我亦是其中之一。我用文字记录下对背井离乡与城市化的感悟与思考，尽管在读图时代，文字已经失宠，然而随着短视频的兴起，图片也备受冷落。当“围城”成为热议话题，故乡却在悄然间远去，以至于沦陷。我竟成了故乡的门外汉，大地上的异乡者。于是，我将这本书命名为《墙里门外》，试图用文字建造属于自己的故乡与精神家园。

四十岁那年，我出版了首部作品《西北偏北》，那是身在江南生活的我对西北故乡的深情作别。本书中文章多为四十岁后所作，我非职业作家，码字全凭个人喜好，文章类型自然驳杂。首部作品面世后，有豆瓣读者质疑那些文章是否出自同一人之手。为梳理思路，优化阅读体验，消除误解，我将书中四十篇文章依类型分为四个单元，并简要说明。

第一单元“井底之蛙”，收录《儿子与设计》《本色眼镜》《葫芦大师》等十篇文章。儿子的降生对我影响深远，促使我写下这些文章。其中半数是为儿子即兴编撰的“童话”，另一半则是借“童话”视角剖析建筑与色彩、形式、光影、空间的关联。这些故事既记录了我与儿子的日常，也是我对生命轮回与建筑师角色的深度反思。

第二单元“墙里门外”，涵盖《瓜子记》《水多色多》《在河之州》等文。这部分聚焦乡村与城市、建筑与城市、建筑与社会的发展脉络。文章虽源于我的个人经历，却映射出城市化进程中传统与现代的激烈碰撞与融合。

第三单元“与古为新”，收录《是地域还是地标——当下建筑设计的标与本》《途径与目的：桥梁及其文化》《镜子与屏幕——博物馆建筑形象之演变》等篇。这些文章均已发表，与我的建筑设计工作紧密相连，深入探讨建筑与传统文化以及当下生活的关系。为使版式统一、阅读顺畅，我删去了原文插图及引注，有兴趣的读者可以在网上进一步查阅原文。

第四单元“纵浪大化”，包含《本命年的设计生活》《何以为瓷——景德镇古窑印象综合体设计札记》《二十年目睹建筑设计行业之怪现状》等文。这一单元不仅有对自己典型作品的剖析，还有两篇跨度近十年的访谈，是我职业生涯的缩影，聚焦于对建筑行业的反思。

我的前同事李敬辉，河南人，与我这个陕西人同好面食。2007 年，他从杭州奔赴上海发展。我们虽见面不多，但每次相聚都畅饮欢谈。我常将新作第一时间分享给他，他则在朋友圈时常发布一组组钢笔速写，不少还是十多幅拼接。他的速写质朴传神，繁简虚实拿捏有度，尤其钟爱画树，那些生长于城市的树，在他笔下自在自然。我在日常游走中极爱观察形态各异的树木，尤其是那些参天大树，看到朋友笔下的大树，可谓心有戚戚。书稿将成，我突发奇想联系李兄，提出选用插图的想法，他欣然应允，并发来一批速写供挑选。速写与文章竟然相得益彰，宛如天成，实为幸事。

《墙里门外》是我个人建筑之旅的记录，亦是时代变迁的见证。书中，我努力打破墙里墙外的界限，让建筑与生活、艺术与文化、传统与现代相互交融。我坚信，建筑绝非冰冷的钢筋水泥，而是充满温度、情感与故事的空间。在撰写这些文章时，我深刻领悟到，建筑师不仅要关注建筑的美学与技术，更要深挖建筑背后的人文精神与社会价值。建筑是时代的缩影，承载着过往，也预示着未来。我期望通过这些文字，激发更多人对建筑、生活与时代的深入思考。

2025.4.05